수질관리

이 정 수 저

도서출판 동화기술

머리말

물은 생명의 근원이다. 따라서 사람은 물을 근간으로 도시를 발전시켰으며, 도시의 발전에 따라 필연적으로 물의 사용량은 증가하고 용도 또한 다양해졌다. 하지만 물의 절대량은 정해져 있고 수질은 날로 악화되어 사용 가능한 수량과 수질을 확보하는 것은 나날이 어려워지고 있는 실정이다.

수자원을 질적·양적으로 보전하고 효율적이며 지속적인 이용을 위해서는 물의 순환과 자정작용을 이해하고, 물을 이용하는 과정에서 발생하는 각종의 하·폐수가 물의 순환과 물의 자정과정으로 정화되어 지속적으로 사용이 가능하도록 사용량이나 수질을 체계적으로 관리해야 하는데, 이와 관련된 학문을 수질공학이라 한다. 즉 수질공학은 수질오염방지와 수자원의 관리상 발생하는 물 문제를 총체적으로 다루는 공학이다.

따라서 수질공학이나 관련 학문인 상·하수도, 하·폐수처리공학 등을 보다 심도 있게 이해하기 위해서는 물의 순환·물의 자정작용과 같은 자연현상이나 폐수처리 등 인위적 처리법 등을 이해하기 위한 물리·화학 및 생물학에 대한 기초지식이 요구된다.

이 책은 이러한 관련 기초지식에 초점을 맞추어 이후 보다 전문화된 학문분야인 토목공학과 환경공학에서 다루는 상·하수도공학 및 하·폐수처리공학 등 관련 학문의 입문을 위한 개론서로 역할을 할 수 있도록 기술하였으며, 그 역할을 고려하여 전문 분야의 관련 지식 또한 미리 개론적 내용을 중심으로 소개하였다.

이 책의 지면상 보다 자세하고 많은 내용을 실을 수 없어 집필을 끝내면서 아쉬움이 남지만 보다 자세한 관련 내용은 전문서적을 참고하기 바라며, 다만 원래 의도한 바와 같이 이 책이 독자 여러분이 전문분야에 입문하는 데 부족함이 없는 좋은 길잡이가 되었으면 하는 바람을 가져본다.

끝으로 출판에 도움을 주신 도서출판 동화기술 관계자 여러분께 깊은 감사를 드립니다.

저 자

차 례

Part 2 수질관리 93

Part 1

수질공학의 기초

Chapter 1 물의 이용과 수질공학

1.1 물의 중요성과 수질공학

모든 생명체의 생존에 물은 필수불가결의 자원이다. 따라서 인류의 문명 역시 하천을 중심으로 발달하였으며 초기의 많은 도시들은 그 입지로 인하여 현대의 도시들에 비해 비교적 가까운 거리에서 양질의 물을 공급받을 수 있었을 것이다. 하지만 현대에 이르러 문화·산업의 발달과 인구의 증가 및 도시 집중 현상은 수질의 오염을 가중시켜 수량과 수질이 양호한 수원을 확보하는 것이 점점 어려워지고 있는 실정이다.

과거에 물은 주로 음용과 농경을 위한 목적으로 사용되었으며 현대에 비해 사용량이 많지 않았으나 현대에 있어 물의 사용량과 사용용도는 과거에 비해 보다 크게 증가하고 갈수록 다양해지고 있다. 현대에 있어 물의 주된 사용용도를 살펴보면 일반적으로 음용을 주목적으로 하는 가정용수 외에도 공공용수(도시 분수, 관공서용수, 영업용수, 소화용수 기타), 공업용수(보일러용수, 원료용수, 제품처리용수, 세척용수, 냉각용수, 온냉조절용수 등), 농수산용수(관개용수, 축산용수, 수산용수 등), 동력용수 등으로 사용됨은 물론 수송용수(하해, 운하의 주항), 휴양(낚시, 수영, 레저 등) 등 다양하게 이용되고 있다.

이와 같이 물은 생명체의 생존에 필요한 요소일 뿐 아니라 중요한 자원으로 활용되지만 그간 그 가치를 절실히 인식하지 못 한 것도 사실이다. 관련하여 많은 미래학자들은 20세기를 석유시대하고 한다면 21세기는 물의 시대가 될 것으로 예상하고 있다. 왜냐하면 지구상에 물은 대단히 많이 존재하지만 실제 사용 가능한 물은 제한적이기 때문이다. 즉 지구상에 수자원 분포를 살펴보면 그림 1.1과 같이 97%에 이르는 대부분의 물이 바다에 존재하고 겨우 3% 정도만이 육지에 존재하며, 그마저도 빙하와 만년설로 이루어져 있으며 별도의 처리를 가하지 않고 사용할 수 있는 지하수나 지표수는 겨우 0.9% 및 0.009%에 지나지 않는다.

또한 지하수나 지표수는 강우에 따른 영향이 크므로 상시 사용 가능한 것이 아니며, 이를 상시 사용하기 위해서는 저수지 등 관련시설이 요구되는데, 이러한 시설물의 수리권은 경우에 따라 적게는 개인 간 크게는 국가 간 많은 분쟁의 소지가 되고 있다. 이러한 문제는 대규모 댐의 건설이 가능해진 요즘 더욱 첨예하게 드러나고 있는데, 여러 국가를 경유하는 대규모 하천에 댐을 건설할 경우 하류지역의 국가에서는 상류지역 국가의 물 관리 방법에 따라 어쩔 수 없이 물 수급뿐 아니라 하천의 생태계에 영향을 받게 되고 결국 국가 간에 큰 분쟁이 야기되기 일쑤이다.

따라서 이러한 문제를 해결하기 위해서는 해당 지역 간의 협력뿐 이니라 제한된 수자원의 중요성을 재인식하여 관리와 재이용 등에 최선의 노력이 경주되어야 하는데, 수질공학은 이러한 문제 중 공중위생 차원에서 수질과 연관되는 생물학적·화학적·물리적 현상을 연구하여 보다 안전하고 위생적인 수질을 얻기 위한 종합적 학문의 분야로, 이 책에서는 물의 순환과정에서의 오염과 자정작용, 오염된 물의 처리 등 수질공학과 관련 된 제반사항의 기초를 다루었다.

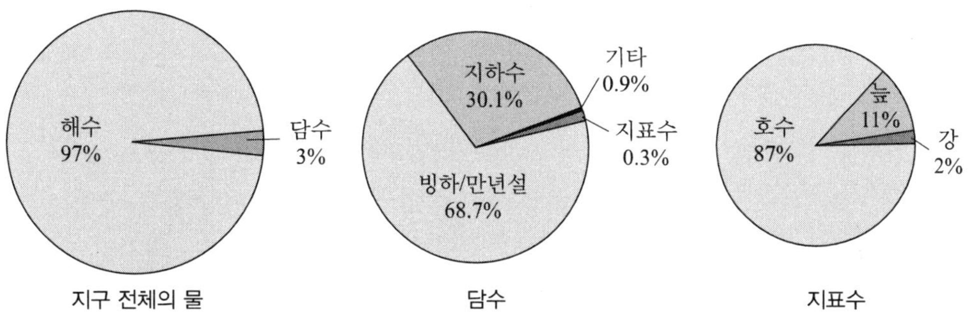

그림 1.1 지구상 물의 분포

1.2 우리나라 수자원 현황

우리나라의 연평균 강우량은 1,274 mm로 세계 평균 강우량 937 mm에 비해 1.3배로 비교적 많은 편이지만 인구밀도가 높아 연강우량을 인구로 나눈 일인당 강우량은 3,000 ton/년/인으로 세계 평균의 1/11에 불과하다.

관련하여 영국의 생태환경 및 수문학 센터(CEH)의 조사에 따르면 강수에 의한 유출량을 인구수로 나눈 값인 일인당 가용수자원량은 조사 147개 국가 중 117위에 해당하고, 일인당 가용수자원량 외에 사회경제요소·물이용량·환경 등을 고려한 물빈곤지수(Water Poverty Index)는 조사 대상 국가 중 43위, 29개 OECD 국가 중에서는 20위로 나타나 수자원 현황이 열악한 물부족국가에 해당한다.

이러한 물 부족 현상은 인구밀도 외에 한반도의 기후적 특성으로 더욱 심화되는데, 우리나라는 연강우량의 2/3가 하계(6～9월)에 집중되고, 게다가 산지가 많아 강우량의 대부분이 빠르게 유출되어 수자원의 관리에 많은 어려움을 주고 있다. 따라서 실제 이용량은 수자원 총량의 24%에 불과하다.

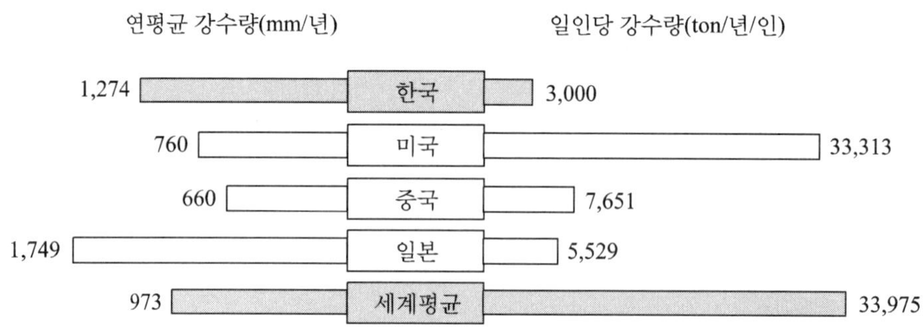

그림 1.2 주요 국가별 강수량 비교

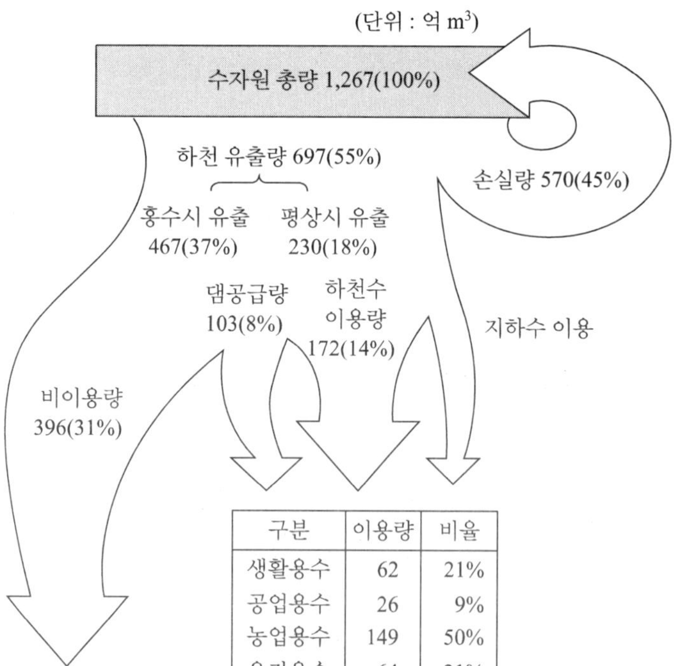

구분	이용량	비율
생활용수	62	21%
공업용수	26	9%
농업용수	149	50%
유지용수	64	21%
공급총량	301	100%

그림 1.3 수자원 부존량과 이용률

그림 1.3은 우리나라 수자원의 이용실태를 나타낸 것으로 강우에 의한 우리나라의 연평균 수자원 총량은 1,267억 톤이며, 이 중 45%인 570억 톤은 증발이나 지하침투로 손실되고, 31%인 396억 톤은 홍수 시 바다로 유출되어 실제 이용량은 24%에 불과하다.

1.3 물의 순환과 가용수원

1.3.1 물의 순환

지구상의 물은 그림 1.4와 같이 강수(降水)·침투(浸透)·유출(流出)·증발(蒸発) 등의 순환 과정을 되풀이 한다. 이러한 과정에서 물은 오염과 정화 과정을 반복한다. 즉 해양·호소의 수면이나 지면 또는 식물의 잎으로부터 증발과 증산(蒸散)된 수분은 구름으로 부유하다가 비·눈·우박 등의 형태로 지면에 강하하는데, 이 과정에서 대기 중의 오염물질을 함유하게 된다.

또한 강수는 하해(河海)나 호소의 수면 위에 직접 강하하거나 지표면을 따라 유하하며 일부는 지하로 침투(浸透)하는데, 이때 지표면을 따라 유하하는 강수는 유하 과정에서 더욱 오염되거나 또는 수계의 자정작용에 의해 자정되기도 한다.

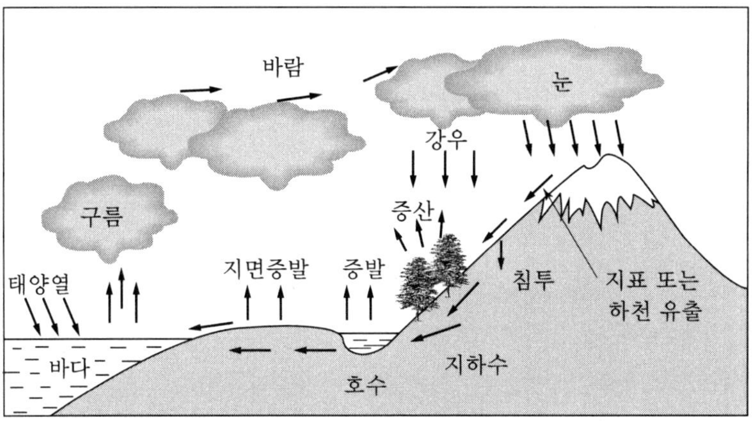

그림 1.4 물의 순환 과정

지하 침투수는 가까운 지하층에 머물고 있다가 모세관현상에 의해 지면으로부터 또는 식물의 표면으로부터 대기 중으로 증발하거나 더욱 깊은 지하로 침투하여 지하수층을 이루는데, 이 지하수는 용수(湧水)로 지상에 솟아나오기도 하고, 지하에서 유동하여 하해(河海)나 호소 등으로 유입한다. 이 과정에서 지하수는 토층에 의해 여과되기도 하고 때론 토층 내의 특정 무기물을 함유함으로써 정화와 오염의 과정을 동시에 겪게 된다. 이와 같이 물은 끊임없이 순환하고 이러한 과정에서 정화와 오염의 과정이 되풀이된다.

한편 자연의 정화 능력은 일정 한계를 가지고 있는데, 이러한 능력의 한계를 **환경용량**(環境容量)이라고 하며, 자연적 또는 인위적인 원인에 의해 오염의 정도가 자연의 정화 한계를 초과하면 물의 오염은 가중되어 물의 이용 가치는 크게 하락하고 가용수원(可用水原)은 고갈되며 생태계의 균형 또한 파괴된다.

1.3.2 가용수원

강수는 단속적(斷續的)인 현상이므로 전부를 가용(可用)할 수는 없다. 따라서 필요시 언제나 물을 사용하기 위해서는 물은 어느 형태로든 저류된 것이어야 한다. 즉 **가용수원**이란 순환 과정에 있는 각종의 물을 저류(貯溜)하고 저류로부터 평균화되어 유출되는 물을 의미한다. 따라서 가용수원은 그 배후에 유역과 저류를 가짐이 필수조건이다. 이때 수원의 가용수량은 유역 및 저류의 크기·강수량·증발량과 관계되며, 강수량의 시간적 변동·유역의 유출 특성(크기·지형·지표 및 지하의 구조 등) 등은 물 공급의 안정성에 영향을 미치는 요소가 된다.

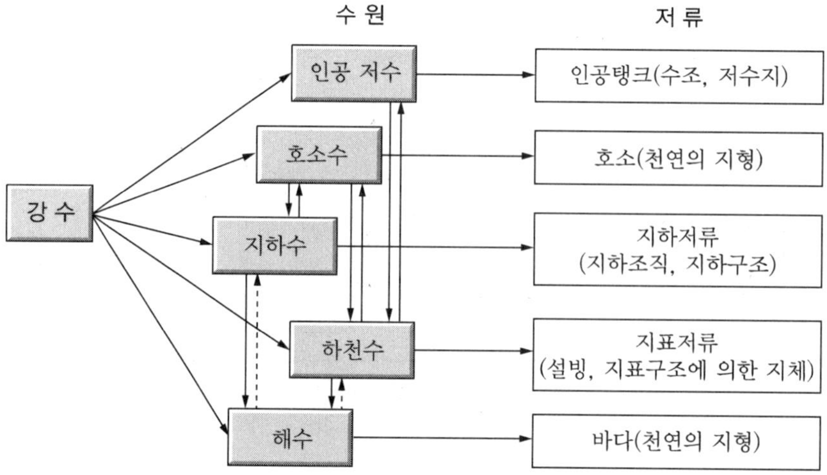

> 그림 1.5 가용수원과 저류의 상호관계

그림 1.5는 가용수원의 종류와 저류의 형태를 나타낸 것이며, 이 중 일반적으로 취수의 용이성이나 수량·수질 등을 종합적으로 고려할 때 가장 흔히 사용되는 수원은 하천과 호소이다. 우리나라에는 3,960여 개의 중소하천과 5개소의 자연호 및 18,800여 개의 인공호가 있으며, 이들 수원에 의한 평균 가용수량은 총 275억 톤 정도이다. 이는 전체 이용량의 약 91%에 해당한다.

한편 사용수량은 도시나 산업의 발달·인구의 증가·생활수준의 향상 등에 따라 해마다 증가한다. 따라서 가용수량은 장기적으로 계속 증가하는데, 공급의 안정성을 감소시키지 않고 가용수량을 증대시키는 방법으로 가장 현실적인 방법은 저수지의 축조와 재이용을 꾀하는 것이다. 하지만 저수지를 축조할 경우 물 흐름의 차단으로 유기물의 퇴적, 산소농도의 감소 및 어류 이동의 차단 등으로 인한 수질의 악화 및 생태계의 변화가 우려되며, 재사용의 경우 처리시설의 설치 및 유지·관리에 많은 비용이 소요된다. 기타 가용수원을 증대시키기 위한 방법은 다음과 같다.

① 유출의 총량을 증대시킴(유역의 확대·증발의 억제 등)
② 저류의 증대(저수지의 축조·지하수의 인공함양(人工涵養)·우수의 인위적 지하 침투에 의한 지하수의 함양 및 하천 유황의 개선·식피(植被)의 개량 등)
③ 반복 이용을 꾀함(중수도의 이용·양수발전(揚水發電) 등)
④ 해수의 담수화 혹은 인공강우 등

1.4 수원과 수질

용수의 근원을 수원(水原)이라고 하는데, 일반적으로 천수(天水; 눈·비 등)·지표수(하천수·호소수·저수지수 등)·지하수[천층수(淺層水)·심층수(深層水)·용천수(湧泉水)·복류수(伏流水) 등] 등으로 대별되며, 이들 수원이 용수로 이용되기 위해서는 대략 다음과 같은 조건을 갖추어야 한다.

즉 수원의 수질은 용도에 맞고 수량이 풍부해 계획취수량을 충분히 확보할 수 있어야 하고, 장래에도 용도에 맞는 수질을 유지할 수 있어야 하며, 수량이나 수질의 변화가 적어야 한다. 또한 수원은 소비지로부터 가능한 한 가까운 곳에 위치하고, 가급적이면 자연유하식 취수와 도수가 가능한 곳이 좋다.

한편 최근에는 물 사용량의 증가와 더불어 새로운 수원을 확보하는 것이 점점 어려워지고 있어 지역에 따라서는 이러한 문제를 해결하기 위해 상기 수원 외에 해수나 하수처리수도 새로운 수원으로 고려하고 있는 실정이다.

이상과 같은 수원의 수량과 수질특성은 각기 다른데 그 특성은 물의 용도 및 경제성과 크게 관련되므로 물의 용도에 따라 적절한 수원을 선택하는 것이 매우 중요하다. 각 수원별 특성을 살펴보면 다음과 같다.

1.4.1 천수

천수는 수분이 증발하여 만들어지는 눈·비 등으로 원래 순수에 가까우나, 대기오염으로 인하여 CO_2·SO_2·먼지·세균·각종의 중금속 및 해수에서 유래한 미량의 부유염류(suspended salts)를 함유한다. 또한 천수는 CO_2나 SO_2 등을 함유함에 따라 pH가 낮고, Ca나 Mg 등 지중(地中) 물질을 함유하지 않아 연수(軟水)이다.

천수는 수량이 적고 일정하지 못하므로 상수원으로는 부적합하다. 하지만 도서지역 등 상수가 공급되지 않는 일부 지역에서는 천수를 상수로 이용하고 있는데, 천수를 상수로 이용하기 위해서는 간단하나마 지붕과 물받이 같은 집수시설과 저수조(貯水槽)가 요구되며, 이때 저수조에는 모래를 채워 저수와 아울러 정수(浄水)가 가능토록 하는 것이 좋다.

한편 최근에는 도심에서도 천수의 이용이 시도되고 있는데, 특히 자체 물 사용량이 많은 돔형의 체육시설이나 대단위 공공시설 등에서 빗물 저장시설을 갖춘 후 여과 등의 간단한 처리를 거쳐 청소용수·화장실 세정수 또는 정원용수로 이용하는 경우가 실용화되고 있다.

이때 이들 시설은 사용 용도나 수량 등을 고려하여 재이용수(중수도)와 병행 또는 혼합 이용을 꾀한다면 더욱 효율적인 이용을 기대할 수 있을 것으로 판단된다.

1.4.2 지표수

지표수는 하천수와 호소수로 구분되는데, 대부분은 강수가 직접 지표를 유하한 것이고, 일부는 지하수가 지표로 유출한 것이다. 지표수는 우리가 가장 손쉽고 싸게 얻을 수 있으므로 일찍부터 상수도 수원으로 사용되어 왔다. 하지만 근래에 도시하수나 산업폐수로 오염되어 이용에 지장을 초래하는 경우가 많다.

일반적으로 지표수는 지하수에 비해 부유성 유기물이 많고, 대기성분이 용해되어 있으며, 지하수에 비해 상대적으로 경도가 낮은 것이 특징이다.

(1) 하천수

하천수는 지표·지중 및 천수 중의 물질을 함유한다. 지표로부터 유입하는 물질로는 유역의 지질에서 유래하는 K^+, Ca^{2+}, Mg^{2+} 등 무기질과 식물의 부패·분해 생성물인 유기질, 하수나 폐수 성분 등이 주가 된다. 지중물질로는 일대의 지질에서 유래한 철이나 망간, 유기물의 분해과정에서 생기는 탄산가스 등이 용존(溶存)하며, 그 외에 생물작용에 의해 생긴 질소가스 등이 용존하는 수도 있다.

한편 하천수의 수질은 하천의 유량과 밀접한 관계를 가지는데, 일반적으로 오염원에서 하류로 흘러감에 따라 침전·산화 등의 **자정작용**으로 수질이 점차 호전된다. 일반적으로 수질의 일변화는 크지 않으나, 수온이나 강수량의 차이로 인하여 1년을 주기로 계절적 변화를 나타내며, 이러한 변화는 유역이 작고 유량이 적은 하천일수록 뚜렷하다.

(2) 호수 및 저수지

호수나 저수지의 물은 각 계절에 따른 물의 온도 및 밀도 기타 바람의 상호작용에 의해 특징적인 형태의 **온도성층**과 **순환류**를 만드는데 동계와 하계는 그림 1.6과 같이 수심에 따라 수온이 일정하여 각기 밀도가 다른 세 층을 형성한다. 즉 최상부 층은 바람에 의해 물이 순환하여 수심에 따른 수온과 수질의 변화가 거의 없으며 이러한 층을 **순환층**(循環層; circulation zone)이라고 한다. 한편 최하부 층은 연직 방향의 순환이 없어 수심에 따른 수온의 변화가 거의 없다. 따라서 이 층은 **정체층**(停滞層; stagnation zone)이라고 한다. 상기 두 층 사이에는 수심에 따라 온도가 크게 변화(수심 1 m당 0.9℃ 이상)하는 층이 존재하는데, 이러한 특성에 따라 이 층을 **약층**(躍層; transition zone)이라고 한다.

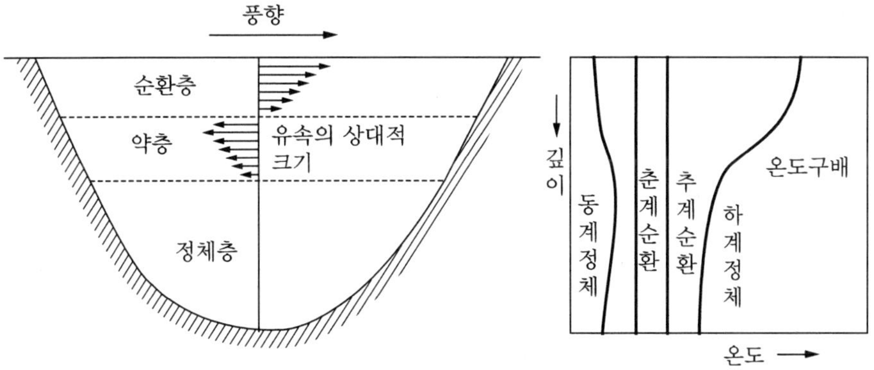

그림 1.6 호수의 성층현상

이러한 성층현상은 춘계와 추계에 상층의 온도 변화에 따라 일시에 해소되는데, 이때에는 호수 전체에 연직 방향의 큰 순환이 일어난다. 이것을 **춘추의 순환**이라고 하며, 이 시기에는 호수 바닥의 영양물이나 침전물이 수면으로 올라와 부유하며, 영양물은 조류의 번식을 촉진하여 물에 이취미를 주고 정수장의 여과지를 폐색(閉塞)시키는 등의 장해를 일으킬 수 있는데, 이러한 현상은 봄철에 비해 순환기간이 긴 가을철에 특히 심하게 나타난다.

한편 성층기에는 그림 1.7과 같이 수온이나 산소의 수중 확산, 수생식물과 미생물의 작용 등으로 호수의 수질에도 구배가 발생하는데, 이것은 호수로부터 가장 양질의 물을 얻기 위한 인수심도(引水深度)를 결정하는 데 중요한 인자가 된다. 수질구배는 온도구배와 마찬가지로 하계정체기에 가장 뚜렷하게 나타난다.

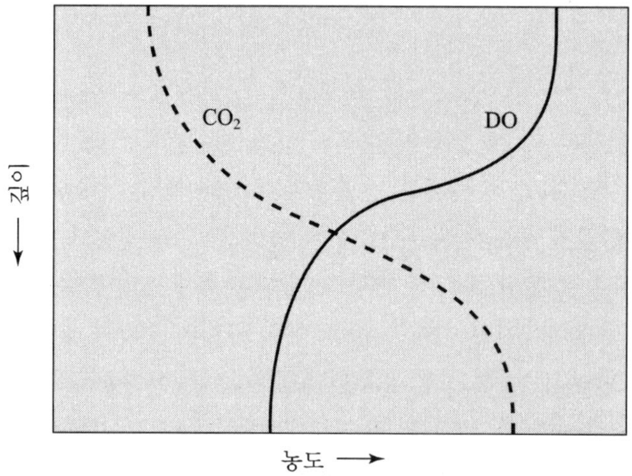

» 그림 1.7 여름철 낮의 호수 중 CO_2와 DO의 변화

1.4.3 지하수

대기나 지표에서 유래한 지표수 중의 유기 및 무기 불순물은 지중에 침투하는 동안 세균에 의해 분해되거나 지층에 의해 여과되어 제거된다. 반면 이러한 과정에서 지층을 구성하는 성분이 물에 녹아 지하수는 지표수와 또 다른 특성을 나타낸다. 즉 지표수 중의 유기물은 표토를 유하하는 동안 표토에 존재하는 미생물에 의해 분해되고, 이때 많은 CO_2가 발생한다. 이 CO_2는 탄산수를 형성하고 이 물은 지중의 무기물을 용해하여 지하수는 경수(硬水)가 된다. 이와 같이 지하수는 지중의 여과작용으로 하천수에 비해 수질이 양호하고 계절적 수온의 변동도 적으나 지중의 환경조건에 따라 크게 영향을 받는다.

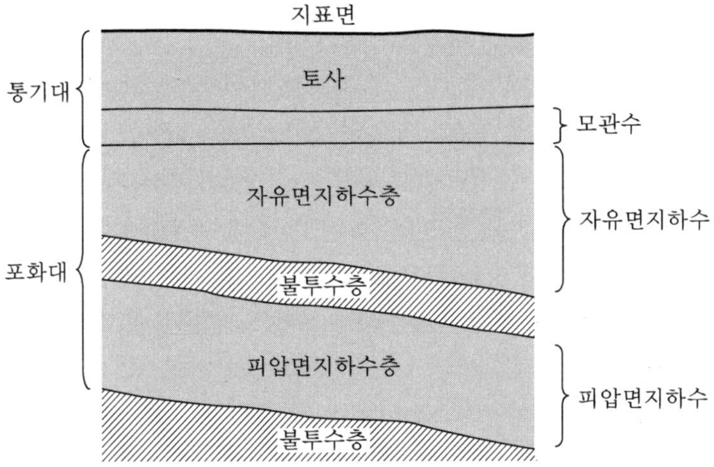

그림 1.8 지하수의 연직분포

지하수는 그림 1.8과 같이 존재하는 위치에 따라 **자유면지하수**(自由面地下水)와 **피압면지하수**(被圧面地下水)로 구분할 수 있는데, 지표 오염물에 의한 영향 정도는 각각 다르다. 즉 자유면지하수는 지표의 영향으로 오염되기 쉽고, 피압면지하수는 대지의 정화작용으로 거의 오염이 제거된 청정수에 해당한다.

한편 지하수를 수원으로 할 경우 지하수는 **천층수**(浅層水)·**심층수**(深層水)·**복류수**(伏流水) 및 **용천수**(湧泉水)로 구분할 수 있는데, 천층수와 복류수는 자유면지하수에 해당하고, 심층수와 용천수는 피압면지하수에 해당한다. 각 지하수의 특성을 살펴보면 다음과 같다.

(1) 천층수

천층수는 지층이 얕아서 지표의 오염성분이 충분히 제거되지 않은 물이므로 위생상 위험한 경우가 많고, 인위적 오염으로 질소물질이나 대장균이 발견되는 경우도 있다. 반면 함양이 용이하고 비교적 가까운 곳에서 취득할 수 있어 경제적이다. 하지만 도심의 경우 포장률의 증가로 빗물의 지하 침투가 감소하고 헛되게 유실되어 강우 시 도심의 침수나 하천의 유량을 일시에 증가시키는 등 여러 가지 부작용이 발생한다. 따라서 이러한 문제를 해결하고 동시에 천층수의 이용을 확대하기 위해서는 투수성 포장을 확대하고, 아울러 여유부지에는 우수저류지나 조경을 겸한 연못 등을 가급적 다수 설치하여 도시환경의 개선과 강수의 체류시간 연장을 통하여 지하수 함양을 최대화시키는 것이 요구된다.

(2) 심층수

심층수는 대지의 정화작용으로 무균 또는 거의 이에 가까운 상태의 것이 보통이다. 또 수온은 사철 거의 일정하고 수질성분의 변화도 적어 수질은 상수원으로 적당하다. 하지만 심층수는 일반적으로 수량이 적고 양수되는 과정에서 오염될 수 있으므로 주의해야 한다.

한편 심층수는 공기의 부족으로 환원작용을 받는 것이 특징인데, 예를 들어 부식토가 있거나 산소가 결핍될 경우, 황산염은 황화수소(H_2S)로, 질소화합물은 암모니아(NH_3)로 환원되며, 또 제2철은 제1철로 환원되어 지하수에 용해된다. 이와 같이 환원 상태의 철·망간 등은 지하수에 용해되었다가, 지하수가 지상에 양수되면 다시 산화되어 물을 적색 혹은 흑색으로 변화시켜 수질을 악화시키는데, 철 성분에 의해 적색을 띠는 것을 **적수**, 망간에 의해 흑색을 띠는 것을 **흑수**라 한다.

(3) 복류수

복류수는 하천이나 호수 바닥의 하부 또는 측면의 사력층(砂礫層) 중에 잔류하는 물이다. 복류수의 수질은 해당 하천이나 호소의 수질·지층의 두께나 지질·지하에서의 이동거리 등에 따라 달라지지만, 어느 정도 여과된 것이므로 지표수에 비해 양호하다. 따라서 대개의 경우 상수 처리 시 침전지를 생략할 수 있다. 또한 적당한 취수지점을 선택하면 천층수에 비해 오염의 염려도 적고 수량도 비교적 안정적이며, 심층수와 같이 철·망간 등 광물질을 함유하는 일도 적다.

(4) 용천수

용천수는 대부분 피압면지하수가 지표에 솟아나온 것이므로 그 수질도 심층수와 유사하다. 따라서 별도의 처리 없이 그대로 음용수로 이용할 수도 있다. 하지만 대량의 물을 지속적으로 얻는 예는 드물어 제주도와 같이 특수한 지역을 제외하면 용천수를 상수도의 수원으로 활용하기는 쉽지 않다.

한편 용천수는 지표로 솟아나오는 과정에서 지표나 대기 중의 오염물과 접촉하여 세균이나 불순물을 함유할 수 있으며, 때로는 대지의 정화작용을 받지 않은 물이 암반 등의 틈으로 흘러나올 수도 있으므로 주의해야 한다.

1.4.4 해수

해수는 지구상에 존재하는 물의 약 97%를 차지한다. 따라서 경제적으로 담수화가 가능하다면 수질이나 수량 면에서 매우 양호한 수원이라 할 수 있다. 하지만 해수의 담수화에는 많은 에너지가 소비되므로, 담수를 얻기 어려운 도서지역이나 사막지역 등을 제외하면 적절한 수원이라고 할 수 없다.

해수를 담수화하는 방법에는 역삼투법이나 전기투석법과 같이 특수한 막을 이용하는 경우와 증발법이나 LNG 냉열이용법과 같이 물의 상 변화를 이용하는 방법 또는 이러한 것을 조합한 방법이 있는데, 현재 가장 많이 사용되는 방법은 증발법으로 전체 담수화법의 75% 정도를 차지하고 있다. 해수의 담수화 원리 및 각 방법의 특징을 간단히 소개하면 다음 표 1.1과 같다.

■ 표 1.1 해수의 담수화 원리 및 특징

방 식	원 리	특 징
증발법	해수를 가열하여 증발시켜 발생한 수증기를 냉각시킴.	규모가 클수록 경제적이며, 에너지 소모량이 많다.
역삼투법	반투막을 중심으로 한 쪽에 해수를 넣고 압력을 가하여 담수만을 반대 쪽으로 이동시켜 담수를 얻음.	타 공법에 비해 전력 소비량이 적다. 특히 염분 농도가 낮은 기수를 담수화하는 데 유리하다.
전기투석법	양이온 교환막과 음이온 교환막에 직류전압을 걸고 그 사이에 해수를 통과시킴으로써 담수를 얻음.	염분 농도가 낮은 경우 비용이 절감된다.
LNG 냉열이용법	LNG(끓는 온도; −162℃)의 기화 시 발생하는 냉열을 이용하여 해수를 동결시킨 후 얼음을 녹여 담수를 얻음.	현재 거의 이용하지 않고 있으나, LNG의 냉열을 유용하게 이용하여 담수를 얻을 수 있다. 따라서 적용 지역은 LNG기지 주변에 한정된다.
투과기화법	수증기는 통과하고 물은 통과하지 않는 투과기화막을 이용하여 담수를 얻음.	에너지화가 충분히 진전되어 있고, 배열의 이용이 가능하다.

1.4.5 하수처리수

현재의 상·하수도 시스템은 상수를 사용 후 하수로 방류하는 일과형(一過型) 시스템으로 이루어져 있다. 따라서 이러한 시스템은 각 용도에 상관없이 물을 음용수준으로 처리하여 공급하는 일원적 급수방법으로 수량만을 고려한 지극히 간단한 시스템이라 할 수 있다. 하지만 이 시스템은 도시의 발달로 용수의 수요가 증가할 경우, 그에 따른 수원의 확보가 지속적으로 요구되고, 상수 처리비용의 상승 및 사용량의 증가에 따른 하수 발생량의 증가와 하수 처리비용의 증가 등으로 악순환이 가속된다. 또한 이러한 일과형 시스템의 상황에서는 양질의 수원을 확보하는 문제뿐만 아니라, 수질의 오염에 따라 갈수록 수원과 수요지 간의 거리가 멀어져 상수의 원거리 수송에 따른 경제적 손실이 발생하며, 물의 이용량이 증가할수록 갈수피해(渴水被害)는 더욱 증가하고, 공급지와 수요지가 다를 경우 지자체 간의 갈등도 우려된다.

이와 같이 물 사용량의 증가는 많은 문제점을 발생시키는데, 이러한 문제를 해결하기 위해서는 배수(排水)나 폐수를 재이용하고 용도별 사용을 유도하여 근본적으로 원수의 사용량을 억제하고 물의 순환경로를 단축시키는 것이 요구된다. 참고로 표 1.2는 배·폐수의 재이용에 따른 회수수 이용률·용도·요구되는 수질 및 통상의 수처리 방법 등을 나타낸 것이다.

표 1.2 회수수 이용률과 용도 및 처리수준

회수수 이용률	회수대상	수질요건	수질내용			통상의 수처리에 부가할 처리	요구 수질
			SS	DS	TOC		
0% ~ 20%	화장실·살수·세차·청소	파이프 급수에 지장을 주지 않는 수질	10	5,000	10	C, F, S	하
20% ~ 60%	세탁·목욕의 일부	현탁물·용해성분이 다소 있는 물	5	1,000	5	C, F, A, O, S	
60% ~ 80%	세탁·목욕의 전부	제철·제망간·색도 발현 억제·슬라임 발생 억제·방식	2	500	1	C, F, A*, O, S	중
80% ~ 100%	식기세척·조리·음용·세면	위생적으로 안전한 물·중금속·유기물·합성화학물질·세균·바이러스 제거	<1	200		C, F, A, O, R, I, S	상

C : 응집침전, F : 사여과, A : 활성탄흡착(*는 강화한 프로세스), O : 오존산화, I : 이온교환, R : 역삼투, S : 멸균살균, SS : 부유물질 농도(mg/L), DS : 용존고형물 농도(mg/L), TOC : 총 유기탄소 농도(mg/L)

1.5 수질오염과 자정작용

수질오염(water pollution)이란 물의 용도에 지장이 될 정도로 수질이 악화되는 것을 말한다. 이러한 수질오염의 원인은 홍수나 화산활동과 같은 자연적 원인과 인간의 생활이나 생산 활동에 근거한 인위적 원인이 있으나 공해문제로 취급되는 수질오염은 인위적 원인에 한정한다.

이미 기술하였듯이 자연은 오염을 스스로 정화하는 능력을 가지고 있어 오염이 심하지 않을 경우 오염물은 자연의 순환과정에서 점차 제거되어 물은 이용 가치를 회복한다. 하지만 자정 능력을 초과하는 오염이 부과될 경우 자연의 자정작용은 심히 지연되거나 그 작용을 상실하게 되는데, 이때 생태계는 파괴되고 물은 오염되며 가용수원(可用水原)은 고갈된다. 따라서 자연환경을 보존하고 가용수원을 확보·유지하기 위해서는 자연의 정화작용을 이해하고 최대한 이용해야 하며, 동시에 수질을 악화시키는 인자를 파악하고 자연의 환경용량을 초과하는 각종의 오염물을 인위적으로 처리·관리하여 양질의 수환경을 유지해야 하는데, 이것이 수처리의 목적이다.

1.5.1 수질오염원

수질오염원은 크게 **점오염원**(point source)과 **비점오염원**(non-point source)으로 구분되는데, 점오염원은 주로 일반가정이나 영업지역에서 발생하는 생활하수·공장에서 배출되는 산업폐수·대단위 축산시설에서 발생하는 축산폐수 등과 같이 발생지역과 발생량의 추적이 용이한 것들을 말하며 처리의 주요 대상이 된다. 반면 비점오염원은 농업배수·광산폐수·산재한 소규모 축산시설의 축산폐수, 하수도가 보급되지 않은 농촌지역의 생활하수나 임야 등에서 발생하는 배수를 말하며, 이들 오염원은 비교적 오염 기여도가 적어 자연적 처리에 의존하고 있다.

따라서 주요 처리대상은 점오염원인 생활하수·공장폐수·대단위 축산시설에서 발생하는 축산폐수이며, 전체 오염원 중 도시생활하수의 비중이 가장 높다. 이들 폐수는 처리에 있어 각각 다음과 같은 문제점을 가지고 있다.

(1) 생활하수

생활하수의 비중이 큰 도시하수의 경우, 생물학적 처리를 위한 하수의 성상에는 일반적으로 별다른 문제가 없으나, 합류식 하수도의 경우 강우 시 우수의 유입으로 처리장에 유입하는 하수의 유기물 농도가 생물 처리에 요구되는 적절한 농도 이하가 되어 처리에 어려움을 준다. 반면 부영양화의 원인 물질인 질소와 인의 농도는 지나치게 높다.

참고로 하수의 농도가 지나치게 낮을 경우 유출수 중 현탁물질의 농도가 상승하고 슬러지의 침전성이 악화된다. 자세한 설명은 이후 관련 항을 참고하기 바란다.

따라서 하수의 탄소성 유기물 농도를 높이기 위해서는 공장폐수나 분뇨처리장의 유출수를 도입하여 병합처리하는 것도 유효하나, 근본적으로 우·오수의 분리를 위한 하수도의 개량이 요구되며, 질소와 인을 제거하기 위한 고도처리시설의 설치가 요구된다.

(2) 공장폐수

공장폐수의 경우, 식품공장이나 모피공장 등과 같은 일부 특정의 폐수를 제외하면 대개 유기물이나 질소·인의 농도가 지나치게 낮고, 산업체마다 폐수의 성상이 매우 다르며, 때로는 생물처리에 유독한 독성물질을 배출시킴으로써 대단위 통합처리에 어려움을 준다. 예를 들어 제지공정의 경우, 생물학적으로 난분해성인 리그닌 등의 물질을 배출하며, 석탄 공정의 경우, 페놀류·암모니아·시안화물 등, 석유화학의 경우, 기름·석유화학물질·계면활성제 등, 농약제조업·제약업·전기도금업 등은 고분자 염화물질·카드뮴·구리·니켈·아연 등의 유독물질을 배출한다. 이와 같은 각종의 공장폐수를 통합처리하거나 도시하수와 병합처리하기 위해서는 폐수를 처리장에 유입시키기 전에 각 공장별로 통합처리에 문제가 되는 특정의 오염물을 사전에 처리하는 것이 요구되는데, 이를 관리·감독하는 데에는 많은 어려움이 있다.

(3) 축산폐수

축산폐수의 경우, 이상의 점오염원에 비해 발생량이 상대적으로 적고 시설이 주로 도시의 외곽에 위치하여 이해관련자 외에 일반에게 큰 관심의 대상이 되지 않는 경우가 많다. 하지만 시설 인근의 주민이나 해당 방류수역에 미치는 영향은 막대하다.

즉 이들 시설의 대부분은 낙후한 지역, 즉 하천의 상류에 산재하고 관리의 사각지대에 위치하며 처리시설도 부실하여 강우 시 강우와 함께 시설 내 오염수가 유출되는 경우가 허다하고 관리인의 운전 미숙이나 무분별한 무단 방류로 인하여 하천을 상류부터 오염시키는 원인이 되고 있다.

이러한 문제를 해결하기 위해서는 시설의 규모를 고려하여 일정 규모 이상의 시설들은 집단화를 유도하여 관리를 효율화하고 또한 축산폐수 처리에 적합한 처리시설을 도입하는 것이 시급하다. 하지만 집단화를 위한 행정적 노력은 부족해 보이며, 처리방법 또한 부적절하다. 현재 주로 채용되고 있는 처리방법은 활성슬러지법인데, 이 방법으로는 축산폐수를 처리할 수 없다. 즉 축산폐수와 같이 폐수의 농도가 지나치게 높을 경우 최종침전지에서 고액분리가 되지 않아 처리장의 지속적인 운전이 불가능하다. 보다 자세한 내용은 2편 2.2.3항 (1) 4) 및 예제 2.18을 참고하기 바란다.

따라서 가장 바람직한 처리방법은 세척수를 사용하지 않는 퇴비화법이 적절할 것으로 판단되며, 퇴비화에 따른 재정지원이나 판로 알선 등 행정적 지원도 문제 해결에 도움이 될 것으로 판단된다. 그 외에 낮은 농도의 도시하수와 병합하여 처리하는 것도 가능할 것으로 생각된다.

1.5.2 수질오염과 질환

하수와 각종 산업폐수의 무분별한 방류는 수질오염을 초래하고 그에 따라 물의 이용 가치가 크게 하락하는데 수질을 관리하고 정화하여 수질을 각 용도에 맞추기 위해서는 각각의 오염물질이 각 용도에 미치는 영향을 파악하고 그에 맞는 수질기준을 정하여 관리해야 한다.

따라서 가정용수, 공업용수 및 기타 용도에 적합한 수질기준이 정해져 있고 각각의 오염물질이 미치는 영향이 파악되어 있는데, 공업용수의 경우 공업의 종류·공정 등에 따라 수질의 요구도가 매우 다양하여 일반적으로 수질기준도 업종별로 다르게 적용되며, 가정용수의 경우 수질기준은 중수도의 사용이 현실화되지 않은 상황에서 음용수의 기준이 음료·조리·청소·목욕 등 가정에서 사용되는 모든 용수의 수질기준이 된다. 즉 가정에 공급되는 물은 음용을 전제로 하고 있다.

처리되지 않은 물을 음용할 경우 각종 수인성 질환을 유발할 수 있는데, 세균에 의한 질환으로는 먼저 장티푸스·파라티푸스·이질·콜레라 등 장 계통의 것을 들 수 있으며, 그 외에 아메바나 편모충과 같은 기생충에 의해 매개되기도 한다. 이와 같은 질환들은 환자나 보균자의 배설물 중에 존재하였던 미생물이 어떤 경로를 통해 몸 속으로 들어갔음에 기인하기 때문에 수인성 질환은 위생적인 상수도의 보급으로 방제할 수 있을 것이다.

한편 음용수 중의 어떤 유해물질은 그 독성 때문에 제한농도를 초과할 경우 인체에 유해한 결과를 나타내는데, 무기물질로는 질산성 질소·수은·시안·불소·납 등, 유기물질로는 페놀·다이아지논·파라티온 등이 있으며, 건강에 유해하지는 않더라도 클로로포름과 같이 소독제나 소독과정에서 발생하는 소독부산물 및 맛과 냄새와 같이 정서적 영향을 주는 물질 등이 수질기준으로 정해져 있다.

상기 물질들은 각기 다른 병증을 유발하는데, 예를 들어 인간이나 가축의 분변으로 오염된 물에서 자주 검출되는 질산성 질소를 많이 함유하는 물을 마실 경우, 질산성 질소는 헤모글로빈과 반응하여 methenoglobin을 형성하고 산소 운반을 방해하여 유아에게 **청색증**(methenoglobinenia)을 유발시키고 때론 사망에 이르게도 하며, 성인에게는 암을 유발할 수 있다. 또한 어떤 지역에서는 지하수에 고농도의 불화물이 함유되기도 하는데, 이 물질은 **반상치**(mottled teeth)의 원인이 되기도 한다. 하지만 적정의 불화물은 치아의 건강에 좋은 영향을 주는 것으로 알려져 있다.

이상과 같이 오염물질은 인체에 다종다양하게 영향을 미치는데, 이들 오염물질을 항목별로 구분하여 먹는 물의 수질기준을 정하고 있다. 참고로 2008년을 기준으로 그 내용은 다음 표 1.3과 같고, 그 물질들의 주 발생원과 인체에 미치는 영향은 표 1.4와 같다.

■ **표 1.3** 먹는 물의 수질기준

미생물에 관한 기준		
일반세균 수[*1]		100 CFU/1 mL
총 대장균군[*2]		100 mL 중 검출불가
대장균·분원성 대장균군[*3]		100 mL 중 검출불가
분원성연쇄상구균·녹농균·살모넬라 및 쉬겔라[*4]		250 mL 중 검출불가
아황산환원혐기성포자형성균[*4]		50 mL 중 검출불가
여시니아균[*5]		2 L중 검출불가
건강상 유해영향 무기물질		
암모니아성 질소	NH_3-N	0.5
질산성 질소	NO_3-N	10
시안(화합물)	CN	0.01
수은	Hg	0.001
불소[*6]	F	1.5
납	Pb	0.01
크롬6가	Cr^{6+}	0.05
비소[*7]	As	0.01
셀레늄	Se	0.01
카드뮴	Cd	0.005
브롬	Br	0.3
브롬산염[*8]		0.01

항목	기준
자일렌	0.5
1,1-다이클로로에틸렌	0.03
사염화탄소	0.002
1,2-다이브로모-3-클로로프로판	0.003
1,4-다이옥산	0.05
소독제 및 소독부산물[*9]	
잔류염소(유리잔류염소)	4.0
총 트라이할로메탄	0.1
클로로포름	0.08
클로랄하이드레이트	0.03
다이브로모아세토니트릴	0.1
다이클로로아세토니트릴	0.09
트라이클로로아세토니트릴	0.004
할로아세틱에시드[*10]	0.1
심미적 영향물질	
경도[*11]	300
과망간산칼륨 소비량	10
냄새	소독으로 인한 원인 이외는 불허

스트론튬[*8]	Sr	4	맛		상동
건강상 유해영향 유기물질			동	Cu	1
페놀		0.005	색도		5도
다이아지논		0.02	세제(음이온계면활성제)[*12]		0.5
파라티온		0.06	수소이온 농도	pH	5.8～8.5
페니트로티온		0.04	아연	Zn	3
카바릴		0.07	염소이온	Cl^-	250
1,1,1-트라이클로로에탄		0.1	증발잔여물[*13]		500
테트라클로로에틸렌		0.01	철[*14]	Fe	0.3
트라이클로로에틸렌		0.03	망간[*14]	Mn	0.3
다이클로로메탄		0.02	탁도[*15]		1 NTU
벤젠		0.01	황산이온	SO_4^{2-}	200
톨루엔		0.7	알루미늄	Al	0.2
에틸벤젠		0.3			

환경부훈령 제276호.
먹는 물 수질기준 및 검사 등에 관한 규칙, 먹는 물의 수질기준(제2조 관련) (2008.2.4.).

주 1; 샘물의 경우 저온일반세균은 20 CFU/mL, 중온일반세균은 5 CFU/mL를 넘지 아니하여야 하며, 먹는 샘물 및 먹는 해양심층수의 경우 병에 넣은 후 4℃를 유지한 상태에서 12시간 이내에 검사하여 저온일반세균은 100 CFU/mL, 중온일반세균은 20 CFU/mL를 넘지 아니할 것. CFU(Colony Forming Unit).

2; 샘물, 먹는 샘물 및 먹는 해양심층수의 경우 250 mL에서 검출되지 아니할 것 다만, 제4조 제1항 제1호 나목 및 다목에 따라 매월 또는 매분기 실시하는 총 대장균군의 수질검사 시료수가 20개 이상인 정수시설의 경우에는 검출된 시료수가 5 %를 초과하지 아니할 것.

3; 다만, 샘물, 먹는 샘물 및 먹는 해양심층수의 경우에는 적용하지 아니한다.

4; 샘물, 먹는 샘물 및 먹는 해양심층수의 경우에 한한다.

5; 먹는 물 공동시설의 경우에 한한다.

6; 샘물 및 먹는 샘물은 2.0 mg/L를 넘지 아니할 것.

7; 샘물의 경우에는 0.05 mg/L를 넘지 아니할 것.

8; 먹는 해양심층수의 경우에만 적용한다.

9; 샘물, 먹는 샘물, 먹는 해양심층수 및 먹는 물 공동시설의 물의 경우에 한한다.

10; 다이클로로아세틱에시드와 트라이클로로아세틱에시드의 합으로 한다.

11; 먹는 샘물의 경우 500 mg/L, 먹는 해양심층수의 경우 1,200 mg/L을 넘지 아니할 것. 다만 샘물의 경우에는 적용하지 아니한다.

12; 샘물, 먹는 샘물, 먹는 해양심층수의 경우에는 검출되지 아니하여야 한다.

13; 샘물의 경우에는 그러하지 아니하며, 먹는 샘물 및 먹는 해양심층수의 경우에는 미네랄 등 무해성분을 제외한 증발잔류물이 500 mg/L를 넘지 아니할 것.

14; 샘물의 경우에는 그러하지 아니하다.

15; 수돗물의 경우에는 0.5 NTU를 넘지 아니할 것. NTU(Nephelometric Turbidity Unit).

■ 표 1.4 오염물질의 주 발생원과 인체에 미치는 영향

항 목	오염원	인체에 미치는 영향
일반세균	사람·동물의 배설물 등	수처리 효율의 지표, 세균오염의 지표
대장균군	사람·동물의 배설물 등	병원성 미생물 존재 가능성에 대한 지표
암모니아성 질소	가정하수·산업폐수·동물배설물·비료 등	인체에 별다른 피해 없으며 분뇨 등의 배출수 의심
질산성 질소	가정하수·산업폐수·동물배설물·비료 등	유아에게 청색증 유발
시안(화합물) CN	도금·코크스·정유공장	세포호흡 저해, 질식성 경련, 의식장애
수은 Hg	폐건전지·도료공장·수은정제공업 등	만성중독(언어장애, 지각장애, 신경쇄약, 난청, 생식선자극 돌연변이), 급성중독(위장병, 구내염, 신장장애) 미나마타병
불소 F	천연지질 및 방부제, 불소화학 등	만성중독(반상치, 신장기능 저하, 간의 질소지방함량 감소)
납 Pb	안료·도료 등의 폐수 및 납관	만성중독(정신착란, 심근마비 및 악성빈혈), 급성중독(복통 및 구토 등)
크롬6가 Cr^{6+}	염색·피혁제조·석유화학·도금공장 등	만성중독(피부궤양, 폐렴), 급성중독(미각장애, 위장염)
비소 As	천연지질 및 광산제련공업·비소계 살충제·안료 및 도료	만성중독(수족지각장애, 빈혈, 모발위축) 급성중독(구토 및 설사)
셀레늄 Se	전기부품(광전지)·정류기제조	위장장해, 피부 황달성, 치아장애, 혈운증 등
카드뮴 Cd	광산·광재제련공정 중 가용성염의 용출·도금공장 등	만성중독(내분비, 칼슘대사, 신장, 위장장애, 골연화증), 이타이이타이병
브롬 Br	합금·제철·제련·로켓연료제조·유리공업	위장관 이상, 식욕부진, 구토, 멀미
페놀	석탄·석유정제·페놀계합성수지 등	맹독성 물질, 만성중독(중추신경계 마비)
다이아지논	유기인계 농약·살충제·석유제품 촉매	맹독성 발암물질, 신경마비, 근육경련
파라티온	유기인계 농약·살충제·석유제품 촉매	맹독성 발암물질, 신경마비, 근육경련
페니트로티온	유기인계 농약·살충제·석유제품 촉매	맹독성 발암물질, 신경마비, 근육경련
카바릴	제초제(카바메이트계) 농약	구토, 설사, 기관지 수축, 경련, 시력감퇴, 호흡곤란

항 목	오염원	인체에 미치는 영향
1,1,1-트라이클로로에탄	전기장비 및 가구의 세척용매·냉각제와 광택제	눈점막 자극, 고농도에서 마취
테트라클로로에틸렌	드라이클리닝용매·금속탈지공업·염소화생산공장	중추신경 억제, 불쾌감, 마취, 의식불명, 반사기능 저하, 간종양 유발 등
트라이클로로에틸렌	드라이클리닝용매·식품추출용매·흡입마취제	중추신경계 억제, 두통, 간 장애, 관절이상, 간종양 유발 등
다이클로로메탄	화학공장과 플라스틱·페인트 경화제의 합성을 위한 중간물질	급성중독(사지의 지각이상, 혼수, 마취상태), 만성중독(신경계와 점막자극)
벤젠	화학공장과 플라스틱·페인트 경화제의 합성을 위한 중간물질	만성중독(빈혈, 백혈구 감소, 면역기능 저하)
톨루엔	화학공장과 플라스틱·페인트 경화제의 합성을 위한 중간물질	중추신경계 기능 저하
에틸벤젠	화학공장과 플라스틱·페인트 경화제의 합성을 위한 중간물질	현기증, 호흡곤란
자일렌	화학공장과 플라스틱·페인트 경화제의 합성을 위한 중간물질	메스꺼움, 구토, 의식불명, 신장 및 간장 손상
1,1-다이클로로에틸렌	Methyl chloroform과 1,1,1-trichloroethane 등 유기용매 합성	위장·폐·피부 등에 흡수되어 간·신장·폐 등에 축적
사염화탄소	페인트 및 플라스틱 제조, 금속세척의 유기용매	황달, 간의 손상
1,2-다이브로모-3-클로로프로판	살충제(선충 구제용 훈증제)	정자 생성 감소, 생식세포 파괴(내분비계 장애)
트라이할로메탄	자연유기물이 소독용 염소와 반응하여 생성	발암성 물질, 만성중독(불안·불면 등), 급성중독(중추신경계 마비)
경도	칼슘·마그네슘이온 등의 2가 양이온 물질	세탁·보일러용수 장애, 다량 존재 시 불쾌한 맛
과망간산칼륨소비량	폐기된 유기물	유기물 오염정도 지표
냄새	급수관의 화학적 부식·용수원의 수질 변화 등	심미적 혐오감
맛	급수관의 화학적 부식·용수원의 수질 변화 등	심미적 혐오감
동 Cu	동제련·도금·급수용 동관 등	간장 장애

항 목		오염원	인체에 미치는 영향
색도		미생물과 플랑크톤의 번식·오수의 혼입 등	심미적 나쁜 영향
세제 (음이온계면활성제)		합성세제 등	기름 있고, 생선냄새, 거품 유발
수소이온농도	pH	자연지질 과 알칼리 폐수·산 폐수 등	낮은 pH(수도시설 부식), 높은 pH(쓴맛·미끈미끈한 느낌)
아연	Zn	천연지질·광산제련·급수용 배관	급성중독(구토, 탈수, 근육조절 불능, 전해질 불균형)
증발잔여물		맛·경도·부식성에 영향	급수시설 부식, 스케일 형성
철	Fe	지하수나 저수지 심층수 중에 존재(Fe^{2+}, Fe^{3+})	설사, 구토, 혈색증
망간	Mn	지하수나 저수지 심층수 중에 존재	흑색·갈색을 띠어 심미적 영향, 금속성 맛
탁도		가정 및 산업용수에 일반적 수질오염 지표	살균소독 방해, 유기체에 의한 질병 감염 우려, 부유물질 함유 의미
염소이온	Cl^-	세균 소독을 위해 염소 투입	불쾌한 맛, 부식유발
황산이온	SO_4^{2-}	산업폐수와 대기 방출·화석연료의 연소	설사 유발, 급수시설 부식
알루미늄	Al	산업폐기물·광물·토양, 침출응집 처리과정	경구(經口) 섭취 시 거의 배설되나 뼈에 축적

1.5.3 자정작용과 부영양화

(1) 자정작용(self purification)

오염된 하천이나 호소는 시간이 경과함에 따라 점차 깨끗해져 원래의 상태로 회복되는데, 수계의 이러한 기능을 **자정작용**(自淨作用)이라 한다. 자정작용은 희석·침전·여과·폭기 등의 물리적 작용, 호기성(好氣性) 또는 혐기성(嫌氣性) 미생물에 의한 유기물의 생물학적 분해작용과 그리고 그 과정에서 생성되는 탄산가스에 의한 수산화물의 생성과 수산화물에 의한 화학적 응집 등 물리·화학·생물학적 작용에 의한다.

자정작용에 의해 수계가 일정의 수질을 유지하기 위해서는, 즉 오염과 정화가 균형을 이루기 위해서는 수계에 가해지는 오염물 부하가 수계의 환경용량을 초과해서는 안 되며 그렇지 못할 경우 시간의 경과에 따라 하천의 오염은 더욱 가중된다.

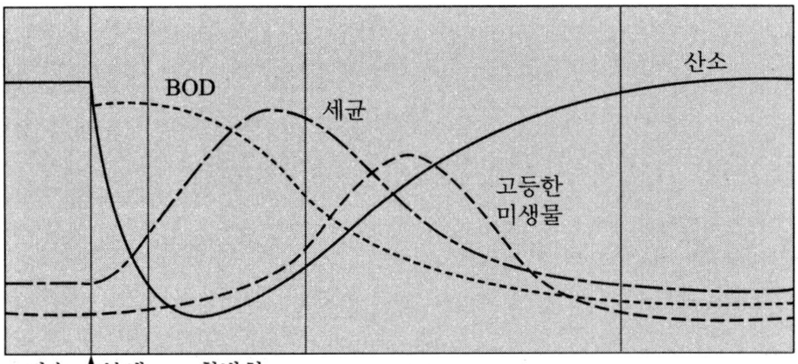

》 그림 1.9 하천의 자정과정과 수질변화

그림 1.9는 하천의 자정과정과 그에 따른 수질의 변화를 도식한 것이다.

그림과 같이 자정과정은 크게 분해지대·활발한 분해지대·회복지대 및 정수지대로 대별할 수 있는데, 각 과정은 다음과 같다.

1) 분해지대(zone of degradation)

분해지대는 오염물 유입지점의 근거리에 위치하며 오염물질로 인하여 수질이 크게 악화된다. 그 결과 물고기나 수서생물은 급속히 사라지고 세균과 곰팡이류가 크게 번성하게 되며, 유입 오염물 중 고형물의 침전이 일어나고, 세균의 활동으로 용존산소의 농도는 크게 감소하며 상대적으로 탄산가스의 양은 증가한다.

분해지대는 희석이 잘 이루어지는 대하천보다 소하천에서 잘 관찰되며 오염물의 유입이 중지될 경우 쉽게 원상태로 회복되므로 식별이 잘 되지 않는다.

2) 활발한 분해지대(zone of active decomposition)

이 구간은 용존산소가 거의 없어 부패 상태가 되며 혐기성 세균이 크게 번성한다. 유기물의 부패로 인하여 악취가 발생하며 심할 경우 물의 색깔이 회색 또는 흑색을 나타내기도 한다. 또한 점질의 슬러지 침전물이 생성되고 침전물의 혐기성 분해로 기포가 떠오르며 이산화탄소나 암모니아성 질소의 농도가 크게 증가 한다.

3) 회복지대(zone of recovery)

이 구간은 이전의 활발한 분해작용으로 인하여 유기물의 농도가 크게 감소하고 그 결과 용존산소의 농도는 서서히 증가한다. 외관상 물은 상당히 깨끗해지고 기포의 발생도 중단된다. 이후 용존산소의 농도는 포화치에 가깝게 증가하고 질소물질의 산화로 아질산염이나 질산염의 농도가 증가한다. 또한 세균의 수가 감소하는 대신 이들을 포식하는 원생동물·후생동물 등 고등한 미생물이 증가하고, 탁도의 감소로 조류가 증가하며 벌레의 유충 등 수서생물도 증가하고 황어·메기·잉어·붕어 등 오염에 강한 물고기도 출현한다.

4) 정수지대(zone of clear water)

이 지역은 오염이 되지 않은 자연수처럼 보이며 산소 요구도가 높은 어종인 꺽지·퉁가리·은어·버들치·갈겨니 등 1급수 어종을 포함한 많은 종류의 물고기가 출현하며, 대장균과 일반병원성 세균도 상위 미생물의 피식작용으로 그 수가 크게 감소한다. 하지만 외관과 달리 정수지대의 물은 한 번 오염되었던 물이므로 아무리 깨끗하게 보여도 위생적으로 완전한 상태는 아니다. 따라서 음용을 위해서는 소독 등 적절한 처리를 가해야 한다.

(2) 부영양화(eutrophication)

부영양화(富榮養化)란 호수가 지질학적 기원으로부터 서서히 소멸해 결국 육지화 되어 가는 자연적인 천이과정의 하나이다. 즉 그림 1.10과 같이 호수에 유입하는 질소와 인은 자영양성 미생물인 조류나 수초를 번식시키고, 이들의 생존여건이 악화될 때 이들의 사체는 호수에 침전한다. 이후 이들 사체의 구성물질 중 질소와 인은 혐기성 분해과정을 거쳐 다시 용출되는데, 이와 같은 반복적 과정을 통해 호수 내에 유입한 질소와 인이 유출되지 않고 누적되어 농도가 과다해진다. 이러한 영양물질의 누적현상을 **부영양화**라고 하며, 부영양화로 인하여 호수는 최종적으로 육지화된다. 그러나 이러한 자연적 과정은 매우 서서히 진행되는데, 일단 부영양화가 시작되면 호소의 생태학적 천이과정은 매우 빠르게 진행되며, 특히 농업활동이나 하수의 무분별한 처분 등 인간의 활동은 그 진행속도를 가속시킨다.

한편 호수의 부영양화 현상, 즉 호수의 생산력은 단지 질소나 인뿐 아니라 일광·온도·비타민·유해 중금속의 농도 등 다양한 영향인자에 따라 좌우되지만 주로 질소와 인의 농도가 지표로 이용되는데, 일반적으로 이들 물질에 의한 부영양화의 한계치는 질소 0.1~0.2 mg-N/L, 인 0.02~0.03 mg-P/L 정도인 것으로 알려져 있다. 호수의 영양상태는 표 1.5와 같다.

이러한 부영양화 현상으로 담수의 녹조현상과 해수의 적조현상을 들 수 있는데, **녹조현상**은 부영양화된 호소나 하천에서 녹조류나 남조류의 증식으로 발생하며, **적조현상**은 탁도가 낮은 오염된 연안에서 적조류의 증식으로 발생한다. 한편 담수에서도 봄철 와편모조류의 증식으로 적조가 발생할 수 있는데, 이를 해수의 적조와 비교하여 **담수적조**라 한다.

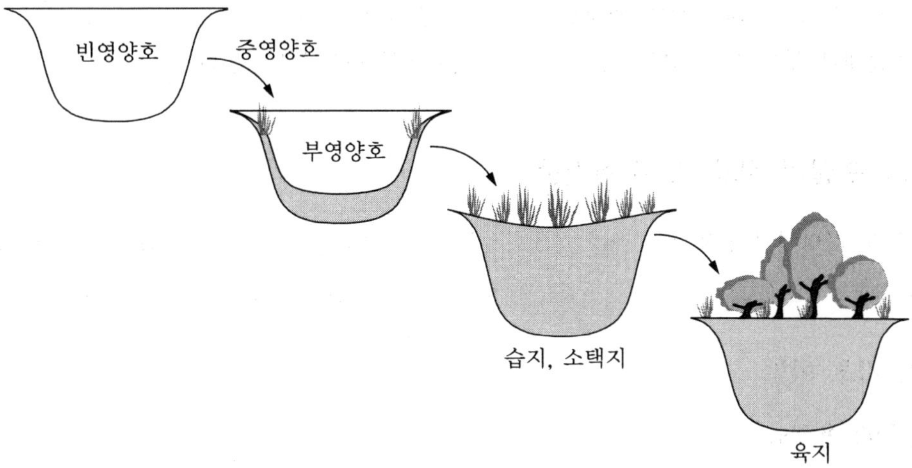

그림 1.10 호수의 생태학적 천이과정

■ 표 1.5 호수의 영양상태

수질항목	빈영양	중영양	부영양
TP(μg/L)	<10	10~20	>20
chlorophyll(μg/L)	<4	4~10	>10
투명도(m)	>4	2~ 4	< 2
심수층DO(%포화도)	>80	10~80	<10

USEPA(1974), NAS/NAE(1972), Thomann, R.V., Mueler, J.A.(1987)

부영양화 현상은 어류 폐사 등으로 인한 생태계의 변화뿐 아니라 상·하수 처리비용의 상승 및 위락 활동 등에 영향을 미쳐 경제적 손실을 야기한다. 즉 상수도에서는 여과지를 폐색시키거나, 물에 불필요한 색깔, 불쾌한 맛이나 냄새 등을 주어 물의 이용 가치를 하락시키며, 하수도에서는 이러한 현상을 억제하기 위해 하수를 고도로 처리해야 하는 등 인간의 생활에 많은 불편을 가중시킨다.

참고로 부양양화를 방지하기 위한 몇 가지 대책을 들면 다음과 같다.

① 하수를 고도처리하며 방류구의 위치를 신중히 정한다.

② 수역 내 오·폐수 및 영양염류의 유입을 방지한다.

③ 황산동($CuSO_4$)이나 염소제[액화염소·차아염소산나트륨(NaClO)·차아염소산칼슘[Ca(ClO)$_2$] 등을 살포하여 조류의 증식을 억제한다.

④ 폭기하여 저류수의 수질을 개선한다.

⑤ 저니(底泥)의 흡인(吸引)이나 준설을 통해 영양염류를 제거한다.

⑥ 저니를 고화(固化)하여 영양염류의 용출(溶出)을 억제한다.

⑦ 갈대나 부들 등 영양염류를 잘 흡수하는 식물대를 형성시킨다.

1.5.4 수질의 지표 및 수질기준

수질을 나타내기 위해서는 관련 지표와 기준이 사용되는데, 관련 지표와 기준을 나타내기 위해 자주 사용되는 단위와 관련되는 기초적 화학용어를 살펴보면 다음과 같다.

(1) 기초 화학

1) 용액과 용해도

① 용액

용액(solution)은 둘 이상의 물질로 구성된 액체 상태의 혼합물로, 즉 고체·액체 또는 기체 중 한 가지 물질에 다른 물질이 섞여 이루어진 혼합물로 그 조성이 균질하게 된 것을 말한다. 이때 용액의 대부분을 이루는 물질을 **용매**(solvent)라고 하는데, 물이 용매로 사용될 경우 이를 **수용액**이라 하며, 용매에 섞이는 물질을 **용질**(solute)이라고 한다.

② 용해도

용해도(solubility)는 용질이 용매에 녹는 정도를 의미하는데 온도와 압력의 영향을 받는다. 일반적으로 온도가 높아질수록 고체의 용해도는 증가하고, 기체의 용해도는 감소하는데, 일정 온도와 압력 하에서 최대로 용해될 수 있는 상태를 **포화상태**라 하고, 포화상태 이상의 용질은 침전물을 형성하여 가라앉는다.

다음 화학반응식을 예로 들면

$$aA + bB + \cdots \rightleftharpoons mM + pP + \cdots$$

[ ] 내를 물질의 농도라고 하면, 이때 **평형상수** K_{eq}와 **용해도적** K_{sp}는 다음과 같이 정의된다.

$$K_{ep} = \frac{[M]^m [P]^p \cdots}{[A]^a [B]^b \cdots} \tag{1.1}$$

$$K_{sp} = [M]^m [P]^p \cdots \tag{1.2}$$

상기에서 평형상수란 특정 온도에서 가역적인 화학반응이 평형을 이루고 있을 때, 반응물과 생성물 간의 관계를 나타낸 상수로, 위 식(1.1)과 같이 생성물들의 몰농도 곱과 반응물의 몰농도 곱의 비로 정의된다.

예를 들어 염화은의 용해를 생각해보면 그 반응식은 다음과 같다.

$$AgCl \rightleftharpoons Ag^+ + Cl^- \tag{1.3}$$

$$\frac{[Ag^+][Cl^-]}{[AgCl]} = K_{eq} \quad (K_{eq} : \text{평형상수}) \tag{1.4}$$

한편 포화용액에서 염을 구성하는 양이온과 음이온의 농도를 곱한 값을 **용해도적**(solubility product; K_{sp})이라고 하고, 다음 식과 같다.

$$[Ag^+][Cl^-] = K_{sp} \tag{1.5}$$

다음과 같이 한 개의 분자로부터 2개 이상의 이온이 형성될 경우, 예를 들어 $Ca(OH)_2$가 용해될 경우 평형상수 및 용해도적은 다음과 같다.

$$Ca(OH)_2 = Ca^{2+} + 2OH^- \tag{1.6}$$

$$K_{eq} = \frac{[Ca^{2+}][OH^-]^2}{[Ca(OH)_2]} \tag{1.7}$$

$$K_{sp} = [Ca^{2+}][OH^-]^2 = K_{eq} \cdot [Ca(OH)_2] \tag{1.8}$$

한편 수질오염물질의 침전과 용해 현상을 용해도적과 관련하여 식(1.2)를 이용하여 설명하면 다음과 같다.

$$[M]^m[P]^p \cdots = K_{sp} \ : \text{포화 상태}$$

$$[M]^m[P]^p \cdots > K_{sp} \ : \text{과포화 상태로 침전물 형성}$$

$$[M]^m[P]^p \cdots < K_{sp} \ : \text{불포화 상태로 침전물 용해}$$

예제 1.1 25℃의 물에서 AgCl의 용해도는 1×10^{-5} M이다. AgCl에 대한 K_{sp}는 얼마인가?

풀이 $K_{sp} = [Ag^+][Cl^-] = [1.0 \times 10^{-5}]^2 = 1.0 \times 10^{-10}$

예제 1.2 Cl^-가 6×10^{-3} mol/L인 용액에서 AgCl이 침전하려면 Ag^+가 얼마 이상이면 되는가? (단, AgCl의 용해도적은 1.2×10^{-10}이다.)

풀이 $[Ag^+][Cl^-] = [Ag^+][6 \times 10^{-3}] > K_{sp} = 1.2 \times 10^{-10}$

따라서 $[Ag^+] > 2.0 \times 10^{-8}\,mol/L$

예제 1.3 $Mg(OH)_2$의 $K_{sp}=1.5\times10^{-11}$이다. 이 물질의 용해도를 g/L로 나타내고, 이때의 pH를 구하라.

풀이 $Mg(OH)_2 \rightleftharpoons Mg^{2+} + 2OH^-$

위 식에서 용액 중 Mg^{2+}의 농도를 x라고 하면, OH^-의 농도는 $2x$이므로,

$$K_{sp} = [Mg^{2+}][OH^-]^2 = [x][2x]^2 = 1.5\times10^{-11} = 4x^3$$

$$\therefore\ x = \sqrt[3]{1.5\times10^{-11}/4} = 1.55\times10^{-4}\,mole/L$$

$Mg(OH)_2$의 원자량은 41.3 g (Mg; 24.3, OH; 17)

$$\therefore\ 1.55\times10^{-4}\times41.3 = 6.4\times10^{-3}\,g/L$$

한편 $pOH = -\log[OH^-] = -\log(2x) = -\log(2\times1.55\times10^{-4}) = 3.5$

$$\therefore\ pH = 14 - pOH = 14 - 3.5 = 10.5$$

---

2) 화학반응

① 산화와 환원

산화 또는 환원은 산소와 결합 또는 산소의 이탈, 수소와 결합 또는 수소의 이탈 및 전자의 증감으로 설명할 수 있다. 예를 들어 다음의 간단한 반응에서 산소의 득실에 따른 산화반응과 환원반응을 살펴보면 Cu는 산소와 결합하여 산화되었으며, CuO는 산소를 잃어 환원되었다.

$$2Cu + O_2 \rightarrow 2CuO \quad \text{(산화)} \tag{1.9}$$

$$CuO + H_2O \rightarrow Cu + H_2 + O_2 \quad \text{(환원)} \tag{1.10}$$

한편 보다 복잡한 반응식을 통하여 전자의 득실에 따른 산화와 환원 및 계수 조정법을 살펴보기 위해 고체상의 알루미늄과 황산제1철 간의 반응을 생각해보자. 이 반응의 결과 생성물은 다음 식과 같이 황산알루미늄과 철이다.

$$Al + FeSO_4 \rightarrow Fe + Al_2(SO_4)_3 \tag{1.11}$$

위의 반응식을 가상적인 2개의 반응으로 나타내면 다음과 같다.

$$Al^{(0)} \rightarrow Al_2^{(3+)}SO_4^{(3-)} \quad (\text{산화}) \tag{1.12}$$

$$Fe^{(2+)}SO_4^{(2-)} \rightarrow Fe^{(0)} \quad (\text{환원}) \tag{1.13}$$

이 식에서 알루미늄은 $Al^{(0)} \rightarrow Al_2^{(3+)}SO_4$와 같이 0에서 +3으로 변화하여, 즉 전자를 잃어 산화되었으며, 철은 $Fe^{(2+)}SO_4 \rightarrow Fe^{(0)}$과 같이 +2에서 0으로 변화하여, 즉 전자를 얻어 환원되었다.

이와 같이 모든 화학반응에서 산화와 환원은 동시에 일어나며 이동한 전자의 양도 같아야 한다. 하지만 위의 반응에서 알루미늄은 전자를 3개 잃었고 철은 전자를 2개 얻었음으로 반응식을 완성하기 위해서는 알루미늄의 산화수 변화에 2를 곱하고 철의 환원수 변화에 3을 곱해야 한다. 완성된 반응식은 다음과 같다.

$$2Al + 3FeSO_4 \rightarrow 3Fe + Al_2(SO_4)_3 \tag{1.14}$$

② 산화제와 환원제

산화와 환원은 언제나 동시에 일어남으로 상대를 산화시키고 자신은 환원되는 능력을 가진 물질을 **산화제**(oxidizing agent)라 하며, 자주 사용되는 산화제는 다음과 같다.

HNO_3, $KMnO_4$, $K_2Cr_2O_7$, 기타 할로겐류(F, Cl, Br, I …)

반대로 상대를 환원시키고 자신은 산화되는 능력을 가진 물질을 **환원제**(reducing agent)라 하며, 자주 사용되는 환원제는 다음과 같다.

H_2S, H_2SO_4와 그 염, $SnCl_2$, $H_2Cr_2O_4$와 그 염

이들 산화제와 환원제는 수처리 시 유용하게 활용되는데, 예를 들어 염소소독이나 과망간산칼륨에 의한 화학적 산화, 용해성 철과 망간을 침전·제거시키기 위한 산화, 유기물의 안정화를 위한 산화 또는 Cr^{6+}와 같은 유해한 중금속을 Cr^{3+}로 환원시켜 무해화하기 위한 공정 등 많은 부분에서 사용된다.

3) 기초 단위

수질공학에서 수질을 평가하거나 평가를 위한 실험에서는 물속 또는 용액 속의 화학물질이나 오염물질의 양을 농도로 나타내는 것이 일반적인데, 흔히 사용되는 단위는 다음과 같다.

① 중량 백분율(%)

용액 100 g 중에 녹아 있는 용질의 g수를 말한다.

② **몰농도(M; mole/L)**

mole이란 분자의 무게를 gram 단위로 나타낸 값이며, 몰농도는 용액 1 L에 녹아 있는 어떤 화합물의 mole수를 나타낸다. 예를 들어 H_2SO_4의 분자량은 $(1\times2+32\times1+16\times4)=98$ g이고 이것을 1 mole이라고 하며, H_2SO_4 1 mole, 즉 H_2SO_4 98 g이 녹아서 1 L의 용액이 될 때 이것을 황산 1 mole 용액이라고 한다.

③ **노르말 농도(N; g당량/L)**

어떤 화합물의 1 mole 분자량을 산화수로 나눈 값을 1 gram 당량이라 하고, 1 gram 당량이 녹아서 1 L의 용액이 될 때, 이것을 1 normal 용액이라 한다. 예를 들어 H_2SO_4의 1당량은 49 g이고, 1 L 용액 속에 49 g의 H_2SO_4이 녹아 있을 때 1 normal 용액이 된다.

④ **meq/L(milli-equivalent per liter)**

수질 분석 시에는 g 단위보다는 mg 단위를 자주 사용함으로 농도 단위 역시 노르말 농도의 1/1,000을 나타내는 meq/L(또는 me/L)의 낮은 단위를 자주 사용한다.

⑤ **ppm과 mg/L**

ppm은 parts per million의 약자로 중량의 비를 나타낸다. 즉 1 ppm은 용질 1 mg이 용매 1 kg에 녹아 있는 상태로 물의 비중이 1인 경우 mg/L와 동일하다. 그러나 용매의 비중이 1이 아닌 경우 ppm과 mg/L는 같지 않다. 따라서 수질 검사 시 물의 비중을 1이라 가정하고 두 단위를 혼용하여 사용하는 경우가 있는데, 엄밀한 의미에서는 다르며 수질공학에서는 mg/L단위가 주로 사용된다. mg/L는 1/10,000%농도와 같다.

예제 1.4 용액 1 L 중에 26.5 g의 Na_2CO_3가 용해되어 있을 때, 그 용액의 규정농도, 몰농도 및 meq/L를 구하라.

풀이 Na_2CO_3의 gr분자량은 $(23\times2+12\times1+16\times3)=106.0$ g이고, Na_2CO_3의 gr당량은 $106.0/2=53.0$ g이다.

따라서 규정농도 $= \dfrac{26.5\ \text{g/L}}{53.0\ /\text{mole}} = 0.5\ \text{N} = 500\ \text{meq/L}$

$$\text{몰농도} = \frac{26.5\ \text{g/L}}{106.0\ /\text{mole}} = 0.25\ \text{M}$$

예제 1.5 황산 0.01 N은 몇 mg/L인가?

풀이 황산 1 M은 $1\times2+32+16\times4=98$ g

1 N = 0.5 M, 0.01 N = 0.005 M
∴ 0.01 N = 0.005 M = 0.005×98 = 0.49 g
0.49 g/L = 490 mg/L

예제 1.6 황산 1 L는 몇 M인가? (단, 비중은 1.84, 농도는 98(중량 %)이다.)

풀이 18.4 M

(2) 수질의 지표

수질오염의 요인은 온도나 탁도와 같은 물리적 요인, 유기물·영양염류·중금속·농약 등 화학적 요인 및 미생물에 의한 생물학적 요인으로 나눌 수 있다.

1) 물리·화학적 지표

① 용존산소(dissolved oxygen; DO)

산소는 대기나 수중에 존재하며 화학적으로 극히 활발한 물질로 산소의 다소는 자연 환경 속에서 일어나는 화학적·생물학적 변화를 크게 좌우한다. 따라서 수중에 용해되어 있는 산소, 즉 용존산소(DO)는 수중의 화학적·생물학적 반응을 추정하는 데 필요한 중요 수질항목이다.

수중의 DO는 대기 중 산소의 자연적 용해나 조류 및 수생식물의 탄소동화작용에 의해서 증가하고, 수중 불순물의 산화·동식물의 호흡작용 및 미생물에 의한 유기물의 분해 시 소비된다. 따라서 DO 농도는 유기물질의 오염 정도를 나타내는 지표로 활용될 수 있다. 순수한 물의 경우 20℃, 1기압에서 DO의 포화농도는 9.02 mg/L이다.

수중의 용존산소 농도는 미생물의 종류나 대사 방식 및 대사의 속도를 결정하는 매우 중요한 인자이다. 하지만 고농도의 유기물을 처리하는 인위적 처리법에 있어서는 자연적 용해만으로는 미생물의 대사에 충분한 산소를 공급할 수 없어 생물반응조 내에 인위적으로 산소를 공급해야 하는데, 이때 조 내의 산소 농도는 미생물의 종조성과 처리의 결과 등에 영향을 주며, 때로는 처리장 운전의 성패를 좌우하는 중요 인자로 작용하기도 한다.

② 생화학적 산소요구량(biochemical oxygen demand; BOD)

하수 중에는 생물학적으로 쉽게 분해되는 수많은 종류의 유기성 오염물질이 존재한다. 하지만 하수의 오염 정도를 파악하기 위해서 이들 오염물질을 종류별로 일일이 측정하는 것이

번잡하고, 측정한다고 하여도 그 오염의 정도나 상대적 오염도를 한눈에 파악하기란 곤란하다. 따라서 오염도를 파악하기 위해서는 유기물의 종류에 관계없이 오수 중의 유기물이 화학적 또는 생화학적으로 산화되는 데 소요되는 용존산소의 양을 측정하면 편리한데, BOD란 유기물이 호기성 또는 임의성 미생물에 의해 생화학적으로 산화될 때 소요되는 용존산소의 양을 의미한다.

생화학적 산화를 위해 미생물을 보통 20℃에서 5일 정도 배양했을 때 유기물은 약 60~70% 정도가 제거되며, 20일 정도 배양할 경우 약 95~99% 제거되는데, 실험기간을 고려하여 BOD는 보통 5일간 소비되는 산소의 양(BOD_5)으로 나타내며, 간혹 7일·18일·최종 BOD(ultimate BOD) 등도 사용된다.

한편 탄소성 유기물과 동시에 질소 성분이 존재할 경우 그림 1.11과 같이 BOD 곡선은 1단계(탄소성 유기물의 산화)와 2단계(질소 산화)의 형태를 보이며, 이들 각각의 반응은 1차 반응식으로 표시할 수 있는데, 1단계 탄소성 유기물의 산화는 다음과 같이 나타낸다. 즉 임의의 시간 t에서 BOD 제거속도는 그때의 BOD 값에 비례한다.

$$\frac{dL_t}{dt} \propto -L_t \tag{1.15}$$

위 식에 반응상수 $K_1(\text{day}^{-1})$을 적용하면,

$$\frac{dL_t}{dt} = -K_1 L_t \tag{1.16}$$

여기서, L_t : 임의의 시간 t에 있어서 수중의 BOD(mg/L)

K_1 : 반응상수로서 **탈산소계수(脫酸素係數)** 혹은 BOD **제거속도상수**라 하며, 단위는 day^{-1}이다.

위 식을 적분하면 다음과 같다.

$$\int_{L_o}^{L_t} \frac{dL_t}{L_t} = -K_1 \int_o^t dt, \quad \ln\frac{L_t}{L_o} = -K_1 t, \quad \frac{L_t}{L_o} = e^{-K_1 t}$$

$$\therefore\ L_t = L_o e^{-K_1 t} \quad \text{또는} \quad L_t = L_o 10^{-k_1 t} \tag{1.17}$$

여기서, L_o : 최초의 BOD(mg/L),

K_1 : 자연대수일 때의 탈산소계수이고,

k_1 : 상용대수 때의 탈산소계수이다. $K_1 \fallingdotseq 2.3k_1$

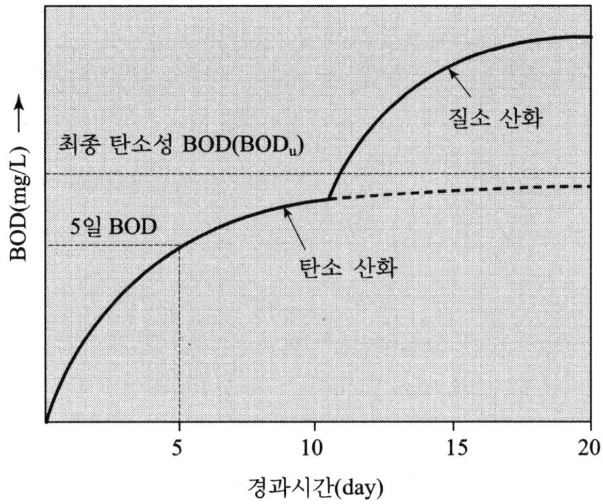

≫ 그림 1.11 BOD 반응곡선

따라서 임의의 시간 동안 측정된 BOD$_t$와 최종 BOD$_u$($=L_o$)의 관계는 다음 식(1.18)과 같다.

$$BOD_t = L_o(1-10^{-k_1 t}) \tag{1.18}$$

생활하수의 경우 k_1은 대략 0.1/day 정도이다. 따라서 BOD$_{18}$과 BOD$_u$는 거의 같은 값을 나타낸다.

BOD 측정은 표준온도인 20℃에서 행하며, 다른 온도에서 K_1 값은 다음 식으로부터 구한다.

$$K_{1(T)} = K_{1(20)} \cdot \theta^{(T-20)} \tag{1.19}$$

여기서, T : 온도(℃),

$K_{1(T)}$: 주어진 온도에서 BOD제거속도상수(day^{-1}),

$K_{1(20)}$: 20℃에서 BOD제거속도상수이고,

θ : **온도상수**이다(표 1.6 참고).

■ **표 1.6** 반응상수 θ에 미치는 온도의 영향

온도 (℃)	θ
10～20	1.110
15～25	1.083
20～30	1.067

Sawyer et al., 1978

한편 2단계 반응은 질소 관련 물질의 산화에 따른 것으로 유기성 질소나 암모니아성 질소는 이 단계에서 다음 식과 같이 질산성질소로 변화된다.

$$NH_4^+ + \frac{3}{2}O_2 \rightarrow NO_2^- + 2H^+ + H_2O \qquad (1.20)$$

$$NO_2^- + \frac{1}{2}O_2 \rightarrow NO_3^- \qquad (1.21)$$

예제 1.7 어떤 하수의 BOD_5가 150 mg/L이고, 최종 BOD가 250 mg/L인 경우 탈산소계수는 얼마이고, 이때 수중의 BOD는 얼마인가(base 10)?

풀이 식(1.18) $BOD_t = L_o(1-10^{-k_1 t})$으로부터,

$$k_1 = \frac{-\log\left(\dfrac{250-150}{250}\right)}{5} = 0.08\ \text{day}^{-1}$$이고,

5일 후 수중의 BOD는 식(1.17) $L_t = L_o 10^{-k_1 t}$으로부터,

$L_5 = 250 \times 10^{-0.08\times 5} = 100\ \text{mg/L}$ 이다.

예제 1.8 20℃에서 탈산소계수 k_1이 0.3 day^{-1}이라면, 15℃에서 탈산소계수는 얼마인가? (단, 반응상수 $\theta=1.047$이다.)

풀이 식(1.19)에 의하여

$k_{1(15)} = 0.3 \times 1.047^{(15-20)} = 0.238\ \text{day}^{-1}$이다.

③ 화학적 산소요구량(chemical oxygen demand; COD)

COD란 유기물을 화학적으로 산화시켜 이산화탄소와 물 그리고 암모니아와 같은 안정된 물질로 변화시키는 데 소비되는 산소량을 나타낸 것으로, COD 실험 시 사용되는 산화제는 보통 과망간산칼륨($KMnO_4$)이나 중크롬산칼륨($K_2Cr_2O_7$)을 이용하며 이때 실험에 소요되는 시간은 보통 1시간 정도면 충분하다. 이와 같이 COD실험은 BOD실험에 비해 오염의 정도를 보다 짧은 시간에 파악할 수 있다.

일반적으로 BOD와 COD 값은 다르며 게다가 COD 값을 변화시키는 화학물질(흔히 COD 방해물질이라고 함)이 존재하거나, 생물학적으로 난분해성 물질이 존재할 경우 측정치는 더욱 크게 달라질 수 있다. 하지만 표 1.7과 같이 일정 폐수에 대해서는 BOD와 일정한 상관관계를 가지므로 이러한 상관관계를 이용하면 COD 자료를 BOD로 환산·이용하는 것이 가능하다. 일반적으로 생활하수의 처리 전 BOD_5/COD의 비율은 0.6 정도이고, 처리 후 비율은 0.2 정도이다.

한편 현장에서 채수한 시료의 정확한 COD 값을 측정하기 위해서는 시료를 채수한 후 실험 시까지 소요되는 시간 동안 시료 내 미생물의 활동에 의한 산소의 소비를 억제해야 하는데, 이러한 목적으로 채수 직후 시료 1 L당 2 mL 정도의 황산을 가하며 이러한 조작을 **COD 고정**이라 한다.

표 1.7 폐수의 COD·BOD_5·BOD_5/COD 비율 (단위; mg/L)

구 분	COD	BOD_5	BOD_5/COD
생활하수			
처리 전	500	300	0.60
생물학적 처리수	50	10	0.20
도살장 폐수	3,500	2,000	0.57
포도주 양조장 폐수	60,000	30,000	0.50
낙농 폐수	1,800	900	0.50
고무공장 폐수	5,000	3,300	0.66
피혁공장 폐수	13,000	1,270	0.10
염색 폐수			
처리 전	1,360	660	0.48
생물학적 처리수	116	5	0.04
제분공장 폐수			
처리 전	620	226	0.36
생물학적 처리수	250	30	0.12

Verstraete and Vaerenbergh, 1986.

④ 질소(nitrogen)

기체 상태의 질소는 대기 중에 용적으로 약 73.03%, 중량으로 약 75.51%를 차지하며 전체 질소량 중 0.03% 정도는 지구표면에 존재하고 그 외에는 주로 생물체 내의 단백질·아미노산·핵산 등의 유기물질과 이온 상태인 NH_4^+·NO_2^-·NO_3^- 및 분자 상태인 NH_3로 존재한다. 이들 중 수중에 존재하는 형태는 대부분이 유기질소나 NH_3-N이며, 이들 두 가지 질소의 합을 **킬달질소**(Kjeldahl nitrogen)라 하고, 총질소를 대신하여 자주 사용한다.

물에서 질소물질이 확인될 경우에는 일단 인위적 오염, 즉 분뇨나 축산폐수 등에 의한 오염을 의심할 수 있다.

한편 질소는 미생물의 성장에 필수적으로 요구되는 영양물질이다. 하지만 수중에서 자영양성 미생물인 조류의 번식을 촉진하여 **부영양화**의 원인이 되기도 한다. 따라서 하수 처리 시 고도처리(질소나 인을 처리하는 과정)의 대상물질이 된다. 부영양화 현상이 발생할 경우, 물은 냉각수로서 가치가 크게 하락하고, 관광이나 위락용으로서의 가치도 크게 떨어지며, 상수 처리과정에서도 다량의 조류는 여과지의 폐색은 물론 상수의 비린 맛과 냄새의 원인이 된다. 질소에 의한 부영양화의 한계치는 0.1～0.2 mg-N/L 정도로 알려져 있다.

⑤ 인(phosphorus)

수중의 인(燐, phosphorus)은 주로 인산비료나 생활하수에 기인하며, 그 외에 분뇨나 공장폐수 등도 원인이 된다. 인은 수중에서 유기성 인산염 및 orthophosphates(정인)·polyphosphates(축합인)·metaphosphates 등의 무기성 인산염의 형태로 존재하는데, 유기 형태의 것이 전체의 약 70%를 차지한다. 질소와 마찬가지로 인은 생물의 성장에 필수적으로 요구되는 영양염류이지만, 필요 이상의 인은 부영양화의 원인이 된다. 따라서 생활하수의 경우 하수 처리 시 미생물에게 필요한 양 이상의 인이 존재하여 별도로 인 제거를 위한 고도처리가 요구되며, 이때 처리 대상은 주로 무기인이다. 일반적으로 인에 의한 부영양화의 한계치는 0.02～0.03 mg-P/L 정도로 알려져 있다.

⑥ 색도

색은 대개 공장폐수 중 유기염료나 광물질에 기인하는데, 색도를 유발하는 대표적인 광물질로는 철과 망간을 들 수 있다. 이들 물질이 산화되면 각각 물을 적색과 흑색으로 착색시키며 심하면 이취미를 띠는데, 철에 의해 착색·오염된 물을 **적수**(red water)라 하고, 망간에 의한 것을 **흑수**(black water)라 한다. 그 외에도 색도의 자연적인 원인으로는 낙엽이나 식물에 부식에 근원하는 휴민산(humic acid) 등이 있으며, 이들 물질은 물을 다갈색으로 물들인다. 이와 같이 색은 자체가 반드시 유해한 것은 아니지만 물의 이용 가치를 크게 저하시킨다. 측정은 시료에 자외선이나 가시광선을 조사(照射)하여 그 흡광도를 정량하는 흡광광도법을 주로 이용한다.

참고로 휴민산은 토양에 함유되어 있는 부식질 중 용제에 의해 제거되지 않고 남아 있는 암갈색 혹은 흑색의 산성 유기물의 일종이다.

⑦ 탁도

하천수 중에 현탁(懸濁)하는 불용성 물질은 모래나 점토와 같이 무기성일 때도 있고, 조류나 가정하수 혹은 공장폐수에 기인한 유기성 물질일 때도 있다. 이들 물질은 조류의 광합성을 감소시키고 수생식물을 질식시키며, 특히 유기성 물질은 수온이 상승할 경우 부패하여 수중의 산소를 고갈시키고 동시에 악취를 발생시킨다.

한편 조류는 심할 경우 어류를 패사시키거나 상수도 여과지의 여과 성능을 크게 저하시킨다. 또한 모래와 같은 무기성 현탁물은 홍수 시 취수를 어렵게 하고 때로는 배수용(排水用) 펌프를 마모시키며 수생생물의 생장을 저해한다. 이와 같이 탁도는 수질을 판단하는 대략적 지표가 되지만 물이 탁도를 가지지 않아도 오염되어 있을 수 있으므로 주의를 요한다. 측정은 흡광광도법을 주로 이용한다.

⑧ 이취미(異臭味)

물에서 나는 냄새의 원인은 화합물(암모니아 · 페놀[C_6H_5OH] · 유리염소 · 시안화물 등) · 조류 · 기타 수중에 존재하는 유기물의 부패로 인하여 발생하며, 하천에서 발생하는 가장 흔한 악취의 원인은 혐기성 소화의 중간산물인 황화물이다.

그 외에 물에 불쾌한 맛을 주는 물질은 철 · 망간 · 유리염소 및 불포화탄화수소(unsaturated hydrocarbon) 등이 있으며, 이들은 극히 낮은 농도에서도 불쾌한 맛을 주는데, 예를 들어 제1철은 0.1 mg/L, 제2철은 0.2 mg/L, 유리염소는 0.1 mg/L, 석유는 0.000001 mg/L의 극소량에서도 불쾌한 맛을 준다. 이들 물질은 단순히 수질을 저하시킬 뿐 아니라 수산물의 가치도 크게 하락시킨다.

⑨ 수소이온농도(pH; hydrogen ion concentration)

pH는 용액의 수소이온농도, 즉 산 또는 알칼리 상태의 세기를 나타내는 용어이다. 예를 들어 물은 H^+와 OH^-로 전리(電離)되며, 다음 식들이 성립한다.

$$H_2O \rightleftharpoons H^+ + OH^- \tag{1.22}$$

$$\frac{[H^+][OH^-]}{[H_2O]} = K_{eq} \tag{1.23}$$

25℃ 순수일 때 이온의 용해도적은 다음과 같다.

$$[H^+][OH^-] = 10^{-7} \times 10^{-7} = 10^{-14} = K_w \tag{1.24}$$

위 식에서 $[H^+]$·$[OH^-]$·$[H_2O]$는 각각 H^+·OH^-·H_2O의 몰농도(mole/L)를 나타내며, 일반적으로 pH와 pOH는 다음 식(1.25), (1.26)과 같이 정의된다.

$$pH = -\log[H^+] \tag{1.25}$$

$$pOH = -\log[OH^-] \tag{1.26}$$

따라서 pH+pOH=14 또는 pOH=14−pH이다.

한편 pH를 측정하는 방법은 지시약의 변색을 이용하는 **비색법**과 일반적으로 사용되는 유리전극(glass electrode)과 비교전극으로 된 pH meter를 이용하는 방법이 있다.

하천수의 pH 변화 원인은 주로 생물학적 반응의 최종산물인 CO_2와 대기 중의 CO_2 및 광산(鑛酸)이나 유기산이다. 이 중 광산은 대개 유황이나 유화철광 광산(鑛山)의 배수나 화산에서 분출된 유황성분이 유입한 물에서 유황산화세균의 작용에 따라 나타나며[식(1.27), (1.28) 참고], 유기산은 유기물이 호기성 혹은 혐기성으로 분해되는 과정에서 발생한다. 이러한 pH의 변화는 대개 위생상 영향을 미칠 정도는 아니지만 불쾌한 맛을 주어 수질을 저하시킨다.

한편 호기성 상태에서 생물학적으로 하수를 처리할 경우 나타나는 pH의 변화는 생물반응조 내 유기산의 농도 변화에 따른 것으로, 부유미생물을 이용하는 처리법에서 운전의 성패를 좌우하는 미생물의 응집성 및 침전성과 직접 관련됨으로 처리장에서는 반응조 내의 pH 변화에 특히 유의해야 한다. 자세한 내용은 2편의 2.2.3항에 기술하였다.

$$2S + 3O_2 + 2H_2O \xrightarrow[\text{황세균}]{} 2H_2SO_4 \tag{1.27}$$

$$FeS_2 + 3\frac{1}{2}O_2 + H_2O \xrightarrow[\text{황세균}]{} FeSO_4 + H_2SO_4 \tag{1.28}$$

예제 1.9 수소이온 농도가 5.4×10^{-9} mole/L인 용액의 pH와 pOH를 구하라.

풀이 $pH = -\log[5.4 \times 10^{-9}] = -\log 5.4 - \log 10^{-9} = -0.73 + 9.0 = 8.27$

$pOH = 14 - 8.27 = 5.73$

예제 1.10 pH가 5, 6, 7인 용액을 동량 혼합하였다. 이 용액의 pH는 얼마인가?

풀이 $pH = -\log\left[\frac{1}{3}(10^{-5} + 10^{-6} + 10^{-7})\right] = 5.43$

예제 1.11 완전히 전리한다고 가정하고 다음 용액의 pH를 구하라.
(1) 4.9×10^{-4} mole/L의 산 (2) 0.0016 mole/L의 염기

풀이 (1) 4.9×10^{-4} mole/L의 산

$$pH = -\log[4.9\times10^{-4}] = 3.31$$

(2) 0.0016 mole/L의 염기

$$pOH = -\log[0.0016] \fallingdotseq 2.8 \qquad \therefore\ pH = 14-2.8 = 11.2$$

예제 1.12 pH가 3인 황산 용액 10 L를 80%의 가성소다를 이용하여 중화시키고자 한다. 가성소다 용액의 소비량을 구하라.

풀이 황산용액의 pH가 3이므로 수도이온의 농도는 식(1.25) $pH = -\log[H^+]$에 의해, $[H^+] = 10^{-2}$ mole/L

따라서 10 L 황산용액 중 수소이온의 양은 10^{-2} mole/L × 10 L = 10^{-1} mole이고 이것을 중화시키기 위해서는 10^{-1} mole의 가성소다가 필요하므로 가성소다(NaOH, 분자량은 40 g)의 양은 40 g × 10^{-1} mole = 4 g이다.

80% 용액으로 환산하면, 4 g × 100/80 = 5 g이다.

---

⑩ 알칼리도(alkalinity)

알칼리도란 물이 산을 중화시킬 수 있는 능력을 의미하는데, 자연수의 알칼리도는 주로 약산의 염에 기인하지만, 강염기나 약염기도 기여한다. 알칼리도에 기여하는 수중 물질을 높은 pH를 나타내는 순서로 열거하면 수산화물(hydroxide)·탄산염(carbonate)·중탄산염(bicarbonate)의 순이다. 자연수에서 이들 물질의 공급원은 주로 지질(석회암 등의 광물)에 의한 것이며, 공장폐수 등 오염에 기인하는 경우도 있다.

자연수의 알칼리도는 중탄산염의 형태가 대부분이며 탄산염이나 수산화물에 의한 것은 적다. 이것은 다음 식과 같이 수중의 CO_2가 탄산염과 수산화물을 중탄산염으로 변화시키기 때문이다.

$$\begin{aligned} &CO_2 + CaCO_3 + H_2O \rightarrow Ca(HCO_3)_2 \\ &2CO_2 + Ca(OH)_2 \rightarrow Ca(HCO_3)_2 \end{aligned} \tag{1.29}$$

그런데 수산화물과 탄산염은 수중에 OH^-를 내므로 그 양에 따라 알칼리성을 나타내지만, 중탄산염은 냉수 중에서 OH^-를 거의 내지 않음으로 중탄산염의 양이 많아도 pH는 높

아지지 않는다. 특히 용존하는 CO_2가 많을수록 OH^-로 분해하기 어려우므로 pH는 높아지지 않는다. 그러나 이와 같은 중탄산염을 포함한 물을 가열하면 화합하고 있는 중탄산염 중의 CO_2가 분리되어 대기 중으로 날아가고 중탄산염은 다시 탄산염이 되어 OH^-를 내므로 물은 알칼리성을 나타내게 된다.

만일 알칼리도를 광산(鑛酸)이나 유기산으로 중화하면 OH^-가 물로 되거나 알칼리성을 띠지 않음으로 일단 중화된 알칼리는 재차 알칼리로 되지 않는다. 그러므로 광산이나 유기산에 의한 산도가 있는 물의 알칼리도는 0이다.

한편 수중에서 CO_2와 알칼리도 및 pH는 일정한 관계를 가지고 변화하는데, 그 관계는 그림 1.12와 같다.

알칼리도는 시료를 산(0.02 N H_2SO_4)으로 적정하고, 이때 소비된 산의 양을 $CaCO_3$로 환산하여 구한다[식(1.30) 참고]. 이때 사용되는 지시약은 phenolphthalein과 methyl orange이며 각 적정 point는 그림 1.12와 같다.

$$\text{알칼리도} = \text{산}(0.02\ \text{N}\ H_2SO_4)\text{의 소비량(mL)} \times \frac{1{,}000}{\text{시료량(mL)}} \tag{1.30}$$

알칼리도는 보건 위생상 영향을 미치지는 않는다. 하지만 불쾌한 맛을 내는 등 음용수의 질을 저하시킨다. 또한 수처리와 관련하여 알칼리도는 질산화 반응 시 완충작용을 하며, 석회 주입에 의한 인의 화학적 처리 시 석회의 주입량에 영향을 미치기도 한다.

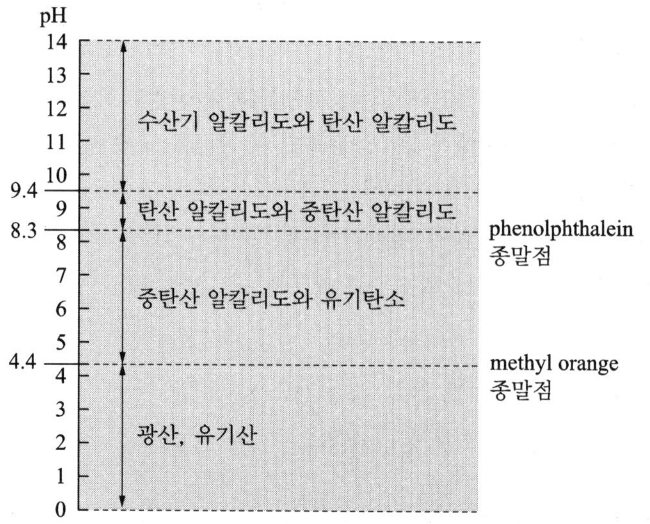

그림 1.12 pH·알칼리도 및 CO_2의 관계

이와 같이 알칼리도는 여러 측면에서 수질공학과 관련되는데, 몇 가지 중요 관련 내용을 열거하면 다음과 같다.

i) 약품응집

물이나 하·폐수 중의 불순물질을 제거하기 위해 사용되는 화학약품은 물과 반응하여 불용성 침전물을 만든다. 이때 방출된 H-ion은 수중의 알칼리도와 반응한다. 그러므로 알칼리도는 응집제가 효력을 발할 수 있는 pH 범위로 물을 완충하는 작용을 하게 된다. 따라서 효과적이고 완전한 응집이 일어나기 위해서는 응집제에 의해서 방출된 산에 의해 소비되는 알칼리도보다 더 많은 알칼리도가 존재해야 하는데, 이때 알칼리도가 너무 높으면 pH가 높아지고 많은 응집제가 소비되어 비경제적이다.

ii) 연수화

알칼리도는 침전법에 의한 연수화 공정에서 소석회[$Ca(OH)_2$]와 소다회(Na_2CO_3)의 소비량을 계산할 때 고려해야 되는 중요 인자이다. 연수화 된 물은 탄산염과 과량의 수산화물을 함유하므로 알칼리도가 허용범위 내에 있는지 검토해야 한다.

iii) 침식억제

알칼리도가 낮은 물은 부식성이 강하기 때문에 철관 등이 녹슬기 쉽다.

iv) 폐수처리

pH와 마찬가지로 알칼리도는 폐수를 생물학적으로 처리할 수 있는지를 정하는 중요한 인자이다.

예제 1.13 어떤 시료 100 mL를 0.02 N H_2SO_4 적정액으로 적정하였다. phenolphthalein end point(홍색 → 무색)까지 13.8 mL의 적정액이 소비되었다면, 이 시료의 알칼리도는 얼마인가?

풀이 식(1.30)을 이용하면 알칼리도는 $13.8 \times \frac{1{,}000}{100} = 138\ \text{mg/L}$이다.

별해) H_2SO_4 ; 1 N은 49 g, $CaCO_3$; 1 N은 50 g

1 L의 0.02 N H_2SO_4은 0.98 g의 H_2SO_4 함유, 즉 1 mL는 0.98 mg의 H_2SO_4을 함유한다.

13.8 mL의 적정액 중 산의 양을 $CaCO_3$로 환산하면,

$$13.8 \times 0.98 \times \frac{50}{49} = 13.8\ \text{mg}$$

따라서 알칼리도는 $13.8 \times \frac{1{,}000}{100} = 138\ \text{mg/L}$이다.

예제 1.14 응집제로 황산알미늄, 알칼리제로 소석회를 사용할 때, 원수 중의 알칼리도를 무시하면 황산알미늄 1 mg/L에 대해서 소석회를 얼마만큼 주입해야 하는가? (단, 각 원소의 원자량은 Al; 27 g, S; 32 g, Ca; 40 g이다.)

풀이 황산알미늄과 소석회의 반응은 다음과 같다.

$$Al_2(SO_4)_3 \cdot 18H_2O + 3Ca(OH)_2 \rightarrow 2Al(OH)_2 + 3CaSO_4 + 18H_2O$$

$\therefore$ 소석회 소비량 $= \dfrac{3 \times 77}{666} = 0.333\ \text{mg/L}$이다.

⑪ 산도(acidity)

산도란 물이 알칼리를 중화시킬 수 있는 능력을 말하며, pH 8.5 이하에서 존재한다. 산도의 근원은 생물학적 반응의 최종산물인 CO_2와 대기 중의 CO_2 및 폐광이나 공장폐수에서 유래한 광산(鑛酸)이다. 일반적으로 CO_2가 용해된 물의 pH는 8.3 이하이고, 황산 기타 광산을 함유한 물의 pH는 4.4 이하이다. 산도와 pH의 관계는 그림 1.13과 같다.

자연수의 산도는 수중의 CO_2에 의한 것으로 CO_2의 일부가 탄산으로 되기 때문이다. 따라서 산도는 수중의 탄산을 중화시키는 데 필요한 알칼리의 양을 $CaCO_3$로 환산하여 구한다[식(1.31) 참고].

$$\text{산도} = \text{알칼리}(0.02\ \text{N NaOH})\text{의 소비량(mL)} \times \frac{1{,}000}{\text{시료량(mL)}} \qquad (1.31)$$

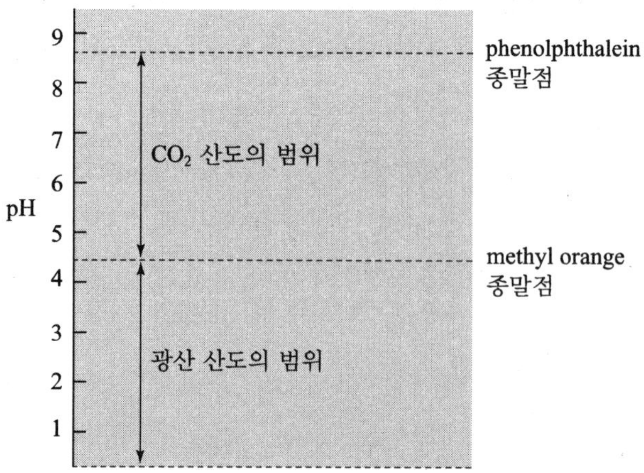

》 그림 1.13 산도와 pH의 관계

pH가 8.3 이하인 물에는 반드시 유리탄산이 존재하며, 그 양이 많을수록 pH는 낮아진다. 유리탄산은 수중 알칼리를 중탄산알칼리로 변화시키고, 여분의 유리탄산은 탄산으로 되어 pH를 저하시킨다.

$$CO_2 + H_2O \rightleftarrows H_2CO_3 \rightleftarrows HCO_3^- + H^+ \tag{1.32}$$

$$\frac{[H^+][HCO_3^-]}{[H_2CO_3]} = K_1 \quad (= 4.45 \times 10^{-7},\ 25℃) \tag{1.33}$$

위의 평형식에서 $[H_2CO_3]$은 실제적으로 탄산과 유리탄산을 합한 총 몰농도로 나타내는데, 그것은 두 형태를 구분하기 어렵기 때문이다. 총 탄산 중 유리탄산의 양은 대략 99% 정도를 차지한다.

수중의 일부 혹은 전부의 CO_2가 알칼리 화합물을 가용성으로 만들 때의 CO_2를 **종속성 유리탄산**(subjective free carbon dioxide)이라 하고, 알칼리도에 따라 양이 결정된다. 종속성 유리탄산보다 많은 CO_2는 철재를 부식시키므로 **침식성 유리탄산**(aggressive free carbon dioxide)이라고 한다. 침식성 탄산은 폭기를 하거나 알칼리제를 주입하여 제거할 수 있다.

한편 광산은 식(1.27)과 (1.28)과 같이 대개 유황이나 유화철광 광산(鑛山)의 배수나 화산에서 분출된 유황성분이 유입한 물에서 유황산화세균의 작용에 따라 나타난다.

중금속의 염, 특히 $Fe^{3+} \cdot Al^{3+}$와 같은 3가의 금속이온을 갖는 염은 수중에서 가수분해하여 광산을 방출한다.

$$FeCl_3 + 3H_2O \rightleftarrows Fe(OH)_3 + 3H^+ + 3Cl^- \tag{1.34}$$

산도는 알칼리도와 마찬가지로 위생상 영향을 미치지는 않지만 광산도를 포함한 물은 불쾌한 맛을 내는 등 음용수의 질을 저하시킨다. 이와 같이 산도는 여러 면에서 수질공학적 문제와 관련되는데, 몇 가지 관련 내용을 열거하면 다음과 같다.

i) 연수화

CO_2는 소석회$[Ca(OH)_2]$와 소다회(Na_2CO_3)를 이용하는 연화법에 있어 약품 소비량을 계산할 때 고려해야 하는 중요 물질이다.

ii) 침식작용

물의 침식성은 대개 CO_2이지만 공장폐수의 경우는 광산도이다. 특히 상수도 분야에 있어서 CO_2에 의한 침식성은 정수법과 그 시설을 결정하는 데 중요한 인자이다. 즉 물에 존재하는 CO_2의 제거방법으로 폭기를 택할 것인지, 아니면 단순한 중화법을 택할 것인지, 기타 약품의 소요량과 저장조의 크기, 처리비용 등도 모두 CO_2의 존재량에 따라 결정된다.

iii) 폐수처리

미생물을 이용하여 하·폐수를 처리하기 위해서는 pH가 보통 6~8.5 정도로 유지되어야 한다. 따라서 가끔 폐수의 pH를 조정할 필요가 있는데, 이때 필요한 화학약품의 양은 대개 산도에 기초를 두고 계산한다.

예제 1.15 어떤 시료 100 mL를 0.02 N NaOH 적정액으로 적정하였다. phenolphthalein end point(홍색으로 발색)까지 10 mL의 적정액이 소비되었다면, 이 시료의 산도는 얼마인가?

풀이 식(1.31)을 이용하면 산도는 $10 \times \frac{1,000}{100} = 100\ \text{mg/L}$이다.

별해) NaOH ; 1 N은 40 g, $CaCO_3$; 1 N은 50 g

1 L의 0.02 N NaOH는 0.8 g의 NaOH를 함유한다. 즉 1 mL는 0.8 mg의 NaOH을 함유한다.

10 mL의 적정액 중 NaOH 양을 $CaCO_3$로 환산하면,

$10 \times 0.8 \times \frac{50}{40} = 10\ \text{mg}$이다.

따라서 산도는 $10 \times \frac{1,000}{100} = 100\ \text{mg/L}$이다.

⑫ 경도(hardness)

경도(硬度)란 물의 비누 소비량을 말하며, 지하수와 같이 비누의 소비량이 많은 물을 **경수 또는 센물**이라고 한다. 경도가 높은 물은 각종 열교환장치의 표면에 scale을 형성하여 열전달 효율을 감소시킨다. 따라서 경도는 공업용수의 수질을 판단할 때 중요한 수질항목이 된다.

물의 경도는 보통 표면수보다 지하수가 센데, 그것은 물이 지각(地殼)을 유하하는 동안 접촉해온 지중의 경도 유발물질을 함유하기 때문이다. 경도는 2가의 양이온에 기인하는데, 자연수에서 경도의 대부분은 Ca^{2+}와 Mg^{2+}에 의한 것으로, 이들 물질은 강우 시 빗방울에 용해된 대기 중의 CO_2나 토양 내에서 미생물의 활동으로 발생한 CO_2가 지하수에 용해되어 생성된 탄산수가 지층 내의 Ca나 Mg 등을 포함한 광물을 녹여 이들 물질을 용출시키기 때문에 발생한다. 이와 같이 Ca와 Mg는 경도의 대부분을 차지하므로 총경도로 이들 두 가지 ion만을 측정하는 경우도 있다. 그 외에 경도를 유발하는 양이온은 $Sr^{2+} \cdot Fe^{2+} \cdot Mn^{2+}$ 등이 있으며, 이들 양이온과 결합하는 중요한 음이온을 자연계에 존재하는 양에 따라 나타내면 표 1.8과 같다.

■ **표 1.8** 경도의 원인이 되는 양이온과 중요 음이온

양이온	Ca^{2+}, Mg^{2+}, Sr^{2+}, Fe^{2+}, Mn^{2+}
음이온	HCO_3^-, SO_4^{2-}, Cl^-, NO_3^-, SiO_3^{2-}

경도의 측정은 상기 5가지 양이온의 양을 $CaCO_3$의 양으로 환산하여 나타내며, 그 결과에 따라 경도를 다음과 같이 구별하기도 한다.

0~75 mg/L ………… 약하다.	75~150 mg/L …… 약간 강하다.
150~300 mg/L …… 강하다.	300 mg/L 이상 …… 아주 강하다.

한편 표 1.9의 양이온이 $OH^- \cdot CO_3^{2-} \cdot HCO_3^-$ 등과 결합할 경우, 이것을 **탄산경도**라고 한다. 탄산경도는 오래 가열하면, 다음 식(1.35)와 같이 침전하여 경도를 상실한다. 따라서 탄산경도를 **일시경도**라고 말하기도 한다.

$$Ca^{+2} + 2HCO_3^- \rightarrow CaCO_3\downarrow + CO_2 + H_2O \tag{1.35}$$

탄산경도는 알칼리도와 마찬가지로 $CaCO_3$로 환산하여 구하므로 탄산경도는 다음과 같이 구할 수 있다.

알칼리도 < 총경도일 때, 탄산경도 = 알칼리도
알칼리도 ≥ 총경도일 때, 탄산경도 = 총경도

총경도에서 탄산경도를 뺀 값을 **비탄산경도**라 하는데, 이것은 가열해도 제거되지 않는다. 따라서 비탄산경도를 **영구경도**라고 말하기도 한다.

예제 1.16 어떤 물의 수질분석 결과는 다음과 같다. 이 물의 총경도·탄산경도 및 비탄산경도를 구하라. (단, 각 원소의 원자량은 Ca; 40 g, Mg; 24.3 g, Na; 23 g, S; 32 g, Cl; 35.5 g, C; 12 g, O; 16 g이다.)

■ **표 1.9** 경도 계산을 위한 수질분석 결과

구 분	mg/L	구 분	mg/L
Ca^{2+}	60	HCO_3^-	30.5
Mg^{2+}	24.5	SO_4^{2-}	120
Na^+	12	Cl^-	2.5
		CO_3^{2-}	30

풀이 총경도는 Ca^{2+}; 60 mg/L → $60 \times \frac{50}{20} = 150$ mg/L

Mg^{2+}; 24.5 mg/L → $24.5 \times \frac{50}{12.15} = 100.8$ mg/L

∴ 총경도 = 150 + 100.8 = 250.8 mg/L

탄산경도는 CO_3^{2-}; 30 mg/L → $30 \times \frac{50}{30} = 50$ mg/L

HCO_3^-; 30.5 mg/L → $30.5 \times \frac{50}{61} = 25$ mg/L

∴ 탄산경도 = 50 + 25 = 75 mg/L

한편 총경도 = 탄산경도 + 비탄산경도이므로,

비탄산경도 = 250.8 − 75 = 175.8 mg/L이다.

---

⑬ 유독성 무기화합물

가장 일반적인 유독성 무기물은 유리염소·chloramine·암모니아·황화수소·가용성 황화물 및 구리(Cu)·아연(Zn)·납(Pb)·니켈(Ni)·크롬(Cr)·카드뮴(Cd)·수은(Hg)·은(Ag)·우라늄(U)·바나듐(V)·토륨(Th) 등의 유해 중금속으로, 이들 물질은 주로 공장폐수나 광산폐수 및 제철소 등으로부터 배출되며, 이 물질의 수중 농도가 일정치 이상 존재하면 미생물의 활동을 억제하여 생물학적 하수처리 및 하천의 자정작용과 수생생물의 생장을 저해한다.

이 밖에도 황산동($CuSO_4$)·불소(F) 등도 수생생물에 대해 유해한데, 황산동의 경우 그 독성을 이용하여 조류 억제를 위한 약제로 사용되기도 한다. 또한 불소의 경우 적정 농도는 충치 예방에 유효하다. 하지만 그 농도가 1.5 mg/L 이상인 경우에는 치아의 표면을 부식시켜 **반상치**(斑狀齒; mottled teeth)의 원인이 된다.

한편 카드뮴 등의 중금속과 유기수은·비소·유기인 등 축적성 물질은 그 농도가 극히 낮아도 지속적 노출이나 생물농축으로 인하여 인체 내에 축적되어 만성중독을 일으킬 수 있다. 생물농축의 정도는 식(1.36)과 같이 계수로 나타낼 수 있는데, 생물의 먹이수준과 밀접하게 관련되며, 먹이수준이 높은 상위의 생물일수록 고농도로 축적된다.

대표적인 만성중독 현상으로 수은(Hg)에 의한 **미나마타병**과 카드뮴(Cd)에 의한 **이타이이타이병**을 들 수 있다.

$$\text{농축계수} = \frac{\text{대상생물 체내 유독물질 농도}}{\text{해당 수중의 유독물질 농도}} \tag{1.36}$$

⑭ **페놀류(phenols)**

페놀(C_6H_5OH)은 벤젠의 수소원자 하나가 수산기로 치환된 화합물이며, 페놀에 여러 가지 치환기(置換基)가 결합된 물질을 총칭하여 페놀류라 한다. 이 물질은 주로 공장폐수의 유입에 기인하며, 수중에서 특유한 냄새를 발생시키고 인축(人畜)과 수생생물에 유해하다. 특히 상수 원수에 페놀이 존재할 경우 염소소독 과정에서 클로로페놀(C_6H_5ClO)이 형성되어 한층 더 강한 취기를 발생시킨다.

⑮ **음이온 계면활성제(ABS)**

세제는 음이온(陰 ion)·양이온(陽 ion)·양이온(兩 ion) 및 비이온(非 ion) 계면활성제가 있으며, 이 중 음이온 계면활성제가 가장 흔히 사용되고 있다. 음이온 계면활성제 중에는 경성세제(硬性洗劑)로 알려진 ABS(alkyl benzene sulfonate)가 있는데, 이 물질은 생분해가 어렵고, 상수에 비린 맛을 제공하여 수질을 저하시킨다. 또한 이 물질은 수면에 수막이나 거품을 형성하고 산소 공급을 저해하여 하천의 자정작용과 수서생물의 서식에 영향을 미친다. 특히 와류 등에 의해 폭기될 경우 거품을 발생시켜 미관을 크게 해친다. 따라서 수질오염의 지표로 활용되며, 가정에서의 사용이 억제되어 있어 발생은 주로 공장폐수에 기인한다.

⑯ **염화물(chlorides)**

염화물은 모든 자연수 중에 서로 다른 농도로 존재하는데, 해수의 영향을 받는 지역에서는 더욱 높게 나타난다. 인위적인 오염원은 제염업(製塩業), 이온교환법을 사용하는 경수공장(硬水工場) 등 공장폐수와 생활하수이며, 이들 오염원으로부터 배출된 염화물은 하천의 염화물 농도를 증가시켜 담수어나 수생생물에 해를 끼친다. 담수어의 염화물 농도에 대한 내성은 종류에 따라 다르지만 일반적으로 1,000～9,000 mg/L의 Cl^-에서 대부분 또는 일부가 죽게 된다. 참고로 해수의 Cl^- 농도는 20,000 mg/L이다.

또한 이 물질이 과도하게 용해되어 있는 폐수는 철이나 콘크리트 구조물을 부식시킨다.

⑰ **유류**

각종 공장에서 사고 또는 고의로 배출되는 유분은 하천 표면을 유하하면서 확산되어 공기 중 산소의 수중 용입(溶入)을 막고 생태계를 교란한다. 또한 유화(乳化)한 유분은 수중에 분산하여 수서생물의 생육을 저해하고 상수 원수나 그 속에 서식하는 생물에 특유의 이취미를 갖게 하여 그 가치를 하락시킨다.

또한 유류에 의한 오염은 해양에서도 자주 발생하는데, 주된 오염원은 임해공장으로부터 배출되는 함유배수(含油排水), 항해 중의 선박이 배출하는 ballast water(유조선의 바닥에 싣는 물)나 bilge water(배의 바닥에 고이는 油水), 대형 해난사고로 유출되는 원유나 연료유 등이며, 이러한 유류에 의한 해양오염은 확산 속도가 크고 피해 범위가 광대하여 처리에 어려움을 준다.

⑱ **방사능**

하천의 방사능 물질 농도는 평상시 수 베크렐(Bq)/L로 문제되지 않는다. 하지만 원전사고 등에 의한 방사성 폐수의 유출은 하천이나 해양의 생태계를 크게 위협하는데, 이러한 사고는 자주 발생하지는 않지만 한 번 발생하면 그 피해가 광범위하고 피해기간이 상당히 지속되는 특성을 가진다. 참고로 베크렐은 방사능을 측정하는 국제 표준단위(SI)로 1초에 1개의 원자핵이 붕괴하고 있는 방사선의 세기, 즉 1 Bq = 1 /sec이다.

자연계에 존재하는 원자 중 원자번호 83 이상의 것은 대부분 자연방사성 원소로 방사능을 가지지만 방사능 물질에 따라서는 생물이나 슬러지에 잘 흡수되는 물질과 그렇지 않은 물질이 있는데, $Ce^{144}\cdot Au^{193}\cdot Pu^{239}$ 등은 잘 흡수되는 반면 $Sr^{90}\cdot Na^{24}\cdot Cs^{137}\cdot P^{32}\cdot Br^{82}\cdot I^{131}$ 등은 잘 흡수되지 않는다. 따라서 Ce^{144} 등과 같이 잘 흡수되는 방사능 물질이 방출될 경우 흡수된 방사성 물질은 생물연쇄에 의해 수중 농도의 수천 내지 수만 배까지 농축되며 농축된 물고기 등을 섭취하는 인간에게 큰 피해를 줄 수 있다. 또한 이러한 피해는 결과가 바로 나타나기도 하지만 당대에 나타나지 않고 다음 세대에 나타나는 경우도 있어 그 피해를 정확히 판정하기란 쉽지 않다.

2) 미생물학적 지표

① **일반세균**

수인성 전염병의 억제를 위해 상·하수도에서는 일반세균 수와 대장균 군수를 검사한다. 일반세균 수는 검수 1 cc 중에 포함된 균의 수로 나타내며 보통 한천배지에 배양한 후 형성된 집락(colony)의 총 수로 검정한다. 일반적으로 상수의 기준은 검수 1 cc를 한천배지 15 cc에 가하고 인간의 체온과 비슷한 35～37℃에서 22～26시간 배양한 후 형성된 집락의 수로 정하며, 음용수 중 수도수의 기준은 1 cc에 100 이하로 정하고 있다(표 1.3 참고).

② **대장균군**

대장균군(coliform group)은 상수와 하수의 분원성 오염의 지표로 사용되는데, 이것은 대장균이 대부분 온혈동물의 장 내에 기생하는 세균으로, 자체가 맹독성을 나타내는 것은 아니지만, 이것이 수중에서 발견되면 물이 분뇨에 의해 오염되어 수인성 전염병의 전파 가능성을 암시하기 때문이다. 또한 대장균은 일반병원성 세균이나 바이러스 등에 비해 검출이 용이하고, 검출에 시간과 경비가 절약되어 일반세균이나 바이러스의 간접적 오염지표로 활용될 수 있다.

대장균군의 검출법에는 MPN법(most probable numbers) · desoxycholate agar 배지를 이용한 평판배양법 · 막여과법(membrane filter method) 등이 있으나, 일반적으로 MPN법이 자주 사용되는데, MPN으로 우리나라의 음용수 중 수도수의 기준은 100 cc 중 불검출되어야 한다(표 1.3 참고).

참고로 MPN은 시료 100 mL당 이론상으로 존재 가능한 대장균의 수를 나타내는 것으로, 시료수 100 mL 중 검수의 양을 10 mL · 1 mL · 0.1 mL 등과 같이 희석배율을 연속적으로 다르게 한 시료를 5개씩 LB(lactose-broth) 발효관에 접종한 다음 배양기에서 37±1℃로 24±1시간 배양한 후, 각 시료의 양성률을 조사하여 검수에 포함된 대장균군의 수를 확률논적으로 추정하는 방법이다.

여기서 양성이란 배양과정에서 gas가 발생하는 것을 의미하며, 상기 배양시간에서도 가스가 발생하지 않을 경우 48±1시간 배양하고, 그래도 gas가 발생하지 않을 경우 음성으로 판정한다.

MPN은 양성관에 대해 다시 확정실험을 거친 후 양성관과 음성관의 수에 따라 다음의 Thomas 식을 이용하여 구할 수 있다.

$$\text{MPN/100 mL} = \frac{100 \times \text{양성관의 수}}{[\text{음성시료의 총량(mL)} \times \text{전체시료의 총량(mL)}]^{1/2}} \qquad (1.37)$$

예제 1.17 어떤 하천수에 대한 대장균군 실험을 실시하였다. 각각 5개의 10 mL · 1 mL · 0.1 mL 희석 시료수에서, 시험결과 10 mL 시료수 중 3개, 1 mL 시료수 중 2개, 0.1 mL 시료수 중 1개가 양성반응을 나타냈다. 이 하천수의 대장균군에 대한 MPN을 구하라.

풀이 양성관의 수 $= 3+2+1 = 6$개

전체 시료의 총량 $= 5\times10+5\times1+5\times0.1 = 55.5$ mL

음성 시료의 총량 $= 2\times10+3\times1+4\times0.1 = 23.4$ mL

$$\therefore \ \text{MPN/100 mL} = \frac{100\times6}{(23.4\times55.5)^{1/2}} = 17/100 \text{ mL}$$

Chapter 1 연습문제

1. 우리나라의 강우특성과 그에 따른 가용수원의 확보 방안에 대해 기술하라.

2. 물의 순환과정과 연관하여 각 수원의 특성에 대해 기술하라.

3. 용도별로 요구되는 용수의 수질에 대해 기술하라.

4. 호수의 성층현상과 그 현상이 상수 처리에 미치는 영향에 대해 기술하라.

5. 하천의 자정작용에 대해 기술하라.

6. 점오염원과 비점오염원에 대해 설명하라.

7. 점오원원 중 생활하수의 특성에 대해 설명하라.

8. 공장폐수의 특성에 대해 설명하라.

9. 호소의 부영양화 현상을 설명하라.

10. BOD와 COD에 대해 설명하라.

11. BOD 곡선은 탄소성 유기물의 산화와 질소물질의 산화로 나타나는데 이 현상과 미생물의 유기물 분해과정을 관련지어 설명하라. 즉 유기물과 질소의 산화가 동시에 일어나지 않고 탄소성 유기물의 산화 후 질소 산화가 일어나는 이유를 설명하라.

12. 수질 측정 시 미생물학적 지표로 대장균의 중요성에 대해 기술하라.

Chapter 2

수질오염과 생태계

2.1 생태계의 구성과 수질공학

어떤 지역에 살아가고 있는 생물군집의 생활에 관계되는 모든 무생물적 환경(빛, 온도, 습도, 바람, CO_2, O_2, 토양, 수분, 무기염류 등)과 생물적 환경(식물군집, 동물군집, 동종개체군, 이종개체군 등)을 포괄한 자연의 구조를 **생태계**라 한다. 여기서 생물군집이란 어떤 지역의 일부분 속에 살며 그 환경의 평균 조건에 적응한 여러 가지 생물의 무리를 말한다. 생물군집의 구성원들은 생물적·무생물적 영향 하에 살고 있으며 이들 간에 여러 가지 관계, 즉 이로운 혹은 해로운 상호관계 등을 형성하며 균형을 이루고 있다. 이와 같이 생물체의 활동을 전제로 하는 생태계는 **동적 실체**(dynamic entities)이지만, 생태계가 그 중요한 특성 중에 하나인 **항상성**(homeostasis; 일정한 상태를 유지하고자 하는 성질)을 유지하기 위해서는 생태계를 구성하는 인자 간의 상호작용이 일정하게 유지되어야 하는데, 상호작용하는 이들 구성인자는 크게 3가지, 즉 **생산자**(producers), **소비자**(consumer) 및 **분해자**(decomposers)로 대별할 수 있다.

이 중 **생산자**(producers)는 주로 녹색식물과 조류(algae)로 이루어지며, 이들은 토양 내의 질소와 인 등의 영양물질과 태양에너지를 이용하여 유기물을 생산하여 자신의 세포 내에 저장한다. 이와 같이 태양빛이나 질소·인과 같은 무기물을 이용하여 유기물을 생산하는 생물체를 **독립영양생물** 혹은 **자영양성생물**(autotrophs)이라고 한다.

하지만 식물 중에서 버섯·곰팡이 등 진균류(fungi)와 비치드롭(beech drops)·수정란풀(indian pipe) 등 몇몇의 화본과 식물은 엽록소의 부족이나 빛에너지를 흡수할 수 있는 색소의 결핍으로 광합성작용을 수행할 수 없는데, 이들 식물을 포함하여 대부분의 미생물이나 동물과 같이 요구되는 에너지를 얻기 위하여 유기물을 이용하는 생물체를 **종속영양생물** 혹은 **타영양성생물**(heterotrophs)이라고 한다.

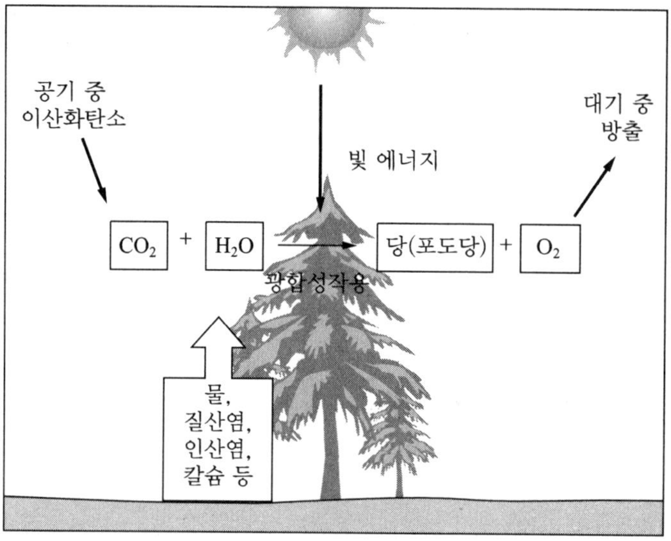

그림 2.1 생산자인 녹색식물의 광합성

소비자(consumer)는 생산자를 직접 소비하는 초식동물과 다른 동물을 먹이로 하는 육식동물로 구성된다. 예를 들어 그림 2.2와 같이 메뚜기는 식물을 소비하고, 메뚜기는 쥐에게, 쥐는 뱀에게, 뱀은 독수리에게 잡아먹히는 연쇄구조를 보이는데, 이것을 **먹이사슬(먹이연쇄)**라 한다. 이때 생산자인 식물을 먹이로 하는 생물체, 즉 메뚜기를 1차 소비자라고 하며, 1차 소비자를 먹이로 하는 쥐는 2차 소비자이다. 따라서 소비단계에 따라 3차·4차 소비자 및 그 이상의 소비자가 존재한다. 또한 생물체 간의 관계는 상기와 같이 직선적 관계 외에 서로 먹고 먹히는 혼재된 관계도 나타나는데, 이러한 관계를 나타낸 것을 **먹이망(먹이그물)**이라 한다.

한편 상기에서 먹이사슬과 먹이망을 포함하여 생물체 간의 먹이관계를 파악하는 또 다른 개념으로 **먹이수준(영양수준)**이란 개념을 사용하는데, 여기서 생산자를 1차 영양수준, 1차 소비자를 2차 영양수준, 2차 소비자를 3차 영양수준 …이라 하며, 이러한 개념은 먹이사슬의 관계를 포함하면서 동시에 먹이망의 복잡한 관계를 단순화하여 영양수준에 따른 생체량의 변화 등을 설명하는 데 편리하다. 이때 각 소비단계별로 생체량의 증가는 10%의 법칙에 따르며(2.4.2항 참고), 그 외 90%는 에너지로 소비된다. 즉 소비단계별 부분집단의 생체량은 상위의 소비자로 갈수록 적어지는 피라미드 형태(그림 2.3 참조)를 나타낸다.

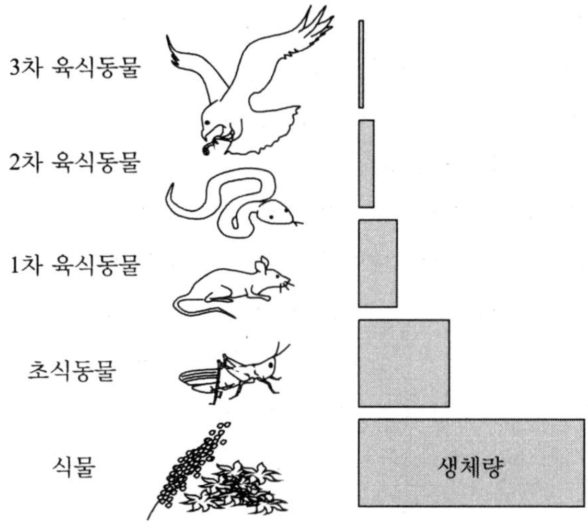

》 그림 2.2 먹이사슬과 생체량의 변화

이와 같이 소비자는 다양한 상호 관계를 가지는 부분집단으로 구성되며, 이러한 관계는 미생물 간에도 존재하며 수질공학에서 하천의 자정작용이나 특히 하수의 처리과정과 그 결과를 정확하게 이해하고 응용하기 위해서는 이들 간의 상호 관계에 주목해야 한다. **즉 하수처리 과정에서도 먹이수준의 증가는, 즉 고등한 미생물의 증가는 생체의 겉보기 증식률을 감소시켜 잉여슬러지의 발생량을 감소시킨다.** 잉여슬러지의 발생량은 하수처리장의 하수처리 비용과 직접적 관계를 가지므로 유능한 관리자는 이러한 생태계의 원리를 인지하고 이용할 줄 알아야 한다.

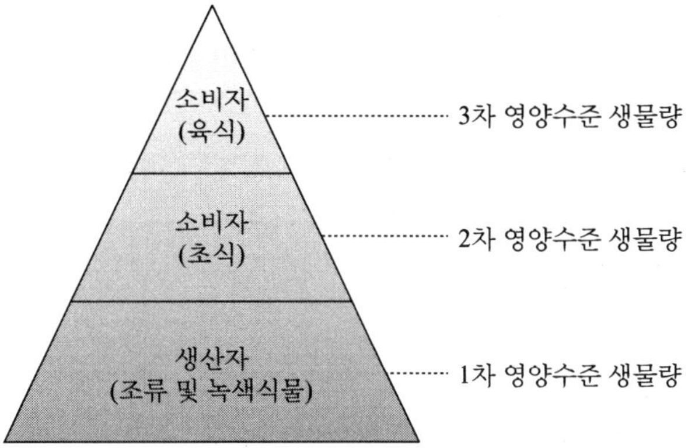

》 그림 2.3 생물량 피라미드

분해자(decomposers)는 생체의 유지나 증식에 요구되는 에너지를 얻기 위하여 유기물, 즉 죽은 식물이나 동물의 사체 또는 배설물 등을 분해하여 $CO_2 \cdot H_2O \cdot CH_4$와 같은 안정한 물질로 전환시키는 미생물을 말한다. 이들 분해자는 에너지와 영양물질을 얻기 위해 유기물을 직접 이용하므로 **종속영양생물**(heterotrophs)이라고 하며, 2종류의 생물체, 즉 진균류(fungi)와 박테리아류로 구분된다. 따라서 녹색 황세균·홍색 황세균 및 홍색 무황세균 등 일부 광합성세균(photosynthetic bacteria)을 제외하면 모든 세균은 분해자에 해당한다.

이상과 같이 생태계는 생산자·소비자 및 분해자의 상호 관계로 이루어지며, 안정된 생태계 내에서는 이들 구성인자 간에 양적 균형이 유지되고, 이러한 양적 관계를 **생물량 피라미드**(organism pyramid)라 하며, 그림 2.3과 같다.

건전한 생태계에서 이 생물량 피라미드의 형태나 크기는 생태계 내의 총 생체량 및 소비단계별 생체량을 나타내므로 변화가 없어야 한다. 또한 수질공학과 관련하여 하수처리장의 생물반응조 내에서 일어나는 현상, **즉 처리속도·처리수질 및 잉여슬러지 발생량 등 여러 가지 처리 결과가 변화하는 현상을 정확하게 이해하고 응용하기 위해서는 생물반응조를 유사 생태계로 취급하여, 즉 유입하수를 생산자로, 세균과 같은 하등한 미생물을 분해자로, 원생동물과 같은 고등한 미생물을 소비자로 간주하고 이들 상호 간의 관계를 해석할 필요가 있다.**

2.2 자연계에서 유기물의 분해

생물체(유기물)가 죽고 시간이 흐르면 분해자에 의해 분해되어 무기화하는 자정과정을 거쳐 자연계에 순환된다. 이러한 자정과정은 주로 타영양성 세균에 의해 진행되며 호기적 과정(aerobic process)과 혐기적 과정(anaerobic process)으로 대별하지만 실제로 자연수역에서는 혐기적 구간과 호기적 구간 간에 명확한 경계가 있는 것은 아니다. 즉 이들 과정 중에는 여러 가지 중간적·혼재적(混在的) 구간이 있어 점진적으로 이행된다. 따라서 그 전 과정을 구간별로 명확하게 나타내는 것은 곤란하므로 크게 호기적 과정과 혐기적 과정으로 대별하여 기술하면 다음과 같다.

호기적 과정은 호기성 세균과 기타 임의성 미생물에 의해 다음과 같이 유기물이 $CO_2 \cdot H_2O \cdot H_2SO_4 \cdot HNO_3$와 같은 무기물로 변화되는 과정이다.

탄소성분 : C → CO_2 + 탄산염과 중탄산염
수소성분 : H → H_2O
질소성분 : N → NH_3 → HNO_2 → HNO_3
유황성분 : S → H_2SO_4
인성분 : P → H_3PO_4

한편 **혐기적 과정**은 혐기성 세균에 의해 유기물이 분해되는 과정으로 중간 생성물은 유기산·탄산·CO_2·H_2S 등이며, 최종 생성물은 NH_3·CO_2·CH_4·H_2S·부식질·H_2O 등이다.

탄소성분 : C → 유기산 → CH_4 + CO_2
질소성분 : N → amino acid → NH_3 + amines
유황성분 : S → H_2S + 유기 황화물
인성분 : P → PH_3(phosphine : 무기상 인화수소) + 유기화합물

혐기적 과정은 호기적 과정에서 발생하는 잉여슬러지나 축산분뇨의 소화에 주로 이용되며, 호기적 과정에 비해 다음과 같은 장단점을 가진다.

① 메탄과 같은 유용한 자원이 발생한다.
② 고농도의 폐수를 처리하는 데 주로 이용된다.
③ 불쾌한 취기를 발생시킨다.
④ 호기적 과정에 비해 시간이 오래 걸린다.
⑤ 생성된 무기산물(H_2S·NH_3 등)은 일반적으로 호기적 세균 및 고등동물에 유해하다.

이후 관련 장에서 자세히 설명하겠으나 참고로 미리 부언하면 활성슬러지를 이용한 처리장에서 팽화를 억제할 목적으로 소화슬러지를 생물반응조에 투입하는 경우가 있는데, 이때 소화슬러지 내의 혐기성 중간생성물은 생물반응조 내 호기성 미생물에게 독성으로 작용하고, 그 결과 호기성 미생물은 유해한 환경에 대응하여 스스로를 방어할 목적으로 점액물질을 분비한다. 이 물질은 미생물의 floc 형성에 관여하는 물질이므로 운전조건(유입수 농도가 낮은 경우)에 따라서는 팽화를 억제할 수도 있고, 처리수질(현탁물질 농도)을 개선시킬 수도 있다. 이와 같이 호기성 처리과정에 있어 혐기성 처리과정에서 발생하는 유해한 물질이 처리에 도움이 되는 경우도 있다.

2.3 수중에서 유기물의 분해와 식물환

수중에서 생물군이 호기적으로 또는 혐기적으로 유기물을 분해하는 과정과 생물군 간의 피·포식관계를 도식하면 다음 그림 2.4와 같다.

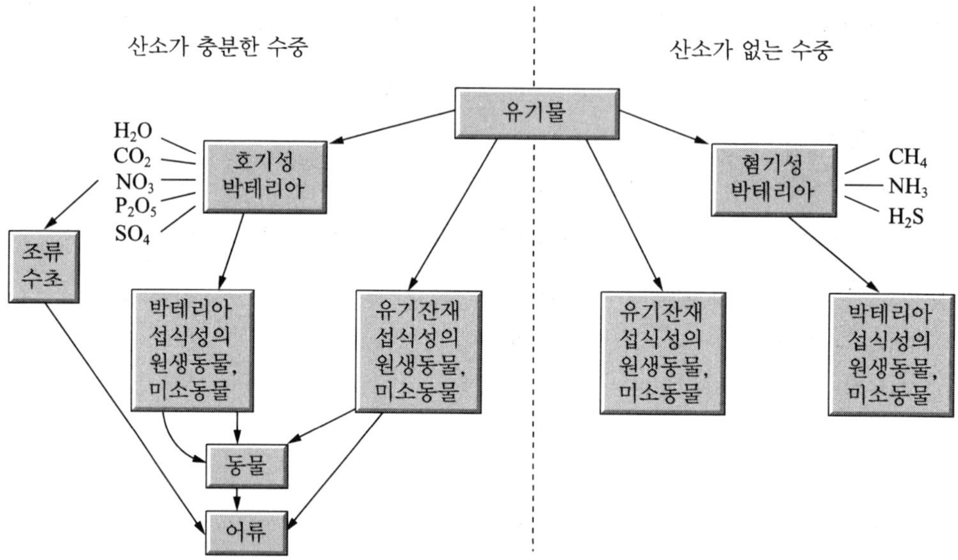

≫ 그림 2.4 수중 산소와 생물군집 간의 피·포식관계

유기적 또는 무기적 정화과정에서 유기물은 1차적으로 세균에 의해 섭취되고, 세균은 원생동물에게 먹히며, 원생동물은 다시 윤충, 갑각류 등에 먹힌다. 이들은 다시 곤충이나 어류에게 먹히는데, 이러한 먹이사슬 관계는 생물체 내 유해물의 농축농도를 증가시키고, 계 전체의 에너지 소비량을 증가시키는 등, 생물학적 폐수처리 시 처리과정과 처리결과를 명확히 이해하는 데 도움이 된다.

또한 고등 수생동물 중 담수해면이나 패류·실지렁이 등은 물을 여과하거나 진흙을 걸러 유기물을 섭취하는 등 자정작용에 직접 공헌하기도 한다.

한편 먹이사슬 관계에서 유해물(농약·중금속·방사능 물질 등)의 농축농도는 먹이수준(영양수준)이 높을수록 심화되는데, 이때 농축정도는 식(1.36)을 이용하여 나타낼 수 있으며, 생물농축에 의한 대표적 피해 사례로는 유기수은에 의한 미나마타병, 카드뮴에 의한 이타이이타이병, PCB에 의한 Ganemi 중독 등을 들 수 있다.

2.4 생태계의 물질순환과 에너지 흐름

2.4.1 물질의 순환

생태계는 먹이를 중심으로 복잡한 먹이연쇄로 얽혀있다. 식물이 동화작용을 통해 유기물을 생산하게 되면 동물이 이것을 먹고, 또 세균은 동식물의 사체나 배설물을 분해하는 등의 물질 변화가 끊임없이 일어나고 있다. 이와 같은 물질의 순환은 생물계뿐 아니라 광합성이나 호흡 등의 작용에 의하여 공기나 토양 같은 비생물계 사이에서도 활발하게 일어나는데, 생태계에 있어서 중요한 순환물질은 탄소·수소·산소·질소·유황·인 등이며, 이들의 순환과정은 다음과 같다.

수소의 순환 : 수소는 산소와 결합하여 물의 형태로 지구상에 널리 분포한다. 따라서 수소의 순화과정은 물의 순환과정과 같다고 볼 수 있으며, 물의 순환과정은 그림 1.4와 같다.

산소의 순환 : 산소분자는 호흡에 의하여 생물체에 흡수되어 영양소의 산화를 일으켜서 에너지를 발생시키는 데 중요한 역할을 한다. 또한 산소는 광합성에 의해 방출됨으로 그 순환은 CO_2의 순환과 반대 방향으로 동시에 일어나고 있다. 즉 식물은 광합성 과정에서 CO_2를 흡수하여 O_2를 방출하며 동물이나 식물은 호흡에서 O_2를 흡수하며 CO_2를 방출한다.

광합성에 의해 O_2가 방출되는 양은 지구 전체에서 연간 2,200억 톤이나 되며 이 중 약 1/2은 산림에서 나오며, 지구상의 총 산소량은 150조 톤에 달한다고 한다. 그 외에 상층 대기 중의 오존이 분해되거나 자외선 광화학 작용에 의해서 물이 분해되어 생기는 유리산소도 있다. 또한 화합물 중에 존재하는 산소로 물 분자를 구성하는 산소나 생물 호흡이나 화산 분화에 의해 방출되는 CO_2 중의 산소, 수중이나 지하의 탄산염(CO_3^{2-}) 또는 산화철(Fe_2O_3), 이산화규소(SiO_2) 등의 광물질 중의 산소 등, 산소는 대기권에서부터 수권 및 암석권에 이르기까지 다양하게 존재하고 순환하고 있다.

탄소의 순환 : 공기 중의 탄산가스(CO_2)는 식물의 광합성 작용에 의해 유기탄소 화합물, 즉 탄수화물·지방·단백질로 합성되며 이것은 다시 미생물의 호흡작용으로 탄산가스나 탄산염과 같은 무기탄소로 분해된다.

질소의 순환 : 질소는 단백질의 분해과정에서 생성되며 이때 단백질은 세균에 의해 암모니아성 질소(NH_3-N) → 아질산성 질소(NO_2-N) → 질산성 질소(NO_3-N)의 과정을 거쳐 분해된다. 이렇게 분해된 질산이온은 식물의 단백질 합성에 이용되거나, 다른 한편으로는 질산이온의 탈질과정으로 유리된 질소가스가 질소동화세균(뿌리혹 박테리아 등)에 의해 흡수되어 단백질로 동화된 후 다시 식물체에 공급되는 형태로 순환이 이루어진다.

황의 순환 : 아미노산 중에 황을 함유한 황지질 등 유기성 황은 미생물에 의해 호기성 상태에서 유기성 황(S) → 아황산기(SO_3^{2-}) → 황산기(SO_4^{2-})로, 혐기성 상태에서는 유기성 황(S) → 황화수소(H_2S)로 되는 과정을 통해 무기화되고 이것들이 다시 합성되어 유기성으로 변화한다.

이상의 **탄소·질소·유황**의 유기적·무기적 순환과정을 도식적으로 나타내면 그림 2.5 및 2.6과 같다.

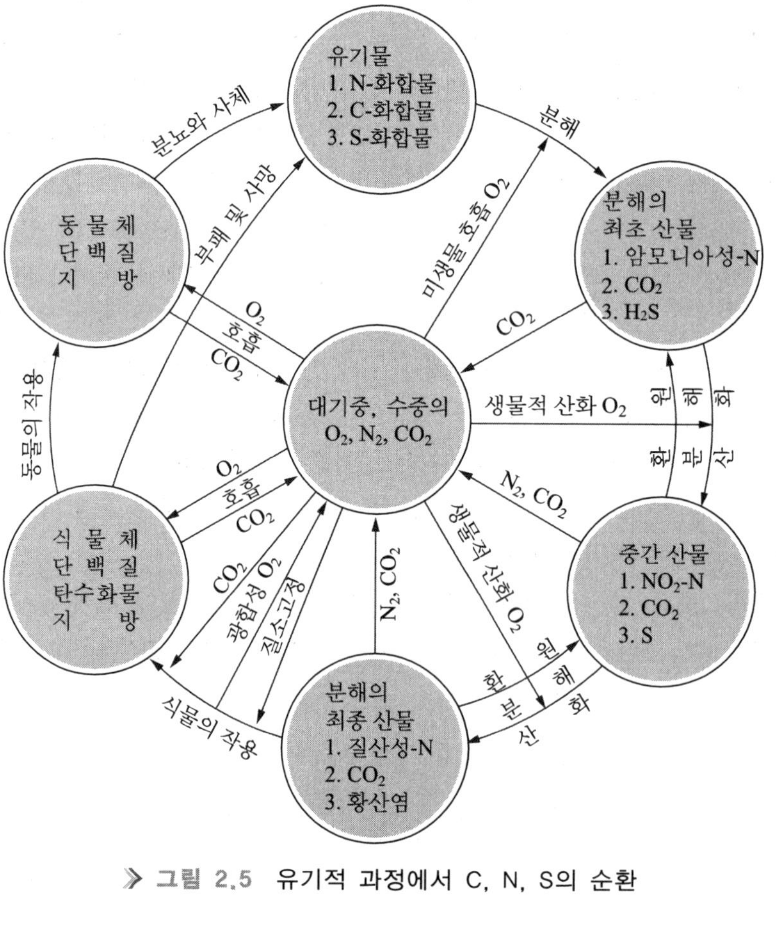

» 그림 2.5 유기적 과정에서 C, N, S의 순환

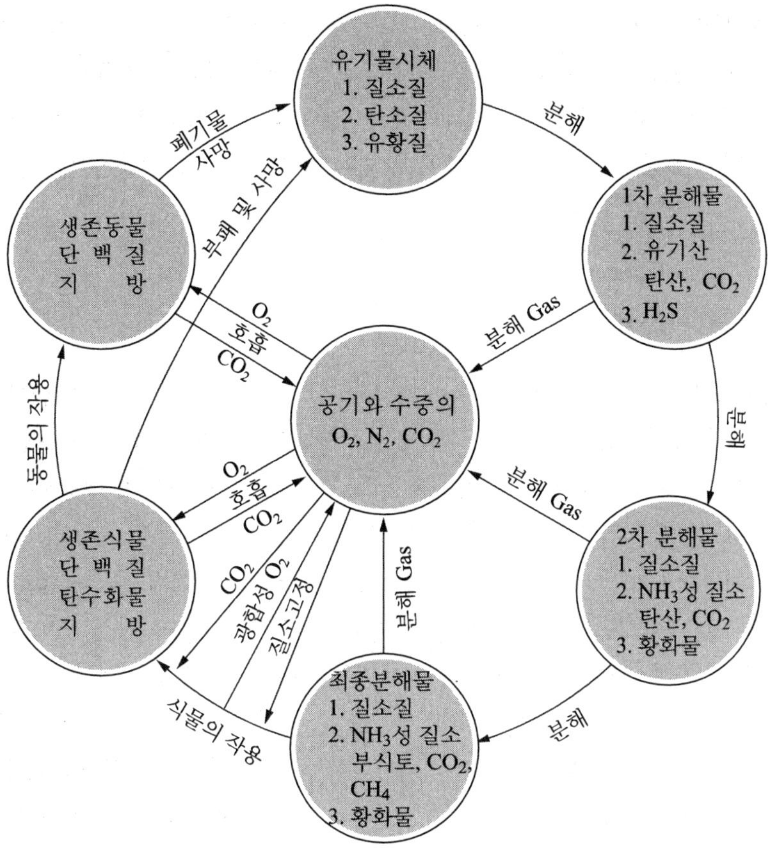

≫ 그림 2.6 무기적 과정에서 C, N, S의 순환

기타 무기염류의 순환 : 그 외에 생물체의 구성에 필요한 인(P)·칼륨(K)·칼슘(Ca)·철(Fe)·망간(Mn) 등의 무기원소는 화합물의 염류로 물에 용해되어 ion 상태로 생물체 내에 출입하여 C·N·S와 마찬가지로 순환을 한다.

이 중 칼슘은 석탄(CaO)의 형태로 암석 중에 다량 포함되어 있으며 물과 반응하여 수산화칼슘[$Ca(OH)_2$]이 되며, 나아가서는 CO_2를 포함한 빗물이나 지하수에 녹아서 Ca^{2+}로 존재한다. 이 상태로 식물에 흡수되고 다시 식물을 먹는 동물체로 옮겨져 뼈나 패각의 구성성분이 된다. 생물체 내 칼슘의 대부분은 미생물이 사체를 분해할 때 땅 속으로 되돌려지지만 단단한 골격이나 패각에 있는 것은 물 밑에 퇴적하여 석회석이 된다.

한편 토양이나 인산비료 중에 포함되어 있는 인[$Ca(H_2PO_4)_2$]은 보통 물에 녹아서 인산염(PO_4^{3-})의 형태로 식물체 내에 들어가 ATP(Adenosine triphosphate : 아데노신 3인산)나 핵산의 성분이 된다. 이것이 동물체 내에 들어가면 ATP나 핵산 외에 인산칼슘[$Ca_3(PO_4)_2$]이나 수소인산칼슘($CaHPO_4$)으로 변하기 쉽고, 또한 식물의 비료로써도 부족하기 쉽다. 따라서 농작물을 재배할 경우에는 비료로 수용성 인산염을 공급할 필요가 있다.

그 외의 K·S·Fe·Mg 등의 무기원소도 각각 이온 상태로 식물에 흡수되었다가 동물체로 옮겨진다. 그리고 생물의 사체나 배설물이 분해될 때 땅 속으로 되돌아가는 순환을 되풀이 한다.

2.4.2 에너지의 흐름

생태계에서 물질의 순환이 일어날 때에는 반드시 에너지의 흐름도 동반한다. 이 흐름은 태양의 빛에너지를 시발점으로 하여 생산자인 녹색식물로부터 먹이 속에 포함된 화학에너지로써 1차 소비자인 초식동물 → 2차 → 3차 … → n차 소비자에 해당하는 육식동물로 들어간다. 이때 하위 소비자의 영양이 다음 단계로 100% 전이되지 못하고 대략 10%만이 생장에 사용되며 나머지는 열에너지로 소비된다. 따라서 생태적 효율성(ecological efficiency)은 대략 10%의 법칙이 지배한다. 즉 먹이수준이 증가할수록 상위 소비자의 생체량이 감소하여 생태계의 먹이수준별 생물량은 피라미드 형태를 나타내게 된다.

한편 생태계의 먹이연쇄에 따른 에너지 흐름은 그 생태계를 구성하는 생물적 인자에만 국한되지 않고 그 생태계를 포함하는 자연계 전체의 에너지 흐름과 연결되어 있다. 즉 자연계에서 물질순환은 물의 순환에 따른 탄소나 산소의 흐름에 따른 것, 질소나 무기염류의 순환에 따른 것 등 여러 가지가 있으며, 이들은 모두 각 생태계의 에너지 흐름과 연결되어 있다.

Chapter 2 연습문제

1. 다음 용어를 설명하라.
   생태계, 먹이사슬, 먹이연쇄

2. 미생물을 영양섭취의 관점에서 분류하고 각각에 대해 설명하라.

3. 유기물의 혐기성 분해과정과 호기성 분해과정을 설명하라.

4. 유기물의 혐기성 분해과정과 호기성 분해과정의 장단점을 설명하라.

5. 생물농축에 대해 설명하라.

6. 먹이수준의 증가와 먹이수준별 생물의 생체량과의 관계를 하수의 생물학적 처리와 관련지어 설명하라.

Chapter 3

미생물과 수질공학

3.1 미생물학 개론

지구상에서 일어나는 대부분의 화학적 현상과 변화는 생물의 활동에 근원한다. 이러한 변화는 순환적으로 일어나는데 이미 살펴보았듯이 탄소·질소·산소·유황 등의 순환이 대단히 중요하다. 이들 순환반응의 조정 또한 대부분 생물반응의 결과이며, 이 중 특히 미생물은 자연계와 수계에서 일어나는 여러 현상에 큰 영향을 준다. 즉 미생물에는 조류와 같이 광합성을 하는 생산자와 이들 미생물과 달리 유기물을 섭취하거나 분해하는 타영양성의 소비자 및 분해자가 있어, 수계의 부영양화나 방류되는 하·폐수의 정화 등과 관련하여 매우 중요한 역할을 한다.

따라서 수질오염 현상을 조사·분석하고 그 대책을 세우는 데 있어 관련 미생물에 대한 지식이 요구되며, 특히 수질보전을 위한 중요한 대책 중에 하나인 하·폐수처리에 있어서 미생물은 매우 효과적이고 광범위하게 이용되므로 수질공학 분야에서 미생물에 대한 기초 지식이 필수적으로 요구된다.

3.1.1 미생물의 특징

미생물(microorganism)이란 육안 관찰이 곤란하여 현미경을 사용해야만 비로소 연구나 관찰이 가능한 작은 생물체를 말한다. 미생물은 보통 식물의 성질을 갖거나, 또 어떤 것은 어느 정도 동물의 성질을 닮기도 하는데, 식물과 동물에 앞서 발달한 것이므로 별도의 계, 즉 미생물계(protista)로 분류하는 것이 일반적이다. 이들 미생물은 원핵생물(procaryotes)에 속하는 세균과 진핵생물(eucaryotes)에 속하는 균류·조류(藻類) 및 원생동물의 두 가지 군(group)으로 나누어지며, 모든 단세포 또는 간단한 다세포생물을 포함한다. 하지만 바이러스(virus)는 이들 계의 어느 것에도 속하지 않은 세포내 기생성으로 별도의 계로 취급한다.

본 장에서는 이들 미생물에 대한 아주 기본적 특징과 수처리공학적 관점에서 필요한 중요한 특성 혹은 역할만을 기술하며, 그 외의 자세한 이학적 접근은 피하였다.

3.1.2 원핵세포와 진핵세포

일반적으로 원핵세포와 진핵세포의 차이점은 핵막의 존재 여부, 세포분열 방법, 기타 소기관(골지체·소포체·미토콘드리아·엽록체 등)의 유무이다.

(1) 원핵세포

1) 세포 크기

원핵세포의 크기는 세포에 따라 다르나 사상성(filamentous) 세균, 즉 1,000～2,000 μm 정도로 실처럼 긴 형태를 가진 것을 제외하면, 보통 0.3～2 μm 정도이며, 그에 반해 진핵세포의 크기는 길이가 대략 20 μm 이상이다.

원핵세포는 진핵세포에 비해 높은 성장률 및 활성도를 가지는데, 이러한 차이는 작은 세포가 큰 세포에 비해 보다 큰 비표면적을 가지기 때문인 것으로 설명되는데, 일반적으로 비표면적이 클 경우, 확산(diffusion)에 의한 영양소의 흡수나 노폐물의 배출이 보다 용이해지는 것으로 알려져 있다.

2) 세포벽(cell wall)

세포벽은 세포를 특정의 형태로 유지시키는 역할을 하며, 동시에 높은 삼투압(osmotic pressure)으로부터 세포를 보호한다. 또한 세균의 세포벽은 조성에 따라 염색 시 특정의 색깔을 나타내기도 하는데, 이는 세균을 분류·구분하는 한 방법으로 이용되기도 한다.

3) 세포막(cytoplasmic membrane)

세포막은 선택적 투과성을 지닌 40～80 Å (Å = 10^{-10} m) 두께의 반투막(半透膜)으로 영양분 외에 모든 물질로부터 세포 내의 물질을 보호함과 동시에 대사과정에서 생긴 세포내 불용물질을 배출시키는 역할을 한다. 세포막을 통해 배출시키는 물질 중에는 불용물질 외에도 흔히 bio-polymer라고 하는 응집 관련 물질인 **세포외 고분자물질**(extracellular polymeric substance; EPS), 즉 다당류(polysaccharides), 핵산(nucleic acids) 및 polypeptide 등이 있는데(Lim, 1998; Sawyer., et al., 1978, Vallon et al., 1984; Norberg et al., 1982; Mithchell, 1974; Friedman et al., 1969), 이들 물질은 수처리 시 미생물 floc 형성에 관계되는 물질로 처리장의 운전 성패를 좌우하는 중요 물질이다.

즉 이들 물질은 세포벽의 표면을 둘러싸서 표면이 점성을 나타내는 점질층(slime layer)을 형성하기도 하고, 구조가 보다 명확한 캡슐(capsule)을 형성하여 독성물질·건조 등 유해한 환경요인에 대한 방어기구로 작용하는데(Lim, 1998; Atlas et al., 1997; Bitton, 1994; Stewant et al., 1992; Matin et al., 1990), 이러한 세균의 유해환경에 대한 방어작용과 그 작용의 결과가 처리장의 운전에 미치는 영향에 대해 그간 수처리 분야에서는 그 영향을 간과해왔다. 하지만 이러한 현상은 하수의 생물처리 시 운전의 성패를 좌우하는 슬러지의 침전성, 즉 플럭(floc) 형성에 결정적 영향을 미치는 중요한 현상으로 새롭게 제시되고 있다(李, 2001a, 2001b). 보다 자세한 내용은 2편 2.2.3항을 참고하기 바란다.

4) 세포질

세포질(세포벽·세포막 및 세포핵을 제외한 부분)은 RNA(ribonucleic acid 단백질로 구성된 ribosome), 골지체 그리고 세포의 신진대사에 필요한 효소(enzyme) 등을 함유한다. 세포는 세포질에 에너지를 저장하는데, 탄소저장물로는 글리코겐(glycogen), 녹말(starch) 및 poly-β-hydroxybutric acid(PHB) 등이며, 세포는 기아 상태에서 생존을 위하여 이들 물질을 이용한다. 이 중 특히 PHB는 원핵생물에서만 발견되는 물질로 인의 생물학적 처리 시 인의 합성에너지로 활용되는 중요 물질이다. 보다 자세한 내용은 2편 2.3.3항을 참고하기 바란다.

그 외의 저장물로는 다중인산염(polyphosphate)을 포함한 볼루틴 입자(volutin granule), 황사상성 세균(예, Beggiatoa, Thiothrix)과 자색광합성 세균(purple photosynthetic bacteria)에서 발견되는 황 입자(sulfur granule) 등이 있다.

5) 세포의 운동성

미생물은 편모(flagella)·섬모(cilia) 또는 위족(pseudopod)에 의해 움직일 수 있다. 원핵생물인 세균은 한 개 또는 그 이상의 초현미경적 편모를 이용하여 먹이·빛 또는 산소에 대해 선택적으로 움직일 수 있으며, 진핵생물은 편모·섬모 또는 위족에 의해 움직이고, 섬모나 위족은 운동 외에 세균의 포식활동에 이용되기도 한다. 따라서 미생물을 이용하는 하·폐수처리장에서 전체 미생물 중 상위 포식자에 해당하는 이들 미생물 간의 구성비 변화에 따른 포식활동의 증감은 처리의 결과, 즉 잉여슬러지의 생산량뿐 아니라 처리수질에도 큰 영향을 미친다.

6) 내생포자

내생포자(endospore)는 세균이 불리한 환경 조건에 노출될 경우 세포 내에서 형성되어 방출된다. 이 포자는 열·건조·방사선 및 해로운 화학물질에 대한 저항성이 매우 크며, 물리적

· 화학적 요인이 호전될 경우 발아하여 새로운 세포를 형성한다.

7) 진핵세포의 소기관

진핵세포의 세포질에는 원핵세포에는 존재하지 않는 몇 가지의 소기관(organelles)이 있다. 이들 소기관은 미토콘드리아(mitochondria) · 엽록체(chloroplast) · 골지체(golgi complex) · 소포체(endoplasmic reticulum) · 리소솜(lysosome) 등이며, 세포기능을 수행하는 데 중요한 역할을 한다.

하지만 수질공학과 관련하여 이들 소기관에 대한 보다 자세한 설명이 필요치 않는 것으로 판단되어 이들 소기관에 대한 설명은 생략한다.

3.1.3 미생물의 분류

미생물은 세포의 구조나 형태 외에 성장 온도 범위 · 용존산소의 유무 · 영양 섭취 방법 등 공학적 차원에서 분류하기도 하는데, 이것은 수처리 분야에서 각종 생물학적 공법을 이해하고 관리하는 데 매우 중요하고 유용하다.

(1) 온도(temperature)

미생물은 적정 성장온도범위에 따라 **중온성**(mesophilic), **고온성**(thermophilic) 및 **냉온성**(psychrophilic)으로 나누기도 한다. 호기성 세균을 이용하는 생물학적 처리법에서 이용되는 미생물은 대부분 중온성 미생물이며, 이들 미생물은 일반적 온도범위인 15～35℃ 부근에서 잘 성장한다. 인체 내에서 기생하는 병원균이나 대장균 *E.Coli*는 대표적 중온균이다. 한편 고온성은 35～70℃ 혹은 100℃ 이상에서도 생존할 수 있는데, 대부분 균류가 주종을 이룬다. 저온성은 5～15℃ 부근에서 잘 자라며, 0℃ 이하에서도 성장한다.

이와 같이 온도범위가 다른 원인은 각각의 미생물이 가진 효소의 기능이 온도와 관련되기 때문이다.

(2) 용존산소(dissolved oxygen)

세균에 의한 유기물의 분해과정에서 유리산소의 필요 유무에 따라 세균을 3 대별하면 **호기성**(aerobic) **세균**, **혐기성**(anaerobic) **세균** 및 **임의성**(facultative) **세균**으로 분류할 수 있다.

호흡은 생물의 생존에 꼭 필요한데, 호흡을 위해 공기 중이나 수중의 유리산소를 이용하는 것이 호기성 세균이고, 활성슬러지 처리법에서 포기조의 산소농도는 대략 2 mg/L 정도면 충분한 것으로 알려져 있다. 참고로 McKinney(1962)는 호기성 미생물이 활성을 유지하기 위해 필요한 최소 DO 농도는 0.5 mg/L 이상이라고 보고하였는데, 이 수치가 정확한 것은 아니더라도 이 정도 이하의 산소농도가 지속될 경우 호기성 반응조 내의 혼합액은 고약한 냄새를 발하고 색은 점점 검어지면서 썩기 시작한다.

반면 유리산소가 없는 환경에서 화합물을 분해하여 그 속에 결합되어 있는 산소를 이용하는 것이 혐기성 세균이다. 이들 혐기성 세균에게 유리산소는 독성으로 작용하며 생존을 정지시키는 요인이 된다.

한편 임의성 세균은 유리산소의 농도가 지나치게 낮거나 산소의 공급이 다소 지연되는 상황 또는 단속(斷續)되는 상황에서도 활성을 유지할 수 있으며 대부분의 세균은 이들에 속한다. 이러한 분류법은 생물처리공정을 구분하고 이해하는 데 있어 매우 중요하다.

(3) 영양섭취 방법

필요로 하는 영양분의 섭취방법에 따라 **자영양성생물**(autotrophs)과 **타영양성생물**(heterotrophs)로 구분한다. 자영양성생물은 필요한 유기물을 무기물로부터 합성한다. 또 이들 미생물은 빛을 필요로 하는 광합성인 것과 빛을 필요로 하지 않는 화학합성세균으로 구분한다.

예를 들어 녹색 황세균, 홍색 황세균 및 홍색 무황세균 등은 광합성기능을 가진 광합성세균이고, 질산화세균, 철세균 및 수소세균 등은 화학합성세균에 해당한다.

한편 필요로 하는 유기물을 다른 생물이나 다른 생물이 만든 유기물질로부터 취하는 생물을 타영양성생물이라 한다(표 3.1 참고).

표 3.1 영양섭취 방법에 따른 분류

- 자영양성생물(autotrophs)
  - 광합성(photosynthetic); 조류, bacteria의 일부
  - 화학합성(chemossynthetic); bacteria의 일부
- 타영양성생물(heterotrophs)
  - 활물영양성(holozoic)
  - 사물영양성(saprobic)
    - 고형사물영양성(saprozoic)
    - 액상사물영양성(saprophytic)

(4) 그람염색(gram stain)

염색은 세균을 분류하기 위한 수단 중의 하나로 이 중 그람염색은 세균학에서 널리 쓰이는 감별염색법으로 그람염색(gram stain)의 결과에 따라 **그람양성**(gram-positive) 또는 **그람음성**(gram-negative)으로 분류한다.

세균을 그람염색한 후 현미경으로 관찰하면, 양성균은 적자색으로 음성균은 적색으로 보이는데, *E.Coli*를 포함한 자연계에서 발견되는 세균의 90%가 그람음성 세균이며, *Bacillus*, *Lactobacillus*, *Streptococcus*, *Micrococcus* 및 방선균은 그람양성 세균에 해당한다.

3.1.4 미생물군의 개관

(1) 세균(bacteria)

원핵생물(procaryotes)에 해당하는 세균은 진핵생물(eucaryotes)에 비해 보다 낮은 수준의 세포조직을 가지고 있다. 즉 핵 부위(nuclear region)를 둘러싸는 핵막은 존재하지 않고, 세포질에 노출되어 있으며, 형태에 따라 구균(coccus), 간균(bacillus), 나선균(spirillum)으로 구분된다(그림 3.1 참고).

구균은 구형으로 세균의 가장 흔한 형태이다. **간균**은 막대기 또는 원주모양의 행태를 나타내나, 일부 특수한 경우에는 균들이 특히 길게 연결되어 실과 같은 형태를 나타내는데, 이러한 미생물을 **사상성**(絲狀性) **세균**이라고 한다. 이들 사상성 세균 중 가장 잘 알려진 것은 *Sphacrotilus natans*로, 최근까지 이 미생물은 슬러지 팽화(bulking)의 주원인으로 알려져 왔다. 하지만 이 미생물은 팽화와 무관하다. 자세한 내용은 2편 2.2.3항을 참고하기 바란다. **나선균**은 S자 모양 또는 나선 모양의 모든 균을 총칭한다.

세균은 하수처리 시 용해성 유기물의 가장 중요한 분해자 역할을 수행하며, 보다 고등한 미생물의 먹이원이 된다. 또한 이것들은 유기물의 분해뿐 아니라 슬러지 팽화와 관련되는 점액물질(bio-polymer)을 배출하며, 일부는 수인성 질환을 야기하는 등 수처리공학과 매우 밀접하게 관련된다.

세균의 구성성분은 일반적인 생물 세포의 구성성분과 대동소이하며, 물·무기물·단백질·핵산·탄수화물·지질·색소 등이 주성분이다. 호기성 세균의 일반적 화학구조식은 $C_5H_7O_2N$을 채택하고 있다.

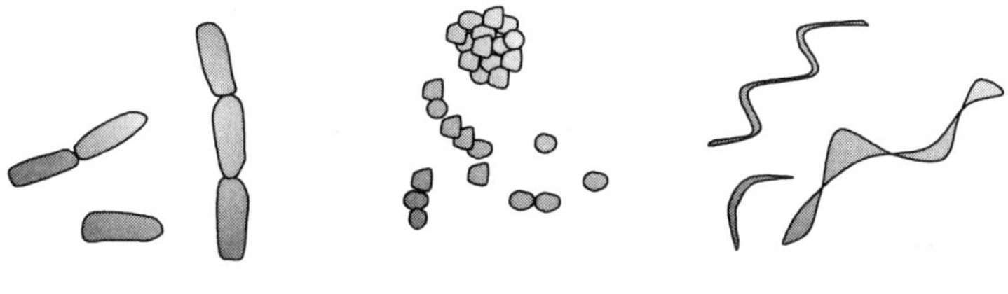

(a) 간균 (b) 구균 (c) 나선균

그림 3.1 세균의 형태학적 분류

(2) 진균류(fungi)

물곰팡이(water mold), 빵이나 맥주 등을 생산하는 데 이용되는 *Saccharomyces* 같은 효모, 페니실린을 생산하는 *Penicillium* 또는 셀룰로오스나 리그닌(송진을 구성하는 물질 중 하나)을 분해하는 *Agaricus* 같은 식용버섯 등을 포함하는 진균류는 폐수처리뿐 아니라 산업적으로도 크게 응용된다. 이들은 대부분 **균사**(hypha)라고 하는 긴 사상체를 생성하는 다핵의 진핵생물로, 생물처리장에서 이것이 많이 발생할 경우, floc의 밀도가 감소하여 슬러지는 팽화(bulking)할 수 있는데, 이러한 현상을 **진균성 팽화**라 한다.

이것은 토양미생물의 중요한 구성원으로 비광합성이며, 혐기적 조건에서 자랄 수 있는 일부를 제외하면 대부분 호기성이다. 또한 타영양성생물로 원생동물과 선충류를 포획하는 일부를 제외하면, 박테리아와 마찬가지로 용해상태의 먹이를 취한다.

대부분은 생식·분산·환경조건에 대한 저항을 위해 유성(sexual) 또는 무성포자(asexual spore)를 형성한다. 따라서 환경에 대한 저항성이 커서, 낮은 온도와 pH 5 이하의 산성조건에서도 잘 자라며, 질소와 같은 영양물질의 부족에도 잘 번성한다. 진균류의 여러 형태를 그림 3.2에 나타내었다.

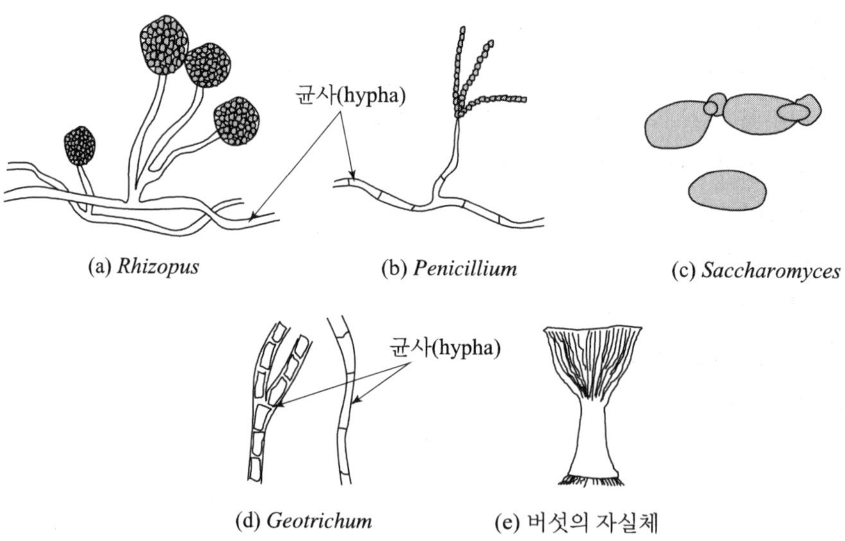

》 그림 3.2 여러 가지 형태의 진균류

(3) 조류(algae)

대부분의 조류는 식물성 플랑크톤(phyto-plankton)이라고 부르는 단세포성의 미생물이며, CO_2를 탄소원으로 이용하여 유기물을 생산해내는 광합성미생물로 수계에서 1차 생산자

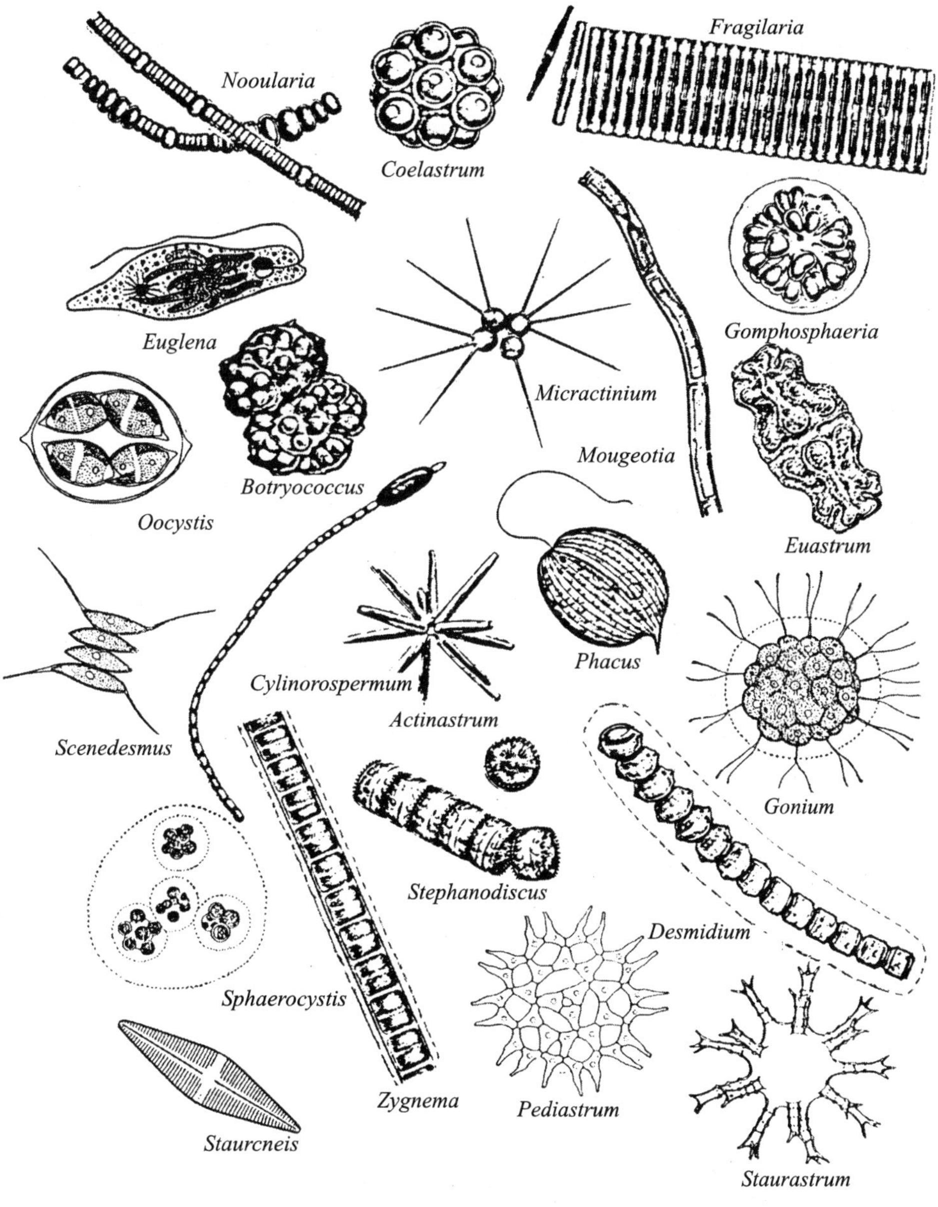

≫ 그림 3.3 여러 가지 형태의 조류

역할을 한다. 조류는 대단히 많은 종류가 있어, 연구를 위해 광합성 색소의 유형, 세포의 배열, 크기나 모양 등 주로 형태학적으로 분류한다. 특히 조류는 갖가지 광합성 색소의 상대적 농도에 따라 특정의 색깔을 나타내는데, 일반적으로 수처리공학 측면에서는 이들 색깔에 따라 녹조류·갈조류·적조류 등으로 구분한다.

성장제한요소는 빛 외에 무기성 질소와 인이며, 적정한 온도조건에서 질소나 인산염이 하천과 호소 등에 유입하면 크게 번성한다. 이른바 담수역에서의 **녹조현상**이나 바다의 **적조현상**이 그것이다. 이들이 상수원에 다량 존재할 경우, 상수에 불쾌한 냄새와 맛이 나며, 정수장의 응집지에서 pH·알칼리도·경도 등을 변화시켜 floc의 형성을 저해하거나 floc의 강도에 형성을 미친다. 또한 상수도에서는 여과지 막힘현상(폐색현상)을 일으킨다.

(4) 원생동물(protozoa)

원생동물은 단세포성(unicellular)·운동성·비광합성의 진핵생물로, 녹조류와 밀접한 관련이 있으며, 녹조류가 진화하는 과정에서 엽록소를 상실함으로써 생긴 것으로 추측된다. 이것은 타영양성생물로 세포막을 통해 용해성 먹이를 흡수하거나, 위족이나 섬모 등을 이용하여 세균·효모 등 입상의 먹이를 포식한다. 따라서 미생물계 내의 먹이사슬상 중요한 중간

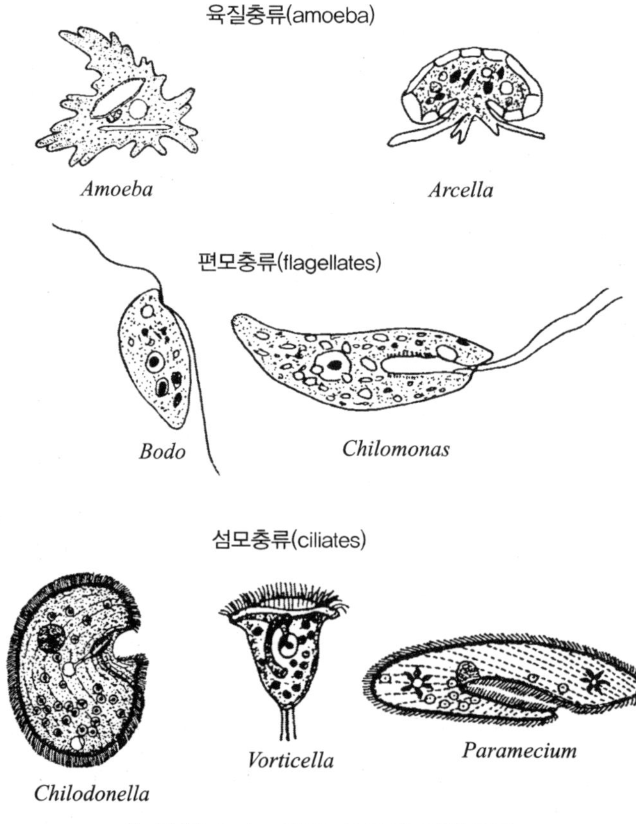

그림 3.4 여러 종류의 원생동물

단계를 차지한다. 외피(pellicle)라고 하는 보호 구조물에 의해 덮어진 세포막을 가지고 있으며, 열악한 환경에서 소낭(cyst)을 형성하므로, 소독·건조·영양물질이나 산소의 부족·화학물질 등에 대한 저항성이 크다. 일부는 사람을 포함한 동물에 기생하여 질병을 야기한다. 따라서 상수에서도 중요하게 다루어지는 미생물이다. 대개 호기성이며, *Paramecium*과 같이 유성생식을 하는 일부를 제외하면 분열에 의해 증식한다.

한편 운동의 형태는 원생동물의 분류기준이 되며, 운동성이 없는 포자충류(sporozoa)를 제외하면 운동성이 크고 다음 4가지로 대별한다.

① **위족류**(sarcodina; amoeba)

세포벽이 없어 원형질이 일정한 형태를 유지하지 못해 유동하며, 위족(false feet)을 만들어 아메바(amoeba)성 운동을 한다. 수용성 먹이를 흡수하거나, 피식자를 위족으로 포식한다. 위족류 중에는 포낭(cyst)을 형성하거나, 껍데기(shell)를 가진 것도 있다.

② **편모충류**(mastigophora; flagellates)

한 개 이상의 편모를 가지며, 이것을 이용하여 움직인다. 편모충류는 유글레나(euglena)와 같이 광합성을 하는, 즉 자영양성인 식물성 편모충류와 색소체를 가지지 않는, 즉 타영양성인 동물성 편모충류로 구분된다.

③ **섬모충류**(ciliophora; ciliate)

섬모충류는 운동이나 포식을 위해 섬모를 이용한다. 대표적인 것으로 자유 유영형의 짚신벌레(*Paramecium*)와 부착형의 종벌레(*Vorticella*)류를 들 수 있다. 이 미생물들은 활성슬러지에서 흔히 볼 수 있으며, 포식자에 해당하므로 먹이/미생물 비(F/M비)가 낮은 활성슬러지에서 출현 빈도가 보다 높아진다. 또한 종벌레류는 근족이라고 하는 부착 기능을 가진 기관이 있어 막미생물을 이용하는 처리법에서 기초적인 막을 형성하여, 많은 부유성 미생물의 활동 근거를 제공한다. 그 외에 태양충류, 흡관충류 등이 활성슬러지에서 흔히 관찰되는 섬모충류이다.

④ **포자충류**(Sporozoa)

원생동물 중 운동기관이 없는 유일한 미생물로 먹이는 흡수에 의하며, 감염성 포자를 생성하는 기생성 미생물이다.

(5) 후생동물(metazoa)

후생동물이란 원생동물 이외의 모든 다세포 동물을 일컫는데, 담수 중에서 볼 수 있는 주요한 것은 해면동물·윤형동물·선형동물·환형동물·연체동물·절지동물 등이다. 이 중 윤형동물(rotifera)과 선형동물(nematoda)은 활성슬러지에서 흔히 발견되며, 이들은 활성슬러지 내에서 세균류와 원생동물을 포식하는 최상위의 포식자이다(그림 3.5와 3.6 참고).

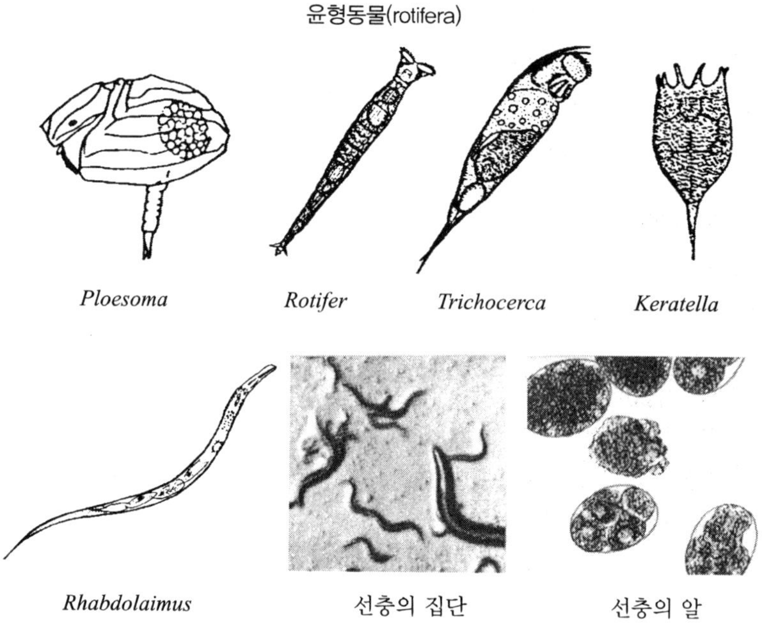

> 그림 3.5 윤형동물 및 선형동물

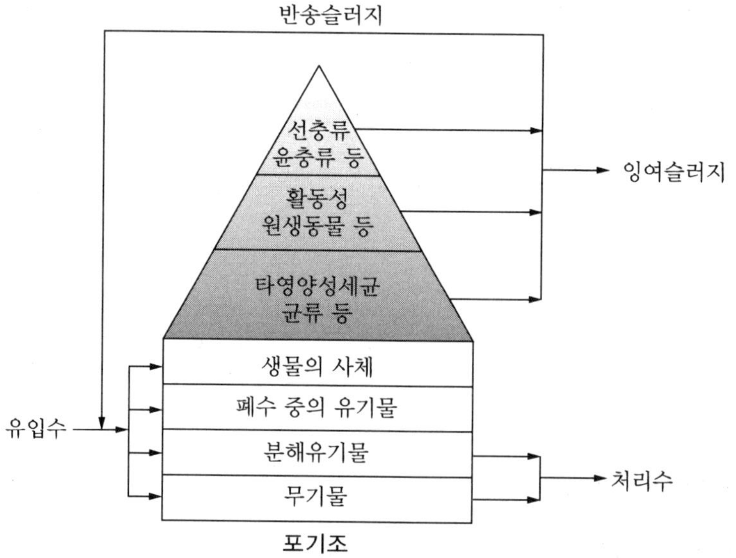

> 그림 3.6 미생물의 먹이사슬을 고려한 활성슬러지법의 모식도

이상과 같이 미생물군 간에는 포식과 피식의 생물피라미드를 형성한다. 이미 2.1항에서 기술한 바와 같이 이들 미생물군 간의 상대적 생물량은 공급되는 먹이양(F/M비)에 따라 달라지며, 생물량의 상대적 변화는 처리속도나 잉여슬러지의 발생량을 변화시킨다. 따라서 활성슬러지를 운전·관리하고 처리의 결과를 정확하게 이해하고 예측하기 위해서는 상기 미생물종 간의 구성비 및 피·포식 간의 상관관계를 고려해야 하며, 2.1항에서 생태학의 개략을 다룬 것도 이러한 이유이다.

3.2 병원균과 전염병

3.2.1 병원균

사람이나 동·식물에게 병을 유발시키는 미생물을 병원균이라고 하는데, 병원균은 숙주(host organism)에 기생하며 그로부터 영양분을 취하거나, 또는 유해물질을 배설함으로써 병을 일으킨다.

병원균은 그림 3.7과 같이 바이러스(virus)·리케치아(rickettsia)·세균·진균·원생동물·후생동물 등이 있으며, 이들 병원균은 생존과 번식에 숙주가 필요하지만 숙주 밖에서도 상당기간 생존할 수 있다.

한편 병원균에 의한 감염은 병원균의 양과 관련되는데, **최소감염량**(minimal infective dose; MID)은 병원균의 종류에 따라 크게 다르다. 예를 들어 *Salmonella typhi*나 장내 병원성 대장균 *E.Coli* 등의 경우 감염을 일으키기 위해서는 수천 내지 수백만의 개체가 필요하지만, 일부 바이러스나 기생충 알은 불과 하나 또는 극소수만으로도 감염을 일으킬 수 있다.

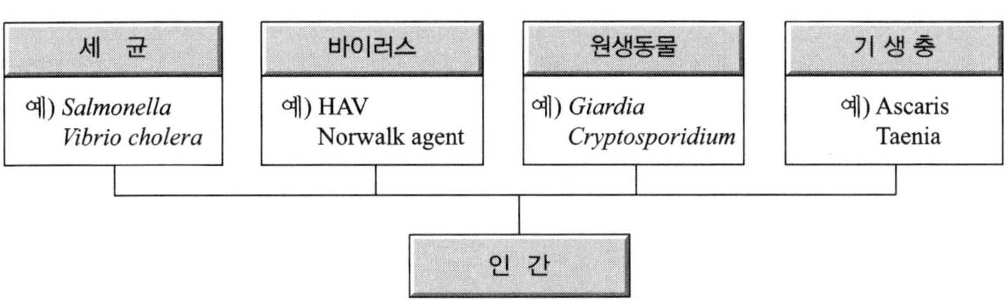

그림 3.7 공중보건상 중요한 병원성 생물체

3.2.2 전파 방식 및 수인성 전염병

병원균은 이들을 생존 또는 증식시킬 수 있는 생물 혹은 비생물적 근원으로부터 다양한 경로를 통해 민감한 숙주로 전파된다.

전파 경로는 AIDS·임질·매독 등과 같이 **사람과 사람의 접촉을 통한 전파**, 이질이나 콜레라와 같이 수계(水系)를 통해 전파되는 **수인성 전파**, 살모넬라나 간염과 같이 **음식물을 통한 전파**, 일부 진균류 질병과 같이 공기를 매체로 하는 **공기 전파**, 개·고양이·벼룩 등 매개체를 통한 **매개체 전파** 및 의복이나 도구 등을 통한 **매개물 전파** 등을 들 수 있다. 그림 3.8은 병의 전염 경로를 도식적으로 나타낸 것이다.

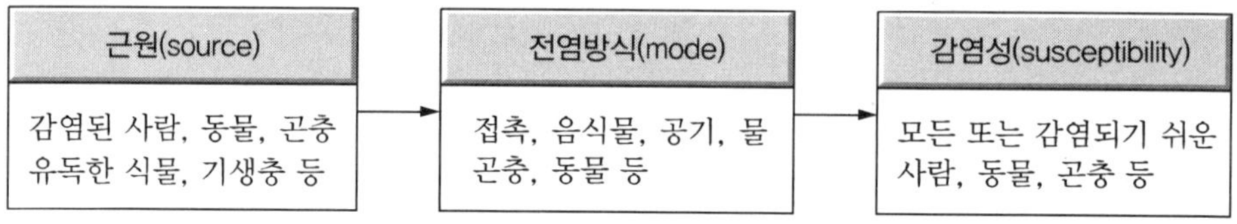

그림 3.8 병의 전염 경로

전염병의 확산을 막기 위해서는 상기 그림과 같이 근원·전파 경로·감염성의 연결고리 중 하나 이상을 차단함으로써 이루어지는데, 되도록 많은 연결을 차단하는 것이 유효하겠으나, 예방법의 강구에 있어서는 실현 가능성·생명의 존엄성 및 경제성 등을 고려하여야 한다.

원칙적으로는 전염병의 근원을 통제하는 것이 바람직하겠으나, 일단 전염병이 발생한 후에는 근원을 제거함과 동시에 전파 경로를 차단하는 것이 매우 유효한데, 전파 경로 중 물과 음식물은 가장 일반적인 전파 경로이며, 특히 물은 주요한 매개체가 된다. 즉 대부분의 병원균은 습기가 없는 곳에서는 잘 번식하지 못하고, 단지 생명을 유지하는 것에 지나지 않는다. 하지만 활동적인 병원균은 숙주 밖에서도 활발한 대사를 하는데, 이들은 대사에 필요한 충분한 환경 여건과 영양분이 존재하는 한 쉽게 소멸하지 않고 오랜 기간 생존할 수 있다. 따라서 이러한 환경을 제공하는 폐수를 처리하는 것은 전파 경로를 차단하기 위한 필수적인 수단이 된다.

그림 3.9는 장내 바이러스의 수인성 전파 경로를 나타내고 있으며, 수인성 전염병을 일으키는 중요한 미생물은 표 3.2와 같다.

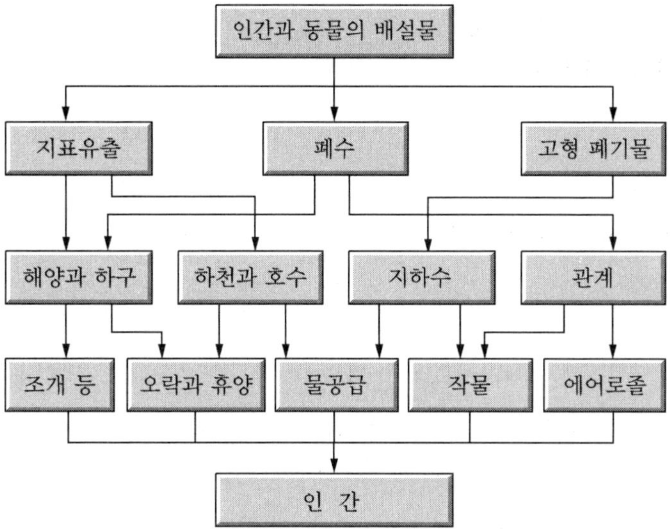

≫ 그림 3.9 장내 바이러스의 수인성 전파경로

■ 표 3.2 주된 수인성 질병

원 인	주질병	원 인	주질병
세균		*Infectious hepatitis*	유행성 간염
Salmonella typhi	장티푸스	*Adeno virus*	호흡기 및 안질
Salmonella paratyphi	파라티푸스		
Shigella	세균성 이질	원생동물	
Vibrio cholerae	콜레라	*Giardia lamblia*	지아르디아증
장내 병원성 대장균	위소장염	*Entamoeba histolytica*	아메바성 이질
Yersisia enterocolitica	위소장염	*Acanthamoeba castellani*	아메바성 뇌수막염
Campylobacter jejuni	위소장염	*Naegleria gruberi*	아메바성 뇌수막염
Legionella pneumophila	레지오렐라증	*Balantidium coli*	이질, 장궤양
Mycobacterium tuberculosis	결핵	*Cryptosporidium*	설사
Leptospira	렙토스피라증		
기회적 세균	다양	기생충	
		Nematodes(선충)	장폐색
바이러스		Hookworms(구충)	
Polio virus	소아마비	Cestodes(촌충)	소화불량, 복부통 등
Coxackie virus	급성회백골염	Trematodes(흡충)	간경변 등
Entero virus	장염		

Sobsey and Olson(1983) 등

3.3 미생물의 대사

생물은 활동에 필요한 에너지를 얻거나 증식을 위해 여러 가지 영양물질을 분해하거나 합성한다. 이와 같은 미생물의 활동을 **대사**(metabolism)라 하며, 대사에는 에너지를 공급하는, 즉 유기물을 분해하는 과정에서 필요한 에너지를 획득하는 **이화작용**과 에너지를 소비하여 생체에 요구되는 물질을 합성하는 **동화작용**이 있다. 이러한 대사를 위한 미생물 세포 내의 생화학적 반응은 효소라고 하는 단백질 분자의 촉매(catalyst) 작용에 의한다. 따라서 미생물의 성장과 활동은 영양물질의 유무와 효소 반응에 의존하는데, 효소는 기질의 종류에 따라 다르고, 개개의 미생물이 지닌 효소의 작용은 제한적이며, 각 효소의 활성 또한 기질의 분해 과정에서 생산되는 중간생성물질의 농도나 종류에 따라 영향을 받는다(Sawyer, 1978).

3.3.1 미생물의 유기물 제거과정

세균은 호흡을 위해 산소가 요구되는데, 호기성 세균의 경우 자유산소가 요구되며, 혐기성 세균의 경우 자유산소가 아닌 결합산소가 요구된다. 혐기성 세균에게 수중의 자유산소, 즉 용존산소는 독성으로 작용하며 사멸을 유도한다. 이와 같이 미생물에 의한 유기물 제거과정은 크게 호기성 과정과 혐기성 과정으로 구분할 수 있는데, 혐기성 과정은 관련 장에 미루고, 여기서는 호기성 과정에 대해서만 기술하고자 한다.

(1) 호기성 분해과정

호기성 세균의 유기물 분해과정은 그림 3.10과 같이 세포외 효소 및 세포내 효소의 촉매 작용으로 이루어진다(Sawyer, 1978). 분해단계의 초기에 탄수화물·단백질·지질과 같은 기질은 세포외 효소에 의해 glucose·polypeptides·amino acids·NH_3·organic acids·fatty acids 등과 같은 중간생성물로 분해되는데(Sawyer, 1978) 이 과정을 가수분해과정이라 하고 이 과정은 후속 과정에 비해 비교적 쉽게 일어난다. 이후 이들 중간생성물은 호기성 호흡과정인 TCA cycle(tricarboxylic acid cycle)과 전자전달계(electron transport system; 전자의 이동에 의해 일어나는 생체의 산화환원반응)라고 하는 일련의 분해과정을 통해 CO_2나 H_2O로 산화된다.

전체 유기물 분해과정을 간단히 도식하면 다음 그림 3.10과 같고, TCA cycle과 전자전달경로를 참고로 나타내면 그림 3.11, 3.12와 같다.

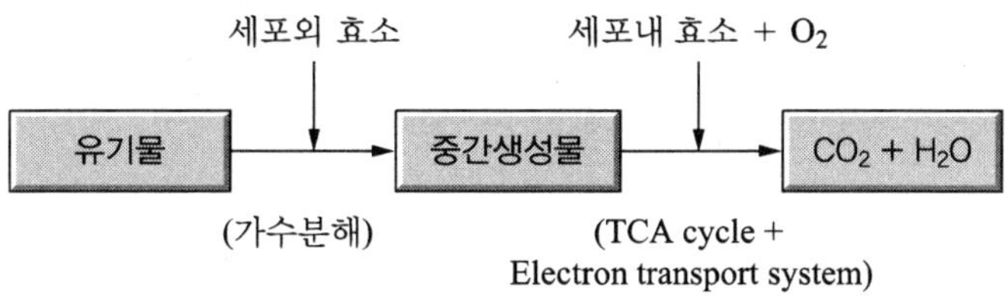

≫ 그림 3.10 미생물의 유기물 분해과정

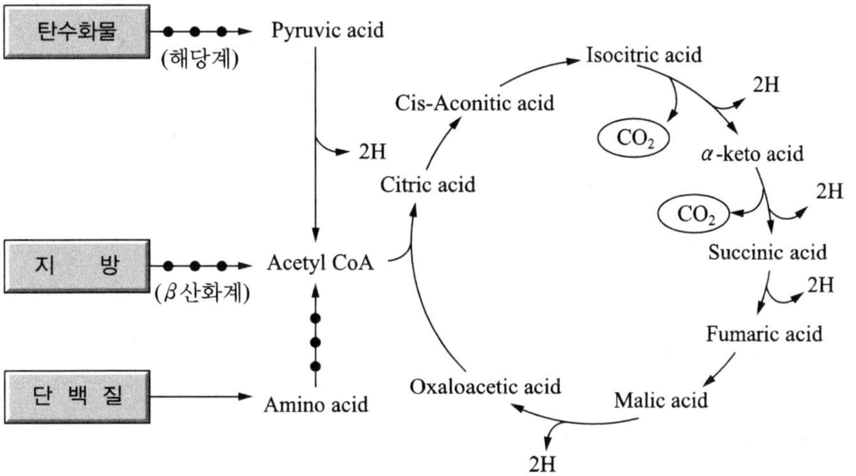

≫ 그림 3.11 3영양소와 TCA회로

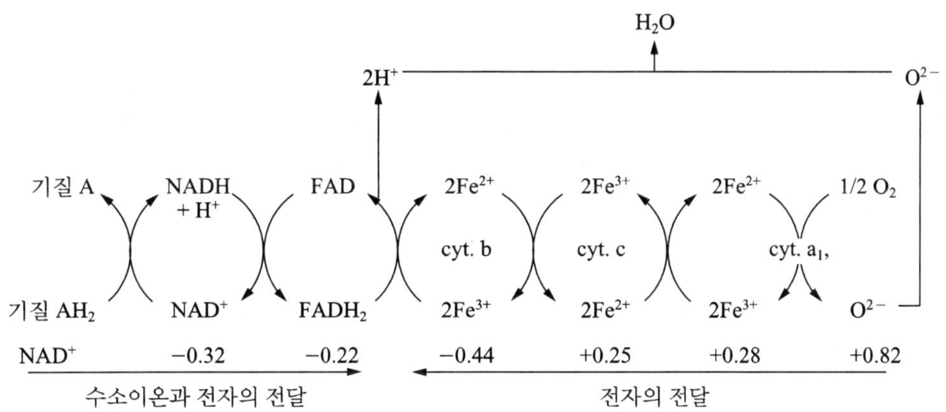

≫ 그림 3.12 산화·환원전위에 기인한 호흡계의 전자전달 경로

상기 과정에서 중간생성물로 각종의 유기산이 생산되는데, 이들 유기산의 대부분은 미생물에 의해 분해되지만, 일부 분해되지 않고 남는 유기산은 반응기 내에 축적되어 생물반응조의 pH를 변화시키는 원인이 되며, 미생물에게 독성으로 작용한다. **따라서 분해되지 않고 독성으로 작용하는 유기산이 생물반응조 내에 축적될 경우 미생물은 생존을 위해 점액물질을 분비하여 스스로를 방어하는데, 이때 분비되는 점액물질의 양은 하수의 생물학적 처리 시 미생물 슬러지의 응집에 직접적인 영향을 미친다.** 즉 부유미생물을 이용하는 생물처리법에서 반응조 내 유기산의 농도는 처리의 성패를 좌우하는 중요한 요소가 된다. 따라서 관리자는 조 내 pH의 변화에 유의하여 적정의 pH를 유지해야 하는데, 변화된 pH의 조정은 반응조 내 미생물의 농도를 조절함으로써 가능하다. 이때 pH가 적정치 이하로 하강할 경우 미생물의 농도를 증가시켜 유기산의 분해작용을 촉진시키고, pH가 적정치 이상으로 상승할 경우 미생물의 농도를 감소시켜 분해작용을 억제해야 한다. 이러한 이치를 모를 경우 활성슬러지법의 관리는 매우 어려운 문제로 생각하기 쉬우나, 실제 이러한 간단한 조작으로 대부분의 문제를 해결할 수 있다.

3.3.2 미생물의 생장

박테리아와 같은 원핵생물체는 주로 이분법(binary fission)으로 증식하나, 증식속도는 세균의 종류에 따라 다르다. 한편 미생물 집단의 성장은 수적 증가나 생체량의 증가로 정의되는데, 단위 시간당 미생물 세포 수나 생체량의 증가를 **생장률**(growth rate)이라고 한다. 또한 미생물 집단이 수적으로 2배 증가하기 위해서 필요한 시간을 **세대기간**(generation time) 또는 **배가시간**(doubling time)이라고 하며, 미생물 종에 따라 다양하다.

(1) 미생물의 배양

미생물의 성장은 영양물질을 일시에 투입하여 배양하는 **회분배양**(batch culture)과 영양물질을 연속적으로 공급하면서 배양하는 **연속배양**(continuous culture)의 상태에서 관찰할 수 있다.

한편 단일 미생물만을 배양하는 것을 **순수배양**(pure culture)이라고 하고, 활성슬러지법과 같이 다종의 미생물이 혼합된 상태에서 배양되는 것을 **혼합배양**(mixed culture)이라고 하는데, 이 경우에는 미생물군 간의 피·포식관계로 인하여 순수한 생장률과 겉보기 생장률이 다르며, 이러한 현상, 즉 미생물 간의 피·포식관계는 실제 처리장에서 잉여슬러지 발생량을 변화시키는 주요인이 된다.

1) 회분배양

다음 그림 3.13은 단일 종의 박테리아를 회분배양할 경우의 전형적 성장곡선을 나타낸 것으로, 미생물은 성장단계에 따라 **지체기·대수생장기·감소성장기**(정지기) 및 **내생성장기**(사멸기)의 4가지 특징적인 상태를 나타낸다. 이 곡선은 간혹 생물처리법의 각 변법 예를 들어, 장기포기법, 재래식 활성슬러지법, 고율법 등의 존재 이유를 설명하기 위해 예시되는 경우가 있는데, 이 곡선과 각 변법의 존재 이유와는 아무런 연관성이 없으며, 다만 각 변법의 특성(처리속도·잉여슬러지 발생량 등)을 설명하는 데 유효할 뿐이다. 각 단계별 특성은 다음과 같다.

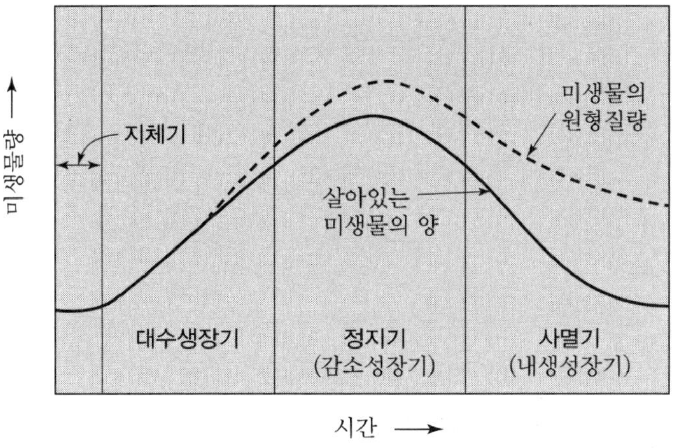

> 그림 3.13 미생물의 성장곡선

① 지체기(lag phase)

지체기는 미생물이 새로운 환경에 적응하는 기간이다. 예를 들어 세균은 이전 배지와 다른 새로운 유기물이 공급될 경우, 새로운 유기물을 분해할 수 있는 효소적 적응기간이 요구된다. 따라서 대수적으로 잘 성장하고 있는 미생물을 동일 배지에 접종할 경우 지체기는 발생하지 않는다.

② 대수생장기(log phase)

세포가 충분히 성숙하면 분열을 시작하는데, 영양분이 부족해지기 이전까지 미생물은 대수적으로 증가한다. 이때 증가의 속도, 즉 생장률은 미생물의 종류와 영양원의 종류 및 온도와 같은 외부 조건에 의해 결정된다. 이 시기는 가장 좋은 성장조건이 제공되므로 세대기간이 가장 짧다. 또한 배양조에서 배양할 경우, 이 시기는 배양 초기에 해당하여 배양조 내에

독성으로 작용하는 중간생성물인 유기산의 누적양이 많지 않아 세포는 방어기구이자 응집 관련물질인 점액물질을 충분히 생산하지 않는다. 따라서 이 시기의 미생물은 분산상태로 성장하며, 플럭을 잘 형성하지 않는다. 그러므로 침전실험을 실시할 경우에도 미생물은 잘 침전하지 않으며, 상징수(上澄水)의 탁도가 높은 전형적인 **분산성장**(dispersed growth) 상태를 보인다. 수처리법에서 고율법의 운전조건에 해당한다.

대수생장기에 있어서 미생물의 증식을 수치적으로 파악하기 위해, 세대기간을 G라고 하면, 접종 시 B_o개의 세포 수는 n세대 후 다음과 같이 증가한다.

$$B = B_o \times 2^n \tag{3.1}$$

이때 n세대까지 소요된 시간 t는 다음과 같다.

$$t = n \times G \tag{3.2}$$

따라서 식(3.1)과 (3.2)로부터

$$B = B_o \times 2^{t/G} \tag{3.3}$$

위 식에 대수를 취하면 다음과 같다.

$$\log B = \log B_o + t/G \cdot \log 2 \tag{3.4}$$

$$\therefore \ G = t \cdot \log 2/(\log B - \log B_o) \tag{3.5}$$

따라서 대수생장기의 평균 세대기간 G는 임의의 시간 동안 증식한 미생물의 수로부터 구할 수 있다.

한편 $\log 2/G = k$라 놓으면, 식(3.5)는

$$\log B = \log B_o + kt, \qquad \text{즉 } \log(B/B_o) = kt \tag{3.6}$$

위 식을 t에 관해 미분하면 미생물의 수 B와 k간에는 다음 관계가 성립한다.

$$\frac{1}{B}dB = k\,dt \tag{3.7}$$

여기서 k를 **증식속도상수**라 하며, 관계식 $k = \log 2/G = 0.693/G$로부터 구할 수 있다. 몇몇 미생물의 G와 k는 표 3.3과 같다.

■ **표 3.3** 미생물의 세대기간

구 분	세대기간, G(hr)	증식속도상수, k (1/hr)
E.Coli	0.26～0.28	2.42～2.69
Aerobacter aerogenes	0.29	2.37
Pseudomonas f.	0.77～0.87	0.8～0.9
Nitrosomonas	31	0.022
Activatied sludge	2.31～8.69	0.08～0.3

③ **정지기(stationary phase)**

이 시기는 영양소의 부족과 독성대사산물의 축적으로 미생물의 성장률이 정지하는 기간으로, 이 시기에 세포의 증식률과 사멸률(death rate)은 균형을 이룬다.

침전실험을 실시하면, 이 시기의 미생물은 충분한 점액물질을 분비하여 대수생장기에 비해 플럭을 잘 형성하며, 상징수도 맑아진다. 수처리법의 부하조건으로 재래법의 운전조건에 해당한다.

④ **사멸기(death phase)**

세포의 죽음은 세포의 용균에 의해 수반되는데, 이 시기에 미생물 개체군의 사멸률은 증식률을 초과하여 살아있는 개체수가 감소한다. 고농도의 기질에서 배양될 경우, 이 시기가 지속되면 미생물의 침전성이 악화될 수 있는데, 이것은 지나치게 과량의 점액물질로 인해 밀도가 낮은 플럭이 형성되기 때문이다. 수처리법의 부하조건으로 장기포기법의 운전조건에 해당한다.

2) 연속배양

자연서식지나 하수처리장과 같은 폐수처리시설은 혼합미생물에 의한 연속배양이며, 이 경우 성장동력학의 연구는 완전혼합 생물반응조(complete mixed bioreactor)를 이용하여 수행할 수 있다. 이러한 장치로 흔히 chemostat(그림 3.14)를 사용하는데, 이것은 미생물의 재순환 없이 일정한 성장단계를 유지할 수 있도록 하는 장치이다. 이 장치에서 일정 성장단계를 유지하기 위해서는 제한인자(일반적으로 유기물)의 유입량 외에 DO · pH · 온도와 같은 환경인자를 조절한다.

그림에서 생물반응조의 용적을 V, 반응조의 유입 유량을 Q라고 하면, 유입수의 반응조 체류시간, 즉 수리학적 체류시간(hydraulic retention time; HRT) θ는 다음 식(3.8)과 같다.

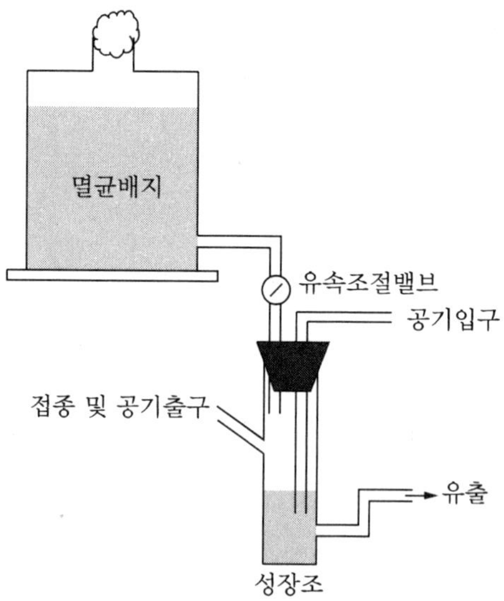

그림 3.14 미생물 연속배양을 위한 chemostat (Marison, 1988)

$$\theta(=\mathrm{HRT}) = \frac{V}{Q} \tag{3.8}$$

여기서, V : 생물반응조 용적(L^3),

Q : 유입폐수량(L^3/T),

θ : 수리학적 체류시간(hr)이다.

위 식에 역수를 취하면 다음 식(3.9)과 같고, 이를 희석률(dilution rate; D)이라고 한다.

$$D = \frac{1}{\theta} = \frac{Q}{V} \tag{3.9}$$

따라서 단위 시간당 미생물의 생장은 다음 식과 같이 증식량(μX)과 조 외 반출량(DX)으로 나타낼 수 있다.

$$\frac{dX}{dt} = \mu X - DX = (\mu - D)X$$

$$\text{or} \quad \frac{dX}{dt}\bigg/ X = (\mu - D) = \mu' \tag{3.10}$$

여기서, X : 미생물농도(mg/L),

μ : 비성장률(day^{-1}),

μ' : 순비성장률(day^{-1})이다.

따라서 위 식에서 미생물의 증식률(dX/dt)은 희석률 D와 비성장률 μ의 함수임을 알 수 있고, 만일 $D=\mu$이면, $dX/dt=0$이 되어, 미생물의 농도가 증가하지도 감소하지도 않는 상태가 된다. 이러한 상태를 **정상상태**(steady state)라 하며, 이러한 상태는 희석률 D와 비성장률 μ를 조절함으로써 유지할 수 있다. 이 상태에서 유출수의 수질·성장조 내의 pH 및 미생물의 침전성·잉여슬러지의 발생량 등은 일정 상태로 유지된다.

3) 혼합배양

한 개의 조 내에서 여러 종류의 미생물을 배양할 경우, 조 내 영양물질의 양, 미생물의 세대기간 및 미생물 간의 피·포식 등에 따라 하등한 세균류와 보다 고등한 미생물 간에는 양적 차이가 나타난다. 이러한 차이는 연속배양 시와 회분배양 시 다소 차이가 있을 수 있으나 그 경향은 같은데, 어느 경우든 조 내에 영양원이 풍부한 경우에는 세균이 주종을 이루며, 영양원이 부족할 경우 *Rotifers*와 같은 고등한 포식자의 포식활동으로 포식자는 증가하고, 세균은 점차 감소한다.

이러한 미생물상의 변화는 반응조 내 슬러지의 전체 증식률을 결정하는 중요 인자 중의 하나이고, 증식률의 변화는 잉여슬러지의 발생량을 변화시키는 주요인이 된다. 회분식으로 혼합배양하는 반응조 내에서 시간 경과에 따른 미생물의 상대적 개체 수의 변화를 도식적으로 나타내면 다음과 같다.

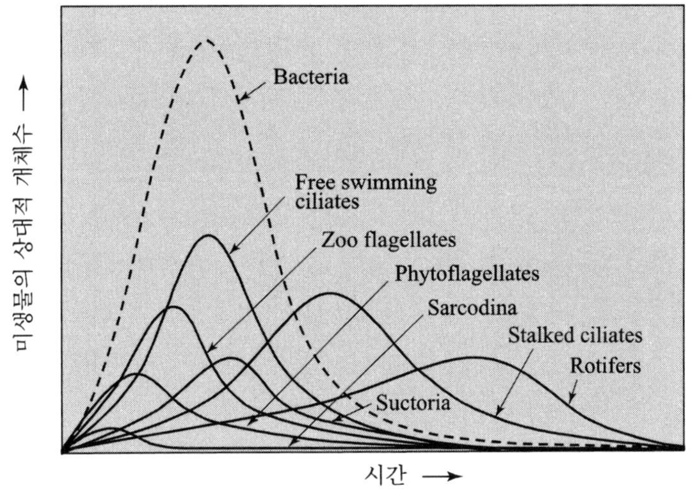

그림 3.15 시간 경과에 따른 미생물의 상대적 개체 수의 변화

Chapter 3 연습문제

1. 미생물을 온도와 관련하여 분류하고 각각에 대해 간단히 설명하라.

2. 미생물을 유리산소와 관련하여 분류하고 각각에 대해 설명하라.

3. 수처리와 관련하여 세균의 역할에 대해 기술하라.

4. 수처리와 관련하여 원생동물이나 후생동물 등 고등한 미생물의 역할에 대해 기술하라.

5. 수질공학과 관련하여 조류의 문제점에 대해 기술하라.

6. 대장균이란 무엇인가?

7. 수질공학과 관련하여 대장균이 중요하게 다루어지는 이유를 설명하라.

8. 미생물의 호기성 분해과정을 설명하고, 그 과정에서 발생하는 중간생성물인 유기산이 하수처리에 미치는 영향에 대해 기술하라.

9. 미생물의 배양방법에 대해 기술하고, 이 중 회분배양 시 각 성장단계별 특성에 대해 기술하라.

10. 혼합배양 시 시간 경과에 따른 미생물의 상대적 개체수의 변화와 이러한 현상이 폐수처리의 결과에 미치는 영향에 대해 기술하라.

Part 2

수질관리

Chapter 1 상수도

상수도(water works or water system)란 음용수 공급과 관련된 모든 시설의 총칭이며, 일반적으로 하수나 공업용 수도와 구별하기 위해 사용되는 용어로 수도와 동일한 의미로 사용된다. 한편 **수도**(水道)란 도관 기타의 공작물을 사용하여 원수 또는 정수를 공급하는 시설을 총칭한다.

1.1 상수도의 구성

상수도는 보건위생 및 소화의 목적을 달성하기 위해 용도에 맞는 물을 필요량 모아 필요한 장소까지 공급하는 시설로, 시설의 기능이나 구성 요소의 유사성 등을 고려하여 다음 4가지 시설, 즉 **취수 및 집수시설**, **송수 및 도수시설**, **정수시설** 및 **급·배수시설**로 구분하고 있다.

한편 이들 시설을 설계함에 있어서 유의할 사항은 용도에 맞는 필요량의 물을 계획년도까지 공급할 수 있도록 계획 사용량을 미리 예측하는 것이 중요한데, 사용량을 예측하기 위해서는 인구변동의 추이 및 도시발전의 추세, 생활환경의 변화 등을 고려한 정확한 예측이 요구되며, 예측된 수량을 공급하고 시설을 효과적으로 관리하는 데에도 차질이 없도록 각 시설의 크기와 노선을 결정해야 한다. 아울러 계획년도 이후 필요시 수량이나 수질의 확보 및 시설의 증설에도 문제가 발생하지 않도록 미리 신중히 구상해야 한다.

(1) 취수 및 집수시설

이것은 적당한 수질의 물을 필요한 수량만큼 모으기 위한 **집수시설**과 집수된 물을 끌어내기 위한 **취수시설**로 그 근원은 수원이다. 취수 또는 집수의 방법은 수원의 종류, 즉 지표수인지 지하수인지, 지표수 중에서도 수원이 하천인지 호수인지 등에 따라 다르나, 어느 경우든 연중 사용량 및 일 최대 사용량을 공급하는 데 차질이 없어야 한다. 따라서 사용 시기에 따라 수량에 과부족이 발생할 경우에는 이것을 조절하기 위해 저수지 등 집수시설을 설치해야 하고, 각 집수시설에 따라 적합한 취수시설을 설치해야 하며, 이때 추후 수원의 수질과 생태계를 유지·관리하는 데에도 문제가 발생하지 않도록 시설의 위치나 관리계획을 수립해야 한다.

(2) 송수 및 도수시설

수원에서 취수한 물은 정수장을 거쳐 배수지로 보내지는데, 이때 취수지에서 취수된 원수를 정수장까지 유송하는 시설을 **도수시설**이라 하고, 정수장에서 정수된 물을 배수지까지 유송하는 시설을 **송수시설**이라 한다. 이들 시설은 대개 관과 펌프로 이루어지며, 수로 내 수류의 유송방법이 자연유하인지 아니면 펌프 압송식인지에 따라 관로의 연장이 달라질 수 있고 이에 따른 공사비나 유지·관리비도 달라질 수 있어 노선의 선정 시에 특히 유의해야 한다.

또한 이들 시설은 어느 경우든 목표연도 내 어느 시기에 발생할 수 있는 하루 최대 사용량(일최대사용량)에도 공급에 문제가 발생하지 않는 크기로 설계되어야 한다.

(3) 정수시설

수원에서 취수한 원수는 일반적으로 처리 없이 직접 음용하기에는 그 수질이 완전치 않다. 따라서 음용에 적합하도록 수질을 정화하는 정수과정이 필요한데 이 과정은 보통 정수장에서 시행된다. 정수과정은 일반적으로 침사·침전·여과·살균 등의 순서로 시행되나, 원수의 수질이나 요구수질에 따라서는 이 과정 중 일부를 제외하거나 또는 활성탄이나 오존소독과 같은 고도의 정수법을 부가하기도 한다.

정수장을 계획할 경우에는 장래의 확장 가능성에 대비하여 충분한 부지를 확보하고 아울러 시설 내 각 단위시설의 배치 또한 장래의 확장을 미리 고려해야 하며, 연중 24시간 가동에 따른 시설의 유지·보수 및 정전 등 불의의 사고에도 대비해야 한다.

한편 정수장은 연중 최고의 수요가 발생하는 날에도 그 수요를 충족시켜야 하므로 일최대사용량을 설계의 기준으로 한다.

(4) 배수 및 급수시설

급·배수시설은 정수장에서 정화된 물을 오염 없이 수요자에게 공급하기 위한 시설을 말하며, 배수지(또는 배수탑), 급·배수관 및 급수전(수도꼭지) 등으로 이루어진다. 일반적으로 정수장에서 공급된 물은 소요수압을 확보하기 위해 일단 높은 장소에 위치한 배수지에 저장한 후 배수관과 그것에 연결된 급수관을 통하여 자연유하로 각 수요자의 급수전에 공급하는 것이 원칙인데, 이는 정전 등 불의의 사고에 대비하고 아울러 시간별 사용량의 불균형에 대처하기 위한 것이다. 즉 배수지는 시간당 사용량의 차를 수용하고 동시에 적정의 수압을 확보할 수 있어야 한다. 따라서 급·배수관은 시간최대사용량을 충분히 공급할 수 있는 크기로 설계되어야 한다.

이상 각 시설의 관계를 도식하면 다음 그림 1.1과 같다.

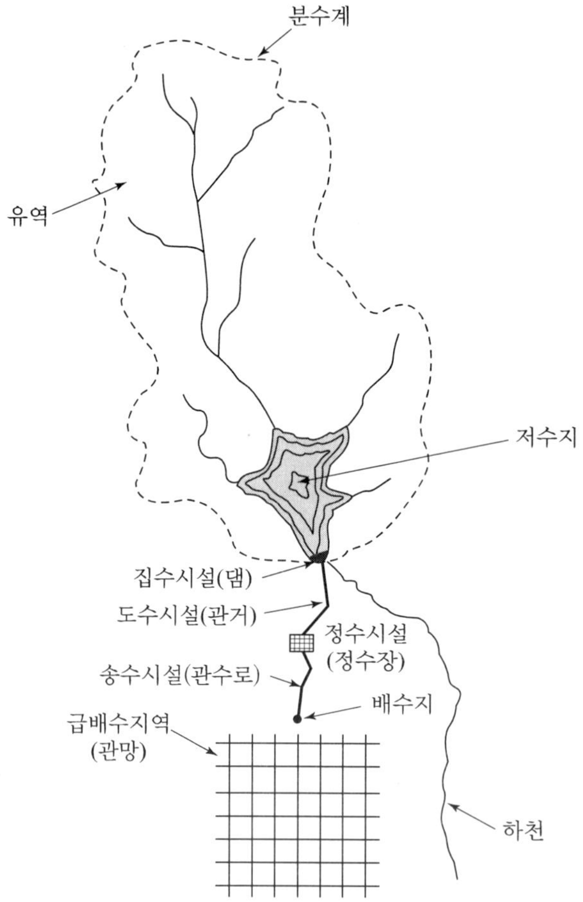

그림 1.1 상수도 시스템과 각 시설의 예

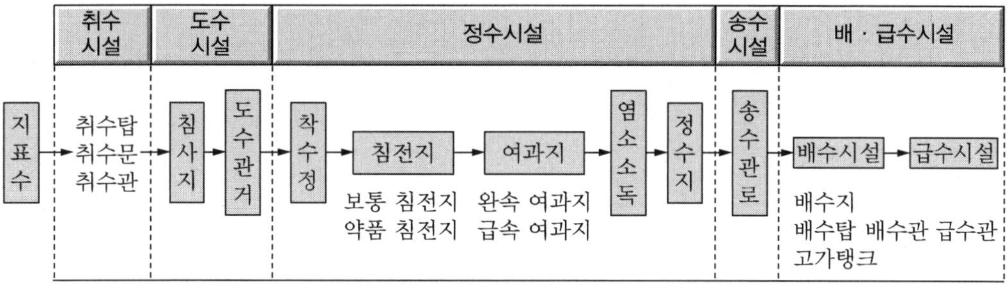

> 그림 1.2 지표수를 수원으로 한 상수도의 일반적 계통 예

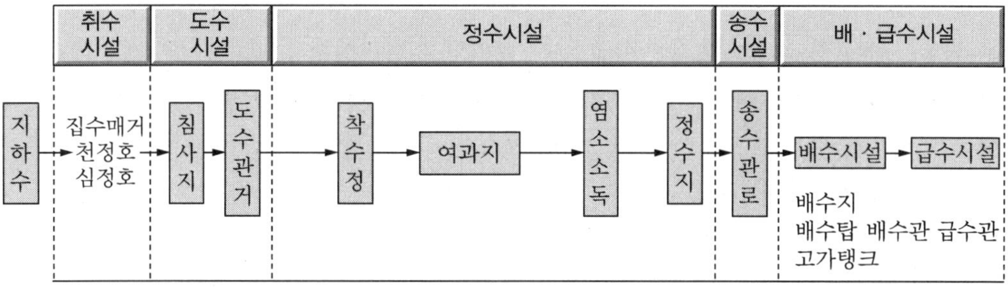

> 그림 1.3 지하수를 수원으로 한 상수도의 일반적 계통 예

1.2 계획급수량

각 시설의 설계기준을 정하기 위해서는 각각의 계획급수량을 산정해야 하는데 이들 계획급수량에는 **계획1일평균급수량, 계획1일최대급수량** 및 **시간최대급수량** 등이 있으며, 이들 값을 구하기 위해서는 먼저 **계획1일평균급수량**을 구한 후 이 값에 경험적 가중치를 곱하여 **계획1일최대급수량**을 산정한다. 또한 **계획시간최대급수량**은 **계획1일최대급수량**을 24시간으로 나눈 후 이 값에 경험적 가중치를 곱하여 구한다.

먼저 계획급수량은 다음과 같이 정한다.

$$\text{계획급수량} = (\text{1인 1일당 계획급수량}) \times (\text{계획급수인구}) \tag{1.1}$$

$$\text{계획급수인구} = (\text{계획년도의 총인구}) \times (\text{급수보급률}) \tag{1.2}$$

$$\text{급수보급률} = \frac{\text{급수인구}}{\text{총인구}} \times 100(\%) \tag{1.3}$$

상기에서 계획년도에 있어서 총인구는 먼저 계획년도의 급수구역을 도시 발전의 추세 등으로 미루어 정하고, 과거와 미래에 있어서 인구증가 추세 등을 고려하여 추정한다. 또한 계획1인1일당 최대급수량은 과거의 실적을 바탕으로 수요량의 변화 추이를 감안하여 결정해야 하는데, 이때 용도별 급수량을 세분하여 분석하고 합리적으로 추정해야 하며, 급수구역 및 급수보급률은 인구의 밀집도나 도시 발전의 추세 및 재정상황 등을 고려하여 정한다.

한편 계획년도는 장래의 정황을 고려하여 정하는데, 주 고려사항은 각종 시설물이나 기계의 내용년수(耐用年数)·시설확장의 가능성·건설비·당시의 자금사정이나 화폐의 가치 등이다. 이와 같이 계획년도는 당시의 정황이나 해당 도시의 사정이 각기 다르므로 일률적으로 정할 수 있는 문제는 아닌데, 어느 경우든 계획년도를 지나치게 길게 하면, 건설비가 증가하고 각종 시설물이나 장비의 노후화에 따라 관리비가 상승하게 되며, 역으로 계획년도를 지나치게 짧게 할 경우, 잦은 확장공사 등으로 비경제적이다. 따라서 정수시설, 배수지관 등 확장이 용이한 것은 일반적으로 10~15년 후로 하고, 수원시설, 배수본관, 도·송수관과 같이 확장이 곤란한 것은 시설의 내구성과 경제성 등을 고려하여 정하되 일반적으로 20~30년 후로 하는 것이 일반적이다.

각종의 계획급수량은 표 1.1과 같이 수도의 각부 구조물의 규모를 결정하는 데 사용되며, 이들 간에는 다음과 같은 관계가 있다.

$$\text{계획1일최대급수량} = (\text{계획1인1일당 최대급수량}) \times (\text{계획급수인구}) \qquad (1.4)$$

$$\text{계획1일평균급수량} = (\text{계획1일최대급수량}) \times \begin{cases} 0.7(\text{중소도시}) \\ 0.8(\text{대도시, 공업도시}) \end{cases} \qquad (1.5)$$

$$\text{계획시간최대급수량} = \frac{\text{계획1일최대급수량}}{24} \times \begin{cases} 1.5(\text{중소도시}) \\ 1.3(\text{대도시, 공업도시}) \end{cases} \qquad (1.6)$$

■ **표 1.1 급수량의 종류와 용도**

구 분	용도 (수도 구조물의 설계)
1일평균급수량	수원지, 저수지, 유역면적의 결정
1일최대급수량	취수, 정수, 배수시설(여과지 면적, 송도수관 구경, 배수지)의 결정
시간최대급수량	배수본관의 구경 결정

1.3 장래인구의 추정

인구의 추정은 과거 20년 정도의 인구조사 자료를 토대로 하고, 앞으로 도시계획에 따른 도시의 발전 추세를 고려하여 정한다. 즉 도시에 따라 일정 수의 인구가 해마다 꾸준히 증가 또는 감소하는 등차적인 경우, 또는 해마다 비례적으로 증가하는 등비적인 경우, 또는 계획도시와 같이 인구의 포화치가 어느 정도 결정되어 있는 상태에서 초기에 등비적으로 증가하다가 최종적으로 최대 포화치에 도달하는 경우 등이 있다. 이와 같이 해당 도시의 특성에 따라 여러 가지 추정공식이 제시되어 있지만, 이들 식과 관계없이 예측치의 오차는 일반적으로 대도시에 비해 소도시에서 크게 나타나는데, 그 이유는 변화요인에 대해 소도시가 보다 민감하게 작용하기 때문이다.

각 추정공식의 적용과 특징을 살펴보면 다음과 같다.

(1) 등차급수법(等差級數法)

먼저 등차적인 경우를 살펴보면, 등차적인 경우는 발전이 완만한 군·면 단위의 소도시 또는 발전이 완료된 중·대도시의 인구추정에 적합한데, 그림 1.4와 같이 인구의 증가 수가 매년 거의 일정하다고 가정하는 방법으로 **등차급수법**이라고 하며 수식으로 나타내면 식(1.7)과 같다.

이 방법에 의해 계산된 장기적 추정인구는 일반적으로 과소평가되는 경향이 있다.

$$P_n = P_o + nq \tag{1.7}$$

여기서, P_n : 현재부터 n년 후의 인구

P_o : 현재 인구

n : 현재부터 계획년도까지의 경과년수

q : 연평균 인구 증가수 $= \dfrac{P_o - P_t}{t}$

P_t : 현재로부터 t년 전의 인구이다.

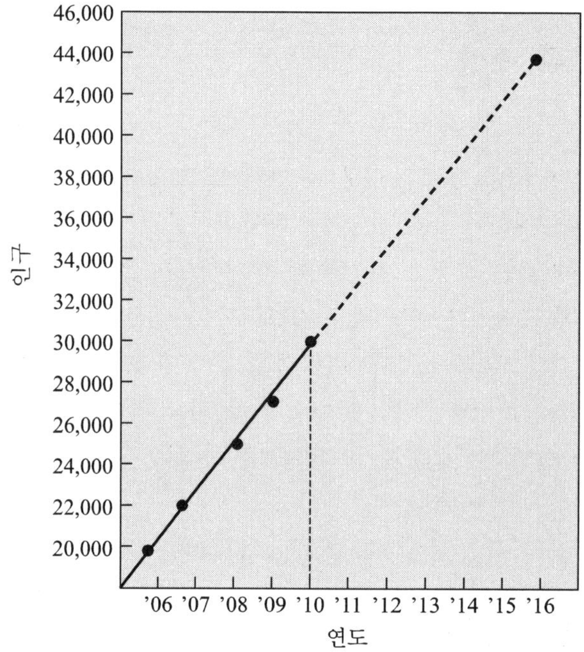

그림 1.4 인구추정의 도식해

한편 상기 식은 2개의 자료(현재와 t년 전의 인구)를 이용하는 방법으로 자료의 이상(異常) 변화가 있을 경우 추정치는 매우 달라질 수 있다. 따라서 이러한 이상 변화의 영향을 최소화시키기 위해서는 통계적 수단으로 최소자승법(最小自乘法)을 이용할 수 있는데, 최소자승법이란 관측값과 계산값과의 차를 제곱하고, 제곱값의 총합이 최소가 되도록 하여 관측값의 경향을 대표할 수 있는 회귀식의 계수를 결정하는 방법이다. 일반적으로 1차 함수에 대한 관측치 Y_i, X_i와 계수의 최확치 A, B간에는 다음 식이 성립한다.

$$Y = AX + B \tag{1.8}$$

$$A = \frac{N\Sigma XY - \Sigma X \Sigma Y}{N\Sigma X^2 - \Sigma X \Sigma X}, \quad B = \frac{\Sigma X^2 \Sigma Y - \Sigma X \Sigma XY}{N\Sigma X^2 - \Sigma X \Sigma X} \tag{1.9}$$

여기서, N : 관측 횟수

X : 기준년으로부터의 경과년수

Y : 인구수이다.

예제 **1.1** L 도시의 인구자료를 조사한 결과는 다음과 같다. 등차급수법을 이용하여 2025년의 인구를 추정하라.

■ **표 1.2** L 도시의 과년도 인구변화

연 도	인 구	연 도	인 구
2001	204,700	2006	229,400
2002	207,900	2007	234,400
2003	212,800	2008	238,100
2004	216,500	2009	242,000
2005	224,600	2010	247,800

풀이 2001~2010년의 연평균 인구의 증가 수는

$$q = \frac{P_o - P_t}{t} = \frac{247{,}800 - 204{,}700}{9} = 4{,}789$$

따라서 2025년 인구는 $247{,}800 + 4{,}789 \times 15 = 319{,}635$인

상기 방법은 2개의 자료(2001년과 2010년의 인구자료)를 이용하는 방법으로 자료의 이상(異常) 변화를 최소화하기 위해서는 최소자승법을 이용하는 것이 바람직한데, 최소자승법을 이용할 경우 그 결과는 다음과 같다.

■ **표 1.3** 최소자승법에 의한 계산

연 도	인 구 (Y)	X	X^2	XY
2001	204,700	−4	16	−818,800
2002	207,900	−3	9	−623,700
2003	212,800	−2	4	−425,600
2004	216,500	−1	1	−216,500
2005	224,600	0	0	0
2006	229,400	1	1	229,400
2007	234,400	2	4	468,800
2008	238,100	3	9	714,300
2009	242,000	4	16	968,000
2010	247,800	5	25	1,239,000
Σ	2,258,200	5	85	1,534,900

따라서 $a = \dfrac{N\Sigma XY - \Sigma X \Sigma Y}{N\Sigma X^2 - \Sigma X \Sigma X} = \dfrac{10 \times 1{,}534{,}900 - 5 \times 2{,}258{,}200}{10 \times 85 - 5 \times 5} = 4{,}918.8$

$$b = \frac{\Sigma X^2 \Sigma Y - \Sigma X \Sigma XY}{N\Sigma X^2 - \Sigma X \Sigma X} = \frac{85 \times 2{,}258{,}200 - 5 \times 1{,}534{,}900}{10 \times 85 - 5 \times 5} = 223{,}360$$

기준년도는 2005년이므로 2025년은 기준년으로부터 20년 후이다. 따라서 2025년의 인구는 $y_{(2015)} = 4{,}918.8 \times 20 + 223{,}360 = 321{,}736$ 인이다.

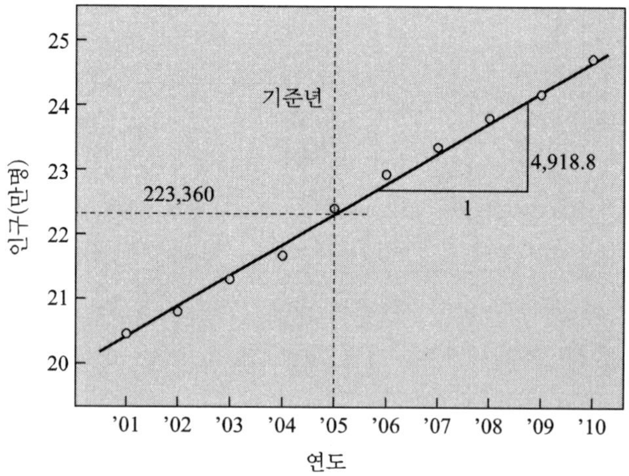

그림 1.5 최소자승법에 의한 인구예측

(2) 등비급수법(等比級數法)

한편 상당한 기간 동안 일정률로 발전이 지속되어온 발전적인 도시의 장래 인구를 추정하기 위해서는 식(1.10)과 같이 매년 인구의 증가율이 거의 일정하다고 가정하여 인구를 추정할 수 있는데, 이러한 방법을 **등비급수법**이라 한다.

이 방법에 의한 추정 인구는 일반적으로 계획년도가 길어질수록 과대평가되는 경향이 있다.

$$P_n = P_o(1+r)^n \tag{1.10}$$

여기서, P_n : 현재부터 n년 후의 인구

P_o : 현재 인구

r : 연평균 인구증가율 $= \left(\dfrac{P_o}{P_t}\right)^{1/t} - 1$

P_t : 현재로부터 t년 전의 인구이다.

참고로 r 값은 대략 대도시의 경우 2～3%, 소도시의 경우 0.5～1%, 읍·면지역의 경우 0～0.03% 정도이다.

한편 식(1.10)은 최소자승법을 이용하기 위해 대수를 취하여 식(1.11)과 같이 직선식 $Y = AX + B$의 형태로 나타낼 수 있다.

$$\log P_n = n\log(1+r) + \log P_o \tag{1.11}$$

(3) 이론곡선식(logistic curve)

이 식은 포화인구를 K로 하고 인구증가율이 다음 식(1.12)와 같이 현재인구 및 포화인구와 현재인구의 차에 비례한다는 가정을 전제로 벨기에의 수학자 Verlust P. F.(1383)에 의해 유도된 식이다.

$$\frac{dy}{dx} \propto y(K-y) \tag{1.12}$$

위 식을 y에 대해 풀면, 다음 식과 같은 이론곡선식이 얻어지는데, 이 식은 포화인구(극한인구)를 가정하는 데 어려움이 있으나, 일반적인 도시의 인구 변화 경향을 잘 나타내므로 자주 사용되고 있다.

$$y = \frac{K}{1+me^{-ax}} = \frac{K}{1+e^{b-ax}} \tag{1.13}$$

여기서, y : 기준년으로부터 x년 후의 인구,
x : 기준년으로부터 경과년수,
e : 자연대수의 저,
K : 포화인구,
$m,\ a,\ b$: 상수이다.

상기 식(1.13)의 상수 a, b를 결정하기 위해서는 이 식에 대수를 취한 후 최소자승법을 이용하는데, 식(1.13)에 대수를 취하면 다음 식(1.14)와 같다.

$$\log y - \log(K-y) = ax\log e - b\log e \tag{1.14}$$

여기서, $\log y - \log(K-y) = Y$, $x\log e = X$, $b\log e = C$라고 하면,

$Y = aX - C$의 형태가 되고, 최소자승법에 의해 상수 a와 b는 각각 다음과 같다.

$$a = \frac{N\Sigma XY - \Sigma X\Sigma Y}{N\Sigma X^2 - \Sigma X\Sigma X}$$

$$b = \frac{C}{\log e} = -\frac{1}{\log e}\frac{\Sigma X^2\Sigma Y - \Sigma X\Sigma XY}{N\Sigma X^2 - \Sigma X\Sigma X} \tag{1.15}$$

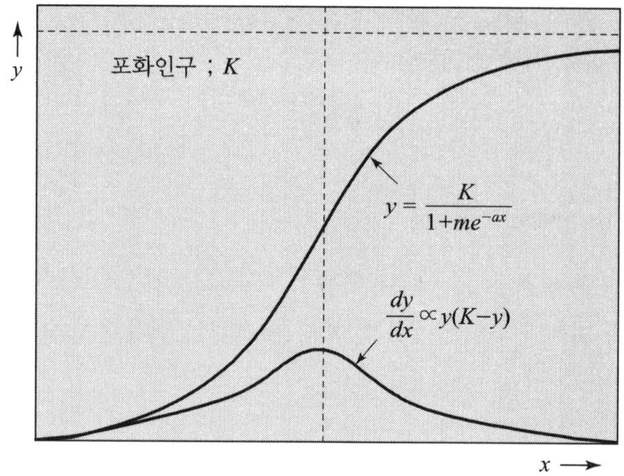

》 그림 1.6 이론곡선식

예제 1.2 표 1.4의 인구자료를 갖는 소도시의 2020년의 인구를 추정하라. (단, 포화인구는 10만임.)

■ 표 1.4 인구통계표

연 도	인 구
2006	20,085
2007	22,312
2008	24,233
2009	27,308
2010	30,391

풀이 먼저 이론곡선식에 의한 계산표를 작성한다.

■ 표 1.5 이론곡선식에 의한 계산

연도	인구(y)	x	$X=x\log e$	X^2	$Y=\log y-\log(K-y)$	XY
2006	20,085	−2	−0.8686	0.7545	−0.5998	1.1996
2007	22,312	−1	−0.4343	0.1886	−0.5418	0.5418
2008	24,233	0	0	0	−0.4951	0
2009	27,308	1	0.4343	0.1886	−0.4252	−0.4252
2010	30,391	2	0.8686	0.7545	−0.3599	−0.7198
Σ			0	1.8862	−2.4178	0.5964

자료수 $N=5$이고,

$$a=\frac{N\Sigma XY-\Sigma X\Sigma Y}{N\Sigma X^2-\Sigma X\Sigma X}=\frac{5\times0.5964}{5\times1.8862}=0.3162$$

$$b = -\frac{1}{\log e}\frac{\sum X^2 \sum Y - \sum X \sum XY}{N \sum X^2 - \sum X \sum X}$$

$$= -\frac{1}{0.4343}\frac{1.8862 \times (-2.4178)}{5 \times 1.8862} = -1.1134$$

$$y = \frac{K}{1+e^{-1.1134-0.3162x}}$$ 이고,

기준년 2008부터 12년 후인 2020년의 예상 인구는 $y = \dfrac{100,000}{1+e^{-1.1134-0.3162\times 13}} = 99,465$ 인이다.

1.4 집수와 취수

1.4.1 집수

상수의 수원은 강수(우수·강설), 지표수(하천·호수·저수지), 지하수(井戸·복류수·용천수) 및 해수(담수화 필요) 등이며, 수원 개발을 위해서는 지각에 있어서 물의 순환과정에 대한 양적·시간적인 조사·연구가 선행되어야 한다. 이러한 조사를 통하여 취수지점에서 양질의 물을 취수하여 연중 공급할 수 있도록 물을 모으는 공사를 **집수공사**라 한다.

집수공사의 가장 대표적인 예는 저수지이며, 그 외에 지표수의 함양을 위한 조림과 지하수의 함양 및 집수를 위한 조림 및 인공충전 등이 있다.

우리나라의 경우 상수도의 수원으로 주로 하천수가 이용되는데, 하천의 경우 그림 1.7과 같이 계절적으로 유량의 변동이 심하게 나타난다. 따라서 하천을 수원으로 하는 경우 평균 사용수량, 즉 소요수량(demand)이 그 하천의 갈수량을 초과하는 경우에는 유출량(run off)이 많은 시기에 저류하였다가 유출량이 적은 시기에 저류된 물을 이용해야 하는데, 이와 같은 목적으로 용수를 저류하기 위해 축조한 시설이 저수지이다.

이때 저수지의 용량을 결정하기 위해서는 우선 대상 수원에 대한 **유출량 누가곡선**을 그려 그 유역 내에서 얼마만큼의 수량을 얻을 수 있을지 검토해야 한다. 유출량 누가곡선은 그림 1.8과 같이 시간을 횡축으로, 유출량을 종축으로 잡고 시기별로 소요수량에 대한 유출량의 과부족을 파악하여 저수지의 용량을 결정하는데, 이 방법을 **이론법** 또는 Rippl's method라고도 한다.

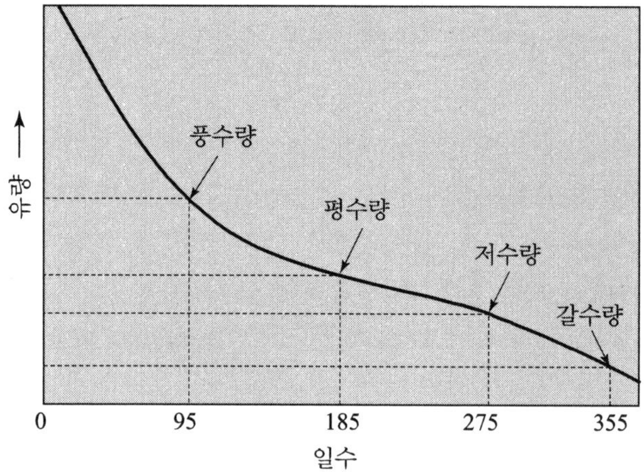

≫ 그림 1.7 하천유황곡선

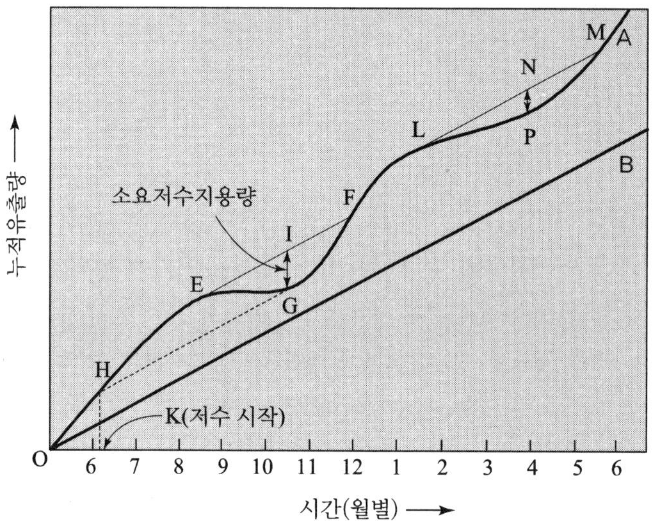

≫ 그림 1.8 유출량 누가곡선(Ripple's method)

이 방법에 의하면 먼저 과거 수년간의 매월 강우량을 조사한 후 매월의 증발량(evaporation)이나 삼투량(percolation)에 의한 손실수량을 조사하여 매월의 유출량을 계산한다. 이때 충분한 유효저수량(기준 갈수년에 있어서도 계획취수량을 취수할 수 있는 저수량)을 확보하기 위해서는 일반적으로 과거 10년간 최대 갈수량을 기준으로 그림 1.8과 같은 누가곡선 OA를 그린다.

다음 장래에 예상되는 매월의 소요수량, 즉 소비량의 누가곡선 OB를 그린다. 이때 소요수량의 변화는 매우 적으므로 대개 직선으로 간주한다. 여기서 OA 곡선과 OB 직선이 서로 접근하는 구간, 즉 EI, LN과 같은 구간은 유출량이 소요수량보다 적은 시기이다. 따라서 이 구간에서 총부족수량을 구하려면 E 점 및 L 점에서 OB 직선에 각각 평행선을 긋고, 여기서 최대 세로 길이를 구해 유효저수량으로 정하는데, 이것이 바로 이상적인 소요저수지용량이다.

만약 IG가 소요저수지용량이라 한다면, 저수를 시작하는 날을 구하기 위해서는 G 점에서 OB 직선에 평행선을 그어 OA 곡선과 만나는 점, 즉 H에 해당하는 날 K를 구할 수 있는데, 이때부터 저수를 시작하면 E 점에서 만수가 되고, 그 후 수위가 점차 하강하여 G 점에서 저수가 바닥나고 다시 상승하여 F 점에서 만수가 된다.

이상은 이론적 방법으로 실제에 있어서는 여기에 20～30%의 여유를 주는 것이 보통이다.

한편 경험적으로 저수지의 용량을 결정할 수도 있는데, 강우량이 많은 지방에서는 급수량의 120일분, 적은 지방에서는 200일분을 저수할 수 있도록 한다. 만약 계산에 의할 경우에는 다음 식(1.16)을 이용하며 이러한 방법을 **가정법**(假定法)이라 한다.

$$C = \frac{5,000}{\sqrt{0.8R}} \tag{1.16}$$

여기서, C : 저수용량[1일계획급수량의 배수(倍数)],

R : 연평균강우량(mm)이다.

예를 들어 연평균 강우량이 1,135 mm라면,

$$C = \frac{5,000}{\sqrt{0.8 \times 1,135}} = 167\text{일}$$

즉 167일분의 저수용량이 필요하다.

예제 1.3 표 1.6은 어떤 하천의 월평균 유출량과 그 하천에서의 월별 계획취수량을 나타낸 것이다. 이 하천에 대한 이수기득권은 없다고 가정하고 저수지 축조의 필요 여부와 필요 시 저수지의 최소 유효용량 및 저수 개시 시기를 구하라.

■ **표 1.6 월평균 유출량과 월별 소요취수량**

월	6	7	8	9	10	11	12	1	2	3	4	5
유량 Q (만 m^3/월)	99	113	92	29	12	10	13	11	17	34	48	58
소요취수량 D (만 m^3/월)	45	48	46	42	40	40	40	39	41	41	42	44
$Q-D$ (만 m^3/월)	+54	+65	+46	−13	−28	−30	−27	−28	−24	−7	+6	+14
$\Sigma(Q-D)$ (만 m^3/월)	54	119	165	152	124	94	67	39	15	8	14	28
ΣQ (만 m^3/월)	99	212	304	333	345	355	368	379	396	430	478	536
ΣD (만 m^3/월)	45	93	139	181	221	261	301	340	381	422	464	508

풀이 표의 3행에 나타난 바와 같이 9월에서 3월 사이에는 취수량이 유출량을 초과하여 저수지의 축조가 필요하다.
저수지의 최소 유효용량 및 저수 개시 시기를 구하기 위해 표 1.6을 도식하면 그림 1.9와 같다. 그림에서 유효저수용량은 $V = 5,950,000 - 4,300,000 = 1,650,000\ m^3$이며, 실제 설계 시에는 여기에 20~30%의 여유를 준다. 또 저수는 5월 중순부터 개시해야 함을 알 수 있다.

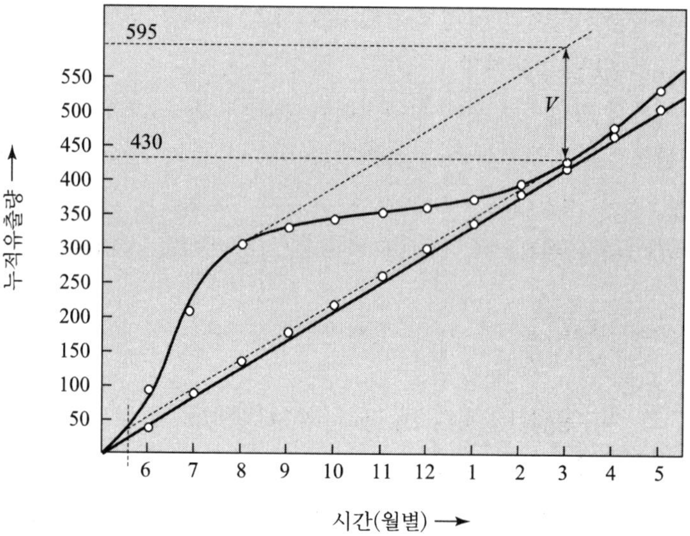

> 그림 1.9 누가유출량과 누가소요수량

1.4.2 취수

집수시설로부터 오염 없이 안정되게 물을 끌어내기 위한 시설을 **취수시설**이라고 하며, 시설의 종류나 규모는 수원의 종류·시설의 안정성·취수량의 대소 등에 따라 결정한다.

먼저 지표수를 취수하는 방법에는 취수관에 의한 방법, 취수틀에 의한 방법, 취수탑에 의한 방법, 취수문에 의한 방법 등이 있고, 복류수를 취수하는 방법에는 집수매거(集水埋渠)가 있으며, 지하수는 정호(井戸)에 의해 취수한다.

일반적으로 취수관에 의한 방법(그림 1.10)은 시설이 간단하고 유지·관리도 비교적 쉬워, 취수량이 적고 수원(하천·호수)의 수위 변동이 작을 때 주로 사용한다.

한편 취수틀은 하안이나 호소 저부의 수중에 설치되는 상자형 또는 원통형의 취수설비로, 전술한 취수관의 유입부에 취수구를 보호하고 보다 양질의 물을 취수하기 위해 그림 1.11과 같이 취수구 주위에 각목 또는 콘크리트 블록 등으로 틀을 설치하고 그 안에 자갈 등을 채운 것으로 용도는 취수관과 같다.

취수탑에 의한 방법은 상대적으로 시설의 설치비나 규모가 크고 소요수량이나 수위 변동에도 쉽게 대처할 수 있다. 따라서 저수지나 호수와 같이 수위 변동이 크고 취수량이 많은 경우에 주로 사용한다(그림 1.14 참고).

취수문은 그림 1.12와 같이 취수량의 조절이 용이하고 비교적 많은 양의 취수가 가능하며 구조상 하천의 취수에 주로 사용된다. 하천 수위의 변동이 클 경우에는 취수문의 하류에 취수보를 설치하면 보다 안정적인 취수가 가능하다.

그림 1.15는 집수매거에 의한 방법으로 비교적 오염된 하천이라 하더라도 토양에 의해 여과된 보다 양질의 복류수를 소량 안정적으로 취수할 수 있으며, 토질에 따라서는 수량의 증가도 기대할 수 있다.

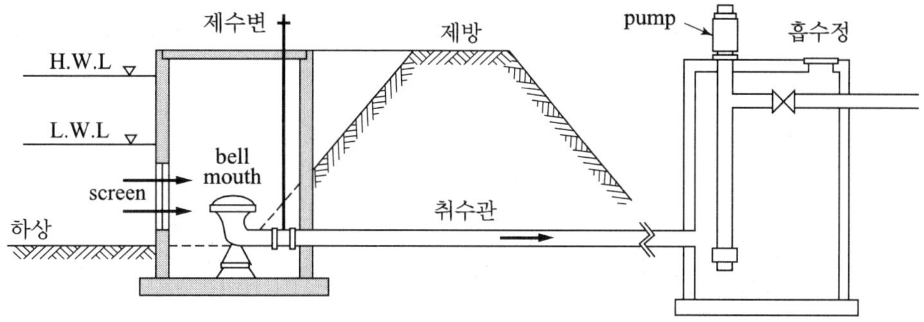

그림 1.10 취수관거의 설치 예

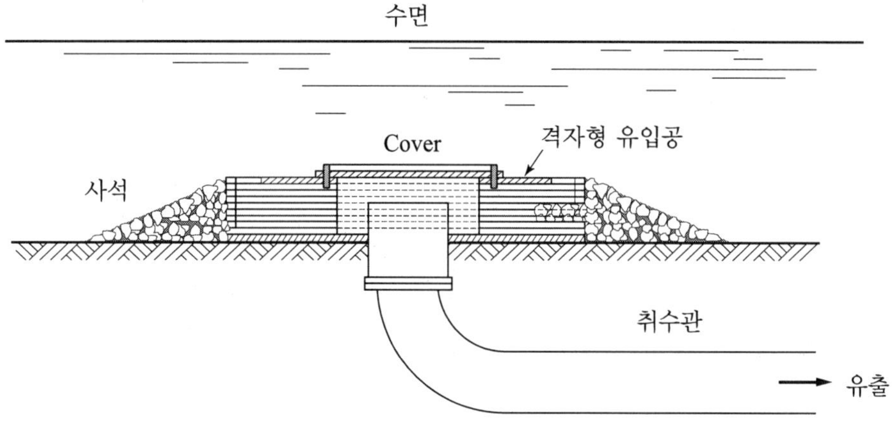

그림 1.11 취수틀의 구조

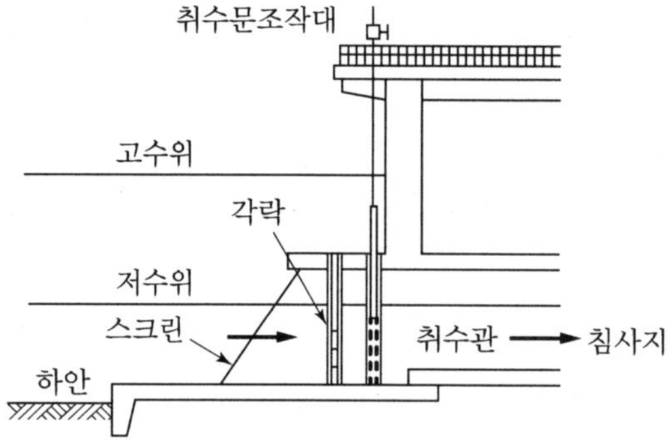

》 그림 1.12 취수문의 예

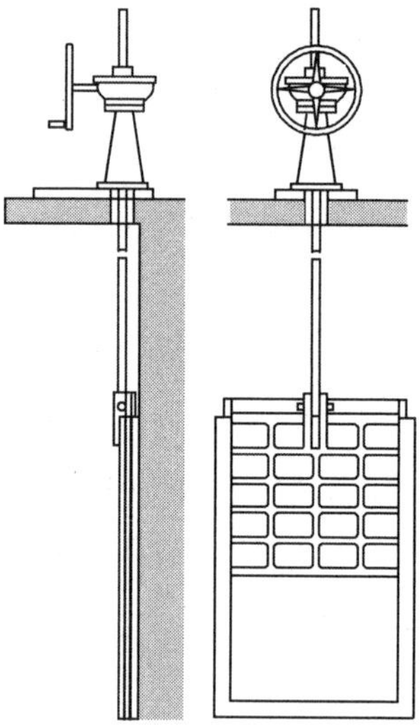

》 그림 1.13 주철제 sluice gate의 예

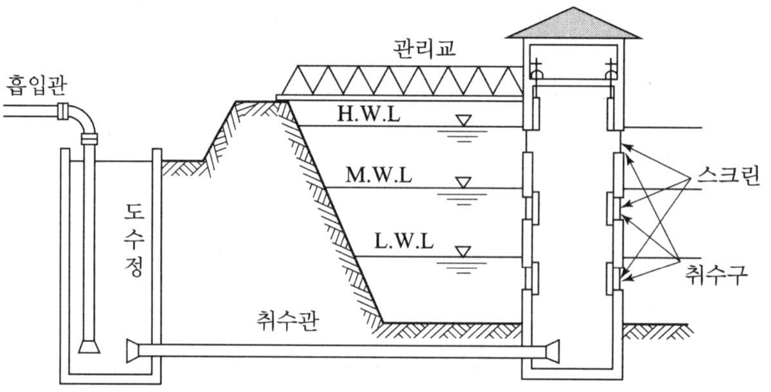

》 그림 1.14 취수탑의 한 예

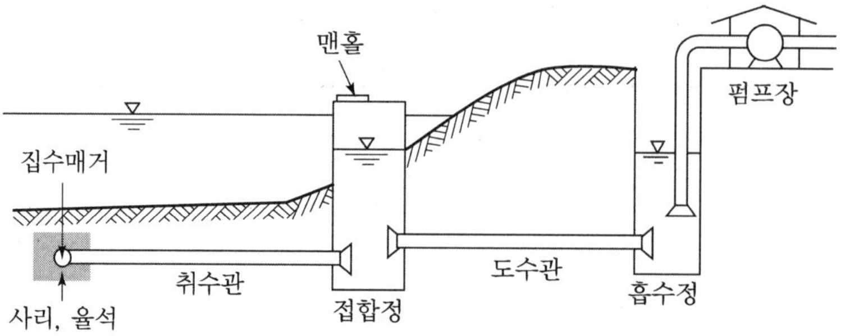

》 그림 1.15 집수매거에 의한 취수 예

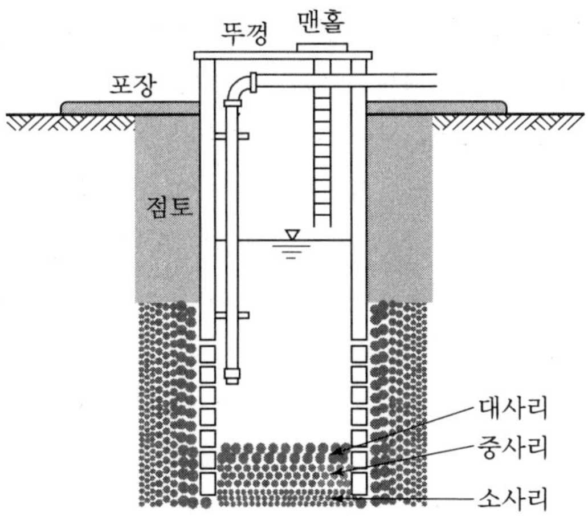

》 그림 1.16 굴정호의 구조

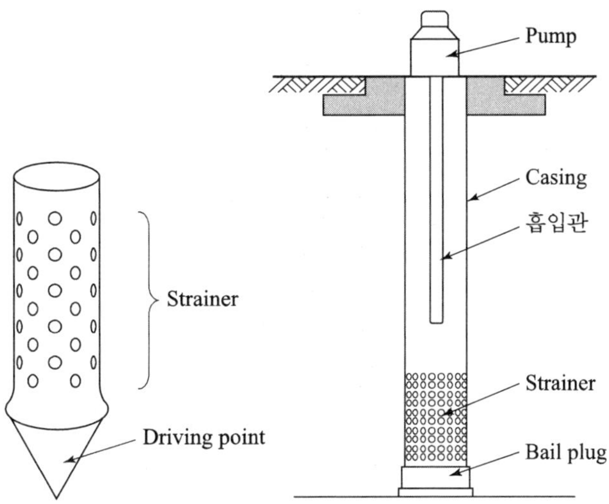

》 그림 1.17 관정호(천정호)의 구조

지하수는 정호에 의해 취수하는데 일반적으로 수량을 정확하게 예측하거나 대량의 취수가 곤란하여 수원으로서 안정감이 다소 떨어질 수 있다. 수질은 철·망간 등 광물질을 함유하는 경우가 많지만, 기타 수질은 지표의 충분한 자연정화작용으로 인하여 매우 양호하고, 수온도 거의 일정하다.

정호에는 천정호(淺井戶)와 심정호(深井戶)가 있다. 천정호는 땅을 파 내려간 다음 내경 1 ~5 m의 우물통을 설치하는 굴정호나 심정호와 같이 시추 또는 관을 타입한 관정호로 구분할 수 있다. 양수는 일반적으로 지상에 설치한 pump를 이용하며, 지표로부터 오수의 유입을 막기 위해 우물 주변의 포장과 측상부의 불투수성 측벽의 설치 및 강수의 유입과 유해물의 투기를 방지하기 위해 지붕 및 덮개를 설치하는 것이 필요하다(그림 1.16, 1.17 참고).

반면 심정호(深井戸; deep well)는 피압면지하수를 취수하기 위한 관정호로 회전하는 에어해머(air hammer) 등 특수한 방법으로 지하대수층까지 시추한 후 지표수의 유입을 막기 위해 철관 등을 전체 또는 일부 상층(토사나 풍화암반층)에 삽입하고 또한 필요시 내부관을 설치한다. 양수는 수중 pump를 이용하며, 내부관 井端의 형식에 따라 개단정(開端井)과 폐단정(閉端井)으로 구분한다(그림 1.18 참고).

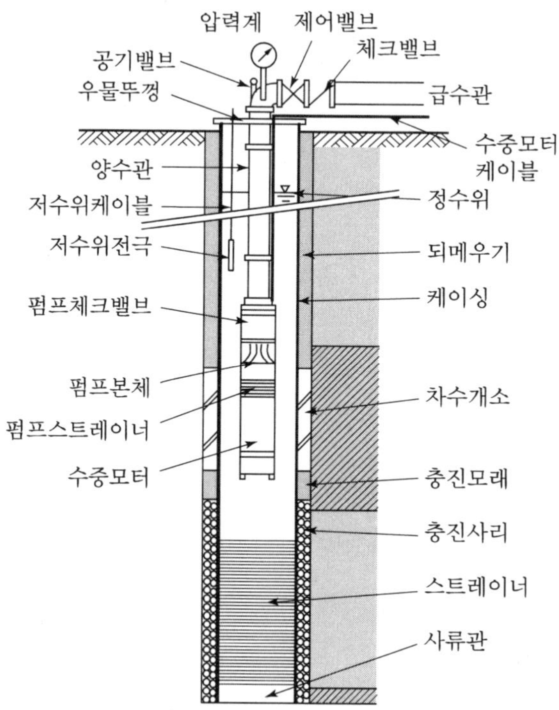

그림 1.18 심정호의 구조

1.5 송수 및 도수

송·도수시설은 지형에 따라 자연유하식과 pump 가압식이 있다. 자연유하식은 중력의 작용으로 높은 곳에서 낮은 곳으로 물을 자연 유하시키는 방법으로 도수의 경우 개수로 또는 관수로가 사용되지만 송수의 경우 오염을 막기 위해 필히 관수로를 사용해야 한다. Pump 가압식은 지형상 자연유하식을 사용할 수 없을 경우 pump를 이용하여 물을 고지로 압송하는 방식으로 당연히 관수로가 사용된다. 도수와 송수과정을 예시하면 그림 1.19와 같다.

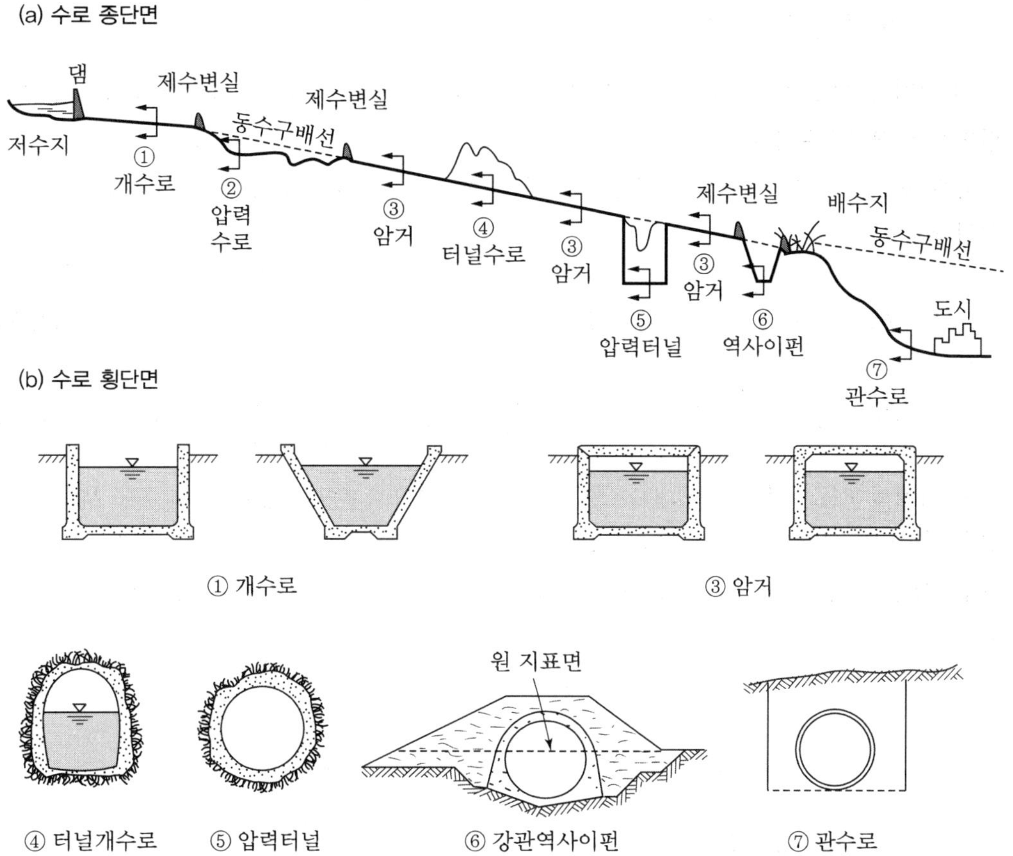

그림 1.19 지형조건과 수로 형식

참고로 개수로란 자유수면을 가지며 중력에 의해 유하하는 수로이고, 압력수로(관수로)나 압력터널은 자유수면이 없이 수로 내에 물이 가득차고 상·하류의 수압 차로 흐름이 발생하는 수로이다. 또한 암거(暗渠)는 외부에서 수면이 보이지 않도록 덮개를 설치한 개수로이다.

(1) 개수로와 관수로의 수리

상·하수도나 수질공학과 관련하여 수로의 설계나 관리를 위해서는 개수로와 관수로를 비롯한 수리학의 기초적 지식이 요구되는데, 관로의 수리와 관련하여 미리 알아두어야 할 기초적 내용을 소개하면 다음과 같다.

1) **동수역학의 기초**

관로 내 임의의 두 유수단면 1과 2에는 다음과 같은 연속방정식이 성립한다.

$$Q = A_1 V_1 = A_2 V_2 \tag{1.17}$$

위 식에서 Q는 유량, A_1과 V_1은 1단면의 단면적과 평균유속이고, A_2과 V_2는 2단면의 단면적과 평균유속이다.

유관 또는 유선에 있어서 이상유체가 갖는 총에너지는 일정하며, 다음의 Bernoulli식이 성립한다.

$$H_t = \frac{v^2}{2g} + \frac{p}{\omega} + z = \text{일정} \tag{1.18}$$

$$\text{또는} \quad \frac{v_1^2}{2g} + \frac{p_1}{\omega} + z_1 = \frac{v_2^2}{2g} + \frac{p_2}{\omega} + z_2 \tag{1.19}$$

위 식에서 v는 유속, $p(=\omega h)$는 압력, z는 기준면으로부터의 높이, 첨자 1과 2는 각 단면을 나타낸다. 또한 이 식은 유속·압력·위치에 의해 발생하는 에너지를 수두로 나타낸 것으로, H_t는 **총수두**, $v^2/2g$는 **유속수두**, p/ω는 **압력수두**, z는 **위치수두**라 한다.

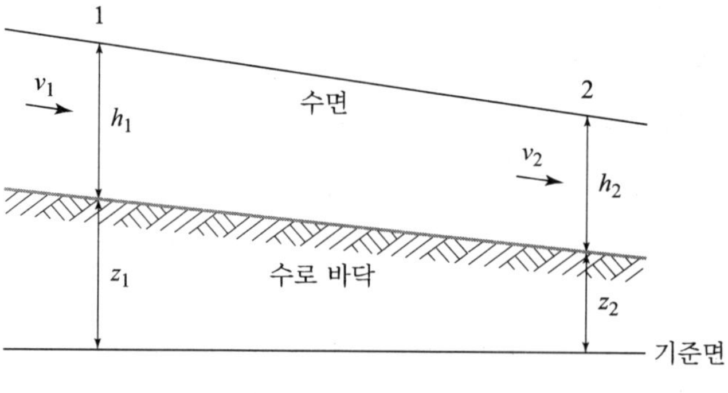

한편 수로에서 물과 접하는 주변장을 **윤변**(潤邊; S)이라 하고, 유수단면적을 윤변으로 나눈 것을 **수리경심**(水理徑深; R) 또는 **수리평균심**이라 한다. 이 값들은 **수리상 유리한 단면**을 설계하는 데 활용된다. 즉 유수단면이 같을 경우 윤변이 가장 작을 경우(마찰면적이 가장 작음) 바꾸어 표현하면 경심이 가장 클 경우 유수의 흐름은 최대가 된다.

$$R = \frac{A}{S} \tag{1.20}$$

한편 임의의 양 단면의 총수두에서 유속수두를 뺀, 즉 $\frac{p}{\omega} + z$의 차를 수로연장으로 나눈 것을 **동수경사**(動水傾斜; I) 또는 **동수구배**라 한다. 즉 각 지점의 $\frac{p}{\omega} + z$을 연결한 선을 동사경사라 하고, 이 경사는 유수의 속도나 유량을 결정한다.

예제 1.4 수로의 폭과 수심이 각각 1 m와 0.5 m인 수로(Ⅰ)와 0.5 m, 1 m인 수로(Ⅱ) 중 흐름에 유리한 수로는 어느 것인가?

풀이 유수단면이 같으므로 윤변이 최소가 되든지 아니면 경심이 최대가 되는 수로가 유리하다.

수로(Ⅰ)의 윤변은 $1+0.5+0.5 = 2\text{ m}$, 수로(Ⅱ)는 $0.5+1+1 = 2.5\text{ m}$

수로(Ⅰ)의 경심은 $0.5/2 = 0.25$, 수로(Ⅱ)는 $0.5/2.5 = 0.2$

따라서 수로(Ⅰ)이 유리하다.

예제 1.5 수로의 폭이 b이고, 수심이 h인 수로의 수리상 유리한 단면을 구하라.

풀이 이 수로의 윤변 $S = 2h + b$이고 단면 $A = bh$이다. 고로 $S = 2h + \frac{A}{h}$이고, 단면이 일정할 경우, S 값이 최소가 되기 위해서는 이 식을 h로 미분하여 0을 취하면 된다.

$$즉\ \frac{dS}{dh} = \frac{d}{dh}\left(2h + \frac{A}{h}\right) = 0, \quad 2 - Ah^{-2} = 0$$

$$\therefore\ h = \sqrt{\frac{A}{2}} \text{ 이고 } A = bh\text{이므로 } h = \frac{b}{2}\text{이다.}$$

즉 위 직사각형 수로의 수심이 폭의 1/2인 조건에서 흐름은 가장 유리하며, 이러한 단면을 수리상 유리한 단면이라고 한다.

2) 개수로와 관수로의 수리

수로 내의 유량을 산정하기 위해서는 먼저 수로 내의 평균유속을 구해야 되는데, 관수로의 경우 평균유속의 산정은 주로 Manning 공식 또는 Williams-Hazen 공식이 사용된다.

$$\text{Manning 공식} \quad v = \frac{1}{n} R^{2/3} I^{1/2} \tag{1.21}$$

위 식에서 v는 유속(m/sec), n은 조도계수(표 1.7 참고), R은 경심, I는 동수구배이다.

■ **표 1.7** 조도계수 n의 값

재료 및 윤변의 상태	n의 평균치	재료 및 윤변의 상태	n의 평균치
놋쇠관, 유리관	0.01 ~0.012	연철관	0.012~0.014
용접 강철관	0.01 ~0.013	도금한 연철관	0.013~0.015
도장한 주철관	0.01 ~0.013	콘크리트(활면)	0.012~0.013
도장하지 않은 주철관(신)	0.012~0.014	콘크리트(조면)	0.014~0.016
도장하지 않은 주철관(구)	0.014~0.018	흄관	0.011~0.014

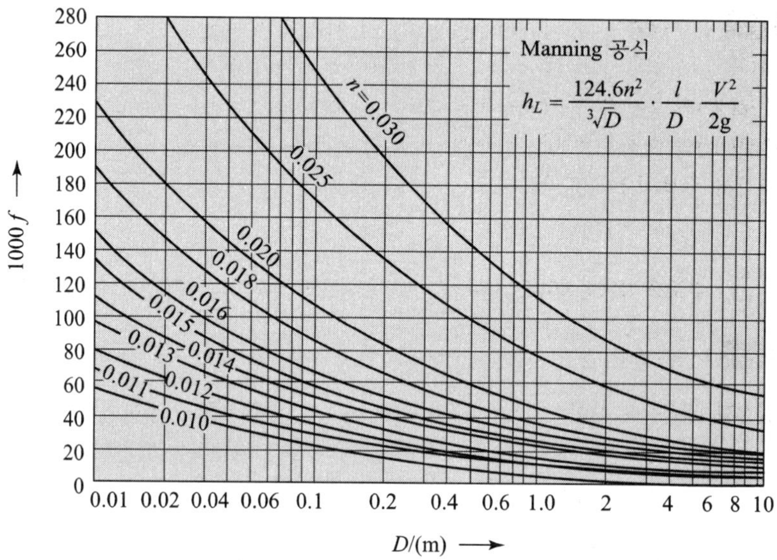

≫ 그림 1.20 Manning 공식의 f 값

Williams-Hazen 공식

$$V = 0.35464CD^{0.63}I^{0.54} \quad (1.22)$$

$$Q = 0.27853CD^{2.65}I^{0.54} \quad (1.23)$$

$$D = 1.6258C^{-0.38}Q^{0.38}I^{-0.205} \quad (1.24)$$

$$I = 10.666C^{-1.85}D^{-4.87}I^{1.85} \quad (1.25)$$

여기서, C : 관 재료에 따른 평균유속계수(표 1.8 참고)

V : 평균유속(m/sec)

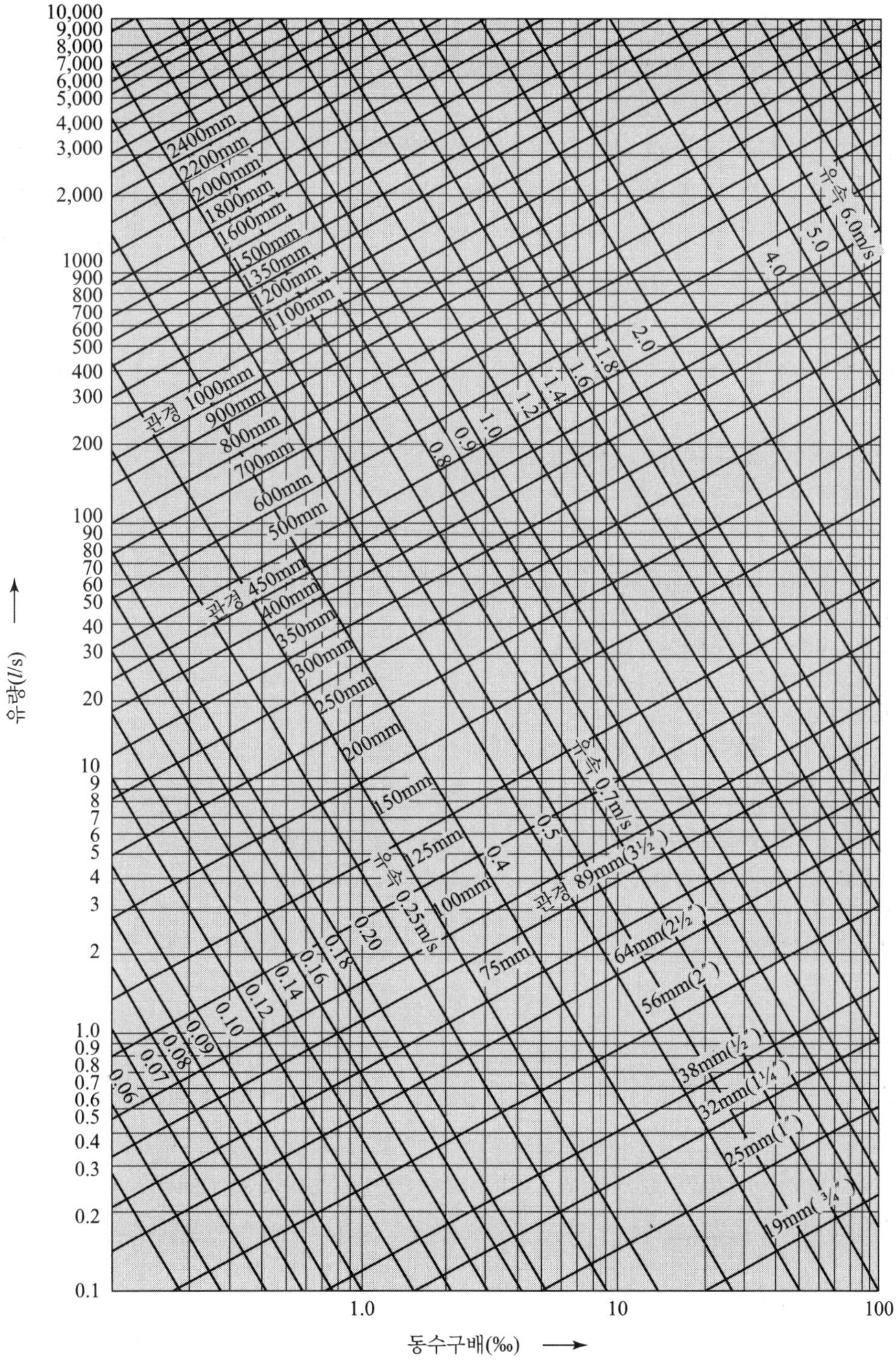

≫ 그림 1.21 Q, I, D, V간의 관계(C=100인 경우)

Q : 유량(m^3/sec)

D : 관의 내경(m)

I : 동수경사이다.

한편 C=100인 경우 Q, V, D, I 간의 관계를 그림 1.21에 나타내었는데, 이 그림을 이용하면 Q, V, D, I 중 2가지를 알면 나머지 2가지를 구할 수 있다. 일반적으로 관을 포설하는 경우 필요 유량(Q)과 지형의 구배(I)는 이미 결정된 조건임으로 그림을 이용하면 대략의 관경과 관 내 유속을 쉽게 파악할 수 있다.

관의 통수 효율은 관의 재료 또는 사용연한에 따라 달라지는데, C 값은 이러한 차이를 보정하기 위한 것이다. 관 종과 관의 노후도에 따른 적용 C 값은 다음 표 1.8과 같다.

■ **표 1.8** Williams-Hazen 공식의 C 값

재료 및 상태	C
보통 콜타르 칠한 주철관, (신)	130～135
보통 콜타르 칠한 주철관, 통수 5년	120
보통 콜타르 칠한 주철관, 통수 10년	110
보통 콜타르 칠한 주철관, 통수 15년	105
보통 콜타르 칠한 주철관, 통수 20년	95
보통 콜타르 칠한 주철관, 통수 30년	85
보통 콜타르 칠한 주철관, 통수 40년	80
보통 주철관(고)	100
놋쇠 및 유리관	140～150
내면에 고무 칠한 소화용 호스	110～140
흄관(100～600 mm 지름)	150
흄관(110 mm 이하)	120～140
보통 콘크리트관	120～140

3) 관수로의 손실수두

물은 미소하지만 점성을 가지고 있기 때문에 물이 관 내를 흐를 때 물 분자 간에 또는 물과 관 내벽 간에 그 외에도 국부적으로 에너지 손실이 발생한다. 이러한 각종 에너지 손실은 유속수두에 비례하며, 관 연장이 길어질 경우 에너지 손실의 대부분은 관과의 마찰에 의해 발생한다.

① 마찰손실수두

$$h_L = f\frac{l}{D}\frac{v^2}{2g} \tag{1.26}$$

여기서, f; 마찰손실계수, D; 관경(m), l; 관 연장(m), v; 평균유속(m/sec), g; 중력가속도 (m/sec^2)이다.

한편 f의 값은 다음과 같다.

Manning 공식에서 $$f = \frac{124.6n^2}{\sqrt[3]{D}} \tag{1.27}$$

William-Hazen 공식에서 $$f = \frac{98.784}{D^{0.167}C^{1.85}V^{0.15}} \tag{1.28}$$

② **국부적 손실수두**

관수로에 있어서 마찰에 의한 손실 외에 유입·유출·확대·축소·굴곡 및 각종 밸브가 설치된 곳 등에서 손실이 발생하는데, 이미 기술하였듯이 이들 손실은 모두 유속수두에 비례하며 일반적으로 다음과 같이 표시된다.

$$h = f_x \frac{v^2}{2g} \tag{1.29}$$

위 식에서 f_x는 단면의 축소 또는 확대·굴곡·유입 또는 유출·밸브 등에 의한 각각의 손실계수이다.

예제 1.6 Manning의 유속공식을 이용하여 직경이 D인 원형 관수로의 마찰손실계수(f)를 구하라.

풀이 마찰손실수두 $h_L = f\frac{l}{D}\frac{v^2}{2g}$이다.

따라서 $f = \frac{2Dg}{v^2}\frac{h_L}{l} = \frac{2Dg}{v^2}I$이고, Manning의 유속공식(식 1.21) $v = \frac{1}{n}R^{2/3}I^{1/2}$에서

$I = \frac{v^2n^2}{R^{4/3}} = \frac{v^2n^2}{(D/4)^{4/3}}$이므로, $f = \frac{2Dg}{v^2} \times \frac{v^2n^2}{(D/4)^{4/3}}$

$\therefore\ f = \frac{124.6n^2}{\sqrt[3]{D}}$이다.

예제 1.7 지름 40 cm, 길이 500 m인 주철관으로 송수할 때 마찰손실수두와 관 내 유량을 Manning 공식을 이용하여 구하라. (단, Manning의 평균유속공식에 있어서 n=0.014이고, 동수경사 I=1/100이다.)

풀이 Manning공식 $v=\frac{1}{n}R^{2/3}I^{1/2},\ f=\frac{124.6n^2}{\sqrt[3]{D}}$

조도계수 n이 0.014이므로 $f=\frac{124.6\times 0.014^2}{\sqrt[3]{0.4}}=0.033$

$R=\frac{0.4}{4}=0.1,\ I=1/100,$

$v=\frac{1}{n}R^{2/3}I^{1/2}=\frac{1}{0.014}\times 0.1^{2/3}\times 0.01^{1/2}=1.54\ \mathrm{m/sec}$

따라서 마찰손실수두 $h_L=f\frac{l}{D}\frac{v^2}{2g}=0.033\frac{500\ \mathrm{m}}{0.4\ \mathrm{m}}\frac{(1.54\ \mathrm{m/sec})^2}{9.8\ \mathrm{m/sec^2}}=9.98\ \mathrm{m}$이고,

$Q=Av=\frac{\pi\times 0.4^2}{4}\times 1.54=0.19\ \mathrm{m^3/sec}$이다.

예제 1.8 관의 직경이 50 mm에서 100 mm로 급격히 확대되었다. 관 내의 유량이 4 L/sec 라면 관의 급확대에 의한 손실수두(h_w)는 얼마인가? (단, 확대손실계수 f_w=0.56이다.)

풀이 $f_w=0.56,\ h_w=0.119\ \mathrm{m}$

참고) 식 $h=f_x\frac{v^2}{2g}$에서 유속 v는 변화 이전과 이후 속도 중 빠른 것을 이용하는데, 이것은 유입하는 경우와 같이 접근유속이 0에 가까운 경우를 고려하여 각종의 계수 결정 시 빠른 유속을 대상으로 계수가 결정되었기 때문이다.

(2) Pump

Pump는 물을 양수하거나 관수로에서 자연유하가 불가능할 경우 물을 압송하기 위해 사용된다. 따라서 상하수도에서는 중요한 부속시설 중에 하나이며, pump의 수리는 다음과 같다.

1) Pump의 전양정

Pump의 전양정은 실양정과 각종의 손실 및 관 말단의 토출수압을 고려해야 하며, 특히 배수 pump의 경우는 배수관의 최소 동수두를 가산하여야 한다(그림 1.22 참고).

그림 1.22에서 pump의 전양정은 다음과 같다.

$$H_t=h_a+\sum h_f+h_o \tag{1.30}$$

위 식에서 H_t; 전양정(m), h_a; 실양정(m), $\sum h_f$; 관로의 각종 손실수두의 합(m), h_o; 관 말단의 잔류유속수두(m)이다.

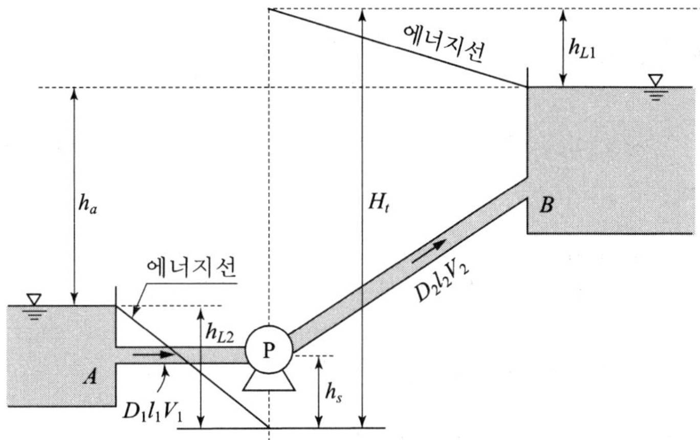

》 그림 1.22 pump의 양정

한편 실양정은 유입부의 계획최저수위와 유출부의 계획최고수위와의 차로 한다.

2) Pump의 구경

Pump의 크기는 흡입구경과 토출구경으로 표시하지만, 흡입구경과 토출구경이 같을 경우에는 한 가지 구경으로 표시한다. 일반적으로 pump의 흡입구경은 토출유량과 pump 흡입구의 유속에 의해 결정하는데, 이때 pump 흡입구의 유속은 1.5～3 m/sec를 표준으로 한다.

$$D = 146\sqrt{Q/V} \tag{1.31}$$

위 식에서 D; pump의 흡입구경(mm), Q; 토출유량(m^3/min), V; 흡입구 유속(m/sec)이다.

3) 소요동력

유량 Q를 H_t만큼 양정하는 데 소요되는 에너지 $E = mgh$와 같다.

여기서 유량 Q의 질량은 mQ이고 h는 H_t이다. 한편 1 m^3인 물의 질량은 1,000 kg/m^3이므로, 단위 시간당 양정되는 유수의 질량은 1,000 kg/m^3 × Q m^3/sec이다.

따라서 소요 에너지 E는 다음과 같다.

$$E = 1{,}000(\mathrm{kg}_{(질량)}/\mathrm{m}^3) \times Q(\mathrm{m}^3/\mathrm{sec}) \times 9.8(\mathrm{m}/\mathrm{sec}^2) \times H_t(\mathrm{m}) \tag{1.32}$$

한편 1 N = 1 $\mathrm{kg}_{(질량)} \cdot \mathrm{m/sec}^2$이므로, 9.8×1,000 QH_t(N · m/sec)이고,

1 Joule = 1 N · m이므로, 9.8×1,000 QH_t(Joule/sec)이고,

Joule/sec는 W이므로, 9.8×1,000 QH_t(W)

$$\therefore\ E = 9.8QH_t\,(\mathrm{kW}) = \frac{1,000QH_t}{102}\,(\mathrm{kW}) \tag{1.33}$$

또한 1 Hp = 75 kg(중) · m/sec이므로, 1 Hp = 75 kg(질량) × 9.8 m/sec² · m/sec = 0.735 kW이고, 1.361 Hp = 1 kW이다.

$$\text{즉 } E = \frac{1,000QH_t}{102} \times 1.361\ \mathrm{Hp} = \frac{1,000QH_t}{75}\,[\mathrm{Hp}] \tag{1.34}$$

한편 pump의 효율을 η_p라고 하면 소요동력은 다음 식과 같다.

$$P = \frac{9.8QH_t}{\eta_p}\,[\mathrm{kW}] = \frac{1,000QH_t}{75\eta_\mathrm{p}}\,[\mathrm{Hp}] \tag{1.35}$$

또한 pump를 구동하는 원동기의 소요출력은 다음과 같다.

$$P_m = \frac{P(1+\alpha)}{\eta_m}\,[\mathrm{kW\ 또는\ Hp}] \tag{1.36}$$

위 식에서 η_m; 원동기의 효율, α; 원동기 출력에 대한 여유이다.

예제 1.9 Pump의 구경 결정에 자주 사용되는 식은 $D=146\sqrt{Q/V}$와 같다. 연속방정식 $(Q=A_1V_1=A_2V_2)$을 이용하여 위 식을 유도하라.

풀이 식 $D=146\sqrt{Q/V}$에서 상용하는 단위는 각각 D : mm, Q : m³/min, V : m/sec이고, 연속방정식 $Q=AV$에서 각 기호의 단위로 D : m, Q : m³/sec, V : m/sec이다.

따라서 $\frac{Q}{60}\,(\mathrm{m^3/sec}) = \frac{\pi(0.001D)^2}{4}\,(\mathrm{m^2}) \times V(\mathrm{m/sec})$

$\therefore\ D = \sqrt{\frac{4}{\pi\times60\times0.001^2}}\sqrt{\frac{Q}{V}} \fallingdotseq 146\sqrt{\frac{Q}{V}}$

(3) 개수로의 수리

개수로란 자유수면을 갖고 중력의 크기에 따라 흐름의 방향이 결정되는 수로를 말하며, 인공수로와 자연수로로 구분된다.

개수로의 유량을 산정하기 위해 자주 사용되는 유속공식에는 다음 식들이 있다.

1) 유속공식

$$\text{Manning 공식} \quad v = \frac{1}{n} R^{2/3} \mathrm{I}^{1/2} \tag{1.37}$$

위 식에서 조도계수 n 값은 표 1.7과 같고, I는 수로경사 또는 수면경사이다.

$$\text{Bazin 공식} \quad v = \frac{87}{1 + \frac{\gamma}{\sqrt{R}}} \sqrt{R\mathrm{I}} \ [\mathrm{m/sec}] \tag{1.38}$$

위 식에서 R; 경심, γ; 조도계수(표 1.9 참고), I는 수로경사 또는 수면경사이다.

$$\text{Ganguillet-Kutter 공식} \quad v = \frac{23 + \frac{1}{n} + \frac{0.00155}{\mathrm{I}}}{1 + \left(23 + \frac{0.00155}{\mathrm{I}}\right)\frac{n}{\sqrt{R}}} \sqrt{R\mathrm{I}} \ [\mathrm{m/sec}] \tag{1.39}$$

위 식에서 조도계수 n 값은 표 1.7과 같고, I는 수로경사 또는 수면경사이다.

■ **표 1.9 조도계수 γ의 값**

수로 벽의 상태	γ
대패로 깎은 목판	0.06
보통 목판, 절석(切石), 벽돌	0.16
할석벽(割石壁)	0.46
장석(張石), 규칙적인 토사	0.86
보통 지반 수로	1.30
저항이 특히 큰 지반	1.75

2) 수리특성곡선

수로 내의 유속과 유량의 최대치는 벽면의 마찰, 즉 윤변의 영향으로 만수 시에 비해 수심이 약간 낮을 경우에 나타난다. 따라서 수로의 흐름특성을 파악하기 위해 전 단면을 흐를 때의 유량(Q_o)·유속(V_o)·경심(R_o)·윤변(S_o) 및 단면적(A_o)에 대한 임의의 수심에 대한 $Q \cdot V \cdot R \cdot S \cdot A$를 미리 파악하면 편리한데, 임의의 수심 H와 만수 시 수심 H_o의 비, 즉 H/H_o에 대한 Q/Q_o, V/V_o, R/R_o, S/S_o, A/A_o의 관계를 나타내면 그림 1.23과 같고, 이러한 관계를 나타낸 곡선을 **수리특성곡선**이라 한다.

이 곡선을 이용하면 만수 시의 수류 상태를 알고 있을 때, 임의의 수심으로 흐르는 부분류의 상태를 번거롭게 계산하지 않고 쉽게 파악할 수 있다.

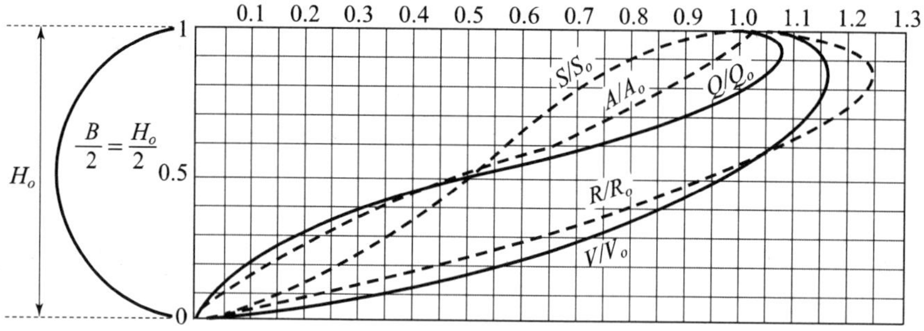

그림 1.23 원형관에 대한 수리특성곡선

예제 1.10 콘크리트 수로의 수면구배가 1/1,000인 장방형 도수로가 있다. 폭 3 m, 유효수심 3 m로 할 경우, 평균유속을 Manning식, Bazin식 및 Ganguillet-Kutter식을 이용하여 구하라.

풀이 먼저 경심 $R=A/S=\dfrac{3\times 2}{3+2\times 2}=6/7$이고,

Manning 공식

$$v=\frac{1}{n}R^{2/3}\mathrm{I}^{1/2}=\frac{1}{0.013}\left(\frac{6}{7}\right)^{2/3}0.001^{1/2}=2.19\ \mathrm{m/sec}$$

Bazin 공식

$$v=\frac{87}{1+\dfrac{\gamma}{\sqrt{R}}}\sqrt{R\mathrm{I}}=\frac{87}{1+\dfrac{0.46}{\sqrt{6/7}}}\sqrt{6/7\times 0.001}=1.7\ \mathrm{m/sec}$$

Ganguillet-Kutter 공식

$$v=\frac{23+\dfrac{1}{n}+\dfrac{0.00155}{\mathrm{I}}}{1+\left(23+\dfrac{0.00155}{\mathrm{I}}\right)\dfrac{n}{\sqrt{R}}}\sqrt{R\mathrm{I}}=\frac{23+\dfrac{1}{0.013}+\dfrac{0.00155}{0.001}}{1+\left(23+\dfrac{0.00155}{0.001}\right)\dfrac{0.013}{\sqrt{6/7}}}\sqrt{6/7\times 0.001}$$

$$=2.1\ \mathrm{m/sec}$$

예제 1.11 직경 2,400 mm의 흄관이 수면구배 8.5/1,000로 수원에서 정수장까지 매설되어 있다. 흄관의 조도계수 $n=0.015$이고, 관 내 수심이 0.6 m일 때 Manning 공식을 이용하여 유량과 유속을 구하라.

풀이 먼저 만류의 경우

단면적 $A=\frac{\pi}{4}\times 2.4^2=4.52\ \mathrm{m}^2$, $S=2.4\pi=7.54\ \mathrm{m}$, $R=4.52/7.54=0.6$

유 속 $v=\frac{1}{0.015}\times 0.6^{2/3}\times 0.0085^{1/2}=4.4\ \mathrm{m/sec}$

유 량 $Q=Av=4.52\times 4.4=19.9\ \mathrm{m^3/sec}$

수심이 0.6 m이면 $(D'/D)=600/2{,}400=0.25$이고, 유량과 유속을 수리특성곡선을 이용하여 구하면,

$Q'/Q=0.15$ $\quad\therefore\ Q'=0.15Q=0.15\times 19.9=3.0\ \mathrm{m^3/sec}$

$V'/V=0.7$ $\quad\therefore\ V'=0.7V=0.7\times 4.4=3.1\ \mathrm{m/sec}$이다.

예제 1.12 그림 1.24와 같이 하천의 저수위, 고수위 및 제방고가 하안고보다 각각 6 m, 3.27 m, 6.76 m 높을 때 취수량 3.79 m^3/min을 취수하는 취수관, 취수정 및 취수 pump를 설계하라.

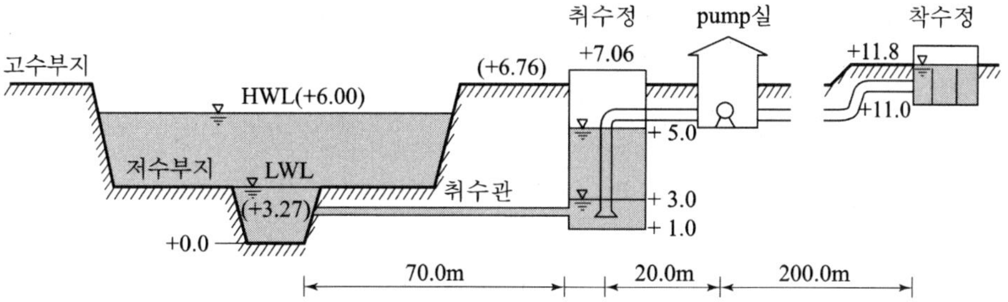

그림 1.24 취수설비의 설계 예

풀이 (1) 취수정

취수정에서의 체류시간을 10분으로 하면 정의 유효용적 $V=3.79\times 10=37.9\ \mathrm{m^3}$이다. 하천의 바닥면을 기준으로 하면, 하천의 저수위은 3.27 m이고, 취수정의 저면 높이를 하천 저수위보다 2.27 m 낮게 하면 취수정의 저면 높이는 $3.27-2.27=+1$ m이다.

취수정의 지상부 여유고를 30 cm로 하면 $6.76+0.30=+7.06$ m가 된다. 따라서 취수정의 높이는 $7.06-1.0=6.06$ m이다. 취수정 내의 수위를 LWL = +3 m, HWL = +5 m로 유지하고, 취수정의 평면적을 12 m^{2}로 하면 취수정 내에서 체류시간은 HWL 때 $[12\times(5.0-1.0)]/3.79 \fallingdotseq 13$분, LWL 때는 $[12\times(3.0-1.0)]/3.79 \fallingdotseq 6$분이다.

(2) 취수관의 직경

하천의 수위와 취수정의 수위 차는 $(6.0-5.0)=1.0$ m 또는 $(3.27-3.0)=0.27$ m이다. 취수관의 직경을 구하기 위해 Willian-Hazen 공식을 사용하기로 하면, 취수관의 직경은 $D=1.6258\,C^{-0.38}Q^{0.38}I^{-0.205}$이고, 이 식에 $Q=3.79\ \text{m}^3/\text{min}=0.0632\ \text{m}^3/\text{sec}$와 I는 최저 수위차 0.27 m를 적용하여, $I=0.27/70.0=0.00386$, $C=100$을 대입하거나 그림 1.21을 이용하면 $D≒310$ mm이다.

(3) 취수 pump

취수 pump는 흡입구의 유속을 2.0 m/sec로 잡으면 $D=146\sqrt{Q/V}=146\sqrt{3.79/2}$ 201 mm → 210 mm이다. 따라서 흡입관과 토출관의 내경을 210 mm로 하면, 관 내 유속은

$$V=\frac{Q}{\pi D^2/4}=\frac{3.79}{3.14\times 0.21^2/4}=109.48\ \text{m/min}=1.82\ \text{m/sec}$$이다.

한편 취수 pump의 설계에 있어 취수정의 LWL과 착수정의 HWL을 기준으로 하면 pump의 실양정은 $h_a=11.8-3.0=8.8$ m이고, 손실수두는 마찰손실[길이 $L=(11.0-3)+20+200=228.0$ m], 관굴곡에 의한 손실(90° 굴곡 3개소), 변손실(foot valve 1개, 역지 valve 1개, 제수변 1개), 유입과 유출에 의한 손실이다.

따라서 손실수두의 합 Σh는 다음과 같다.

마찰손실; $h_{fr}=f_{fr}\dfrac{L}{D}\dfrac{V^2}{2g}=0.03\dfrac{228.0}{0.21}\dfrac{1.82^2}{2\times 9.8}=0.03\times 1085.7\times 0.169=5.50\ \text{m}$

굴곡손실; $h_b=f_b\dfrac{V^2}{2g}=0.25\dfrac{1.82^2}{2\times 9.8}=0.04\ \text{m}$

변손실; $h_v=(f_{fv}+f_{cv}+f_{sv})\dfrac{V^2}{2g}=(1.5+1.0+0.6)\dfrac{1.82^2}{2\times 9.8}=0.52\ \text{m}$

유입손실; $h_{in}=f_{in}\dfrac{V^2}{2g}=0.5\dfrac{1.82^2}{2\times 9.8}=0.09\ \text{m}$

유출손실; $h_{out}=f_{out}\dfrac{V^2}{2g}=1.0\dfrac{1.82^2}{2\times 9.8}=0.17\ \text{m}$

$$H_t=h_a+\Sigma h=8.8+(5.50+0.04+0.52+0.09+0.17)=15.12\ \text{m}$$

Pump의 축동력 P와 모터의 소요출력 P_m은

$$P=\frac{9.8QH_t}{\eta_p}=\frac{9.8\times 0.0632\times 15.12}{0.8}=11.71\ \text{kW}\rightarrow 12\ \text{kW}$$

$$P_m=\frac{P(1+\alpha)}{\eta_m}=\frac{12(1+0.1)}{0.9}=14.67\ \text{kW}\rightarrow 15\ \text{kW}$$

1.6 정수

정수장에 도착한 원수는 혼화·침전·여과 등 다음 단계의 원활한 진행을 위해 먼저 수류를 안정시키고, 수량을 조절하며, 원수를 여과지에 균등하게 배분하고, 필요시 약품주입 등을 실시해야 하는데, 이러한 과정은 **착수정**(着水井)에서 이루어진다. 즉 착수정은 도수시설을 통해 유입된 원수가 정수장 시설 중 가장 처음 도착하는 곳으로 그 역할이 매우 중요하다.

원수의 성질에 따라 다르나 착수정을 통과한 원수는 이후 처리과정에서 제거해야 할 다종의 물질을 함유하는데, 이들 물질은 크게 부유물질과 용해물질로 대별할 수 있으며, 전자는 colloid 물질·세균·미생물·토사·유기 불순물 등이고, 후자는 철·망간, Ca 및 Mg 등의 염류, CO_2 및 H_2S 등과 기타 공장 폐수나 농약 등으로 오염된 용해 불순물이다. 이와 같이 처리대상이 되는 물질의 종류나 크기는 원수의 종류에 따라 다르고, 대상물질의 크기나 종류에 따라 정수법도 다르기 마련인데, 정수법을 결정하기 위해서는 ① 대상물질의 크기 ② 대상물질의 화학반응특성 ③ 대상물질의 농도 등을 고려해야 한다. 그림 1.25는 수중 물질의 크기를 나타낸 것이다.

일반적으로 부유물의 제거는 screening·침사·침전·여과가 유효한데, 이 중 특히 여과법은 침전하지 않는 미세한 부유물을 제거하는 데 일반적으로 가장 자주 사용되는 방법이다.

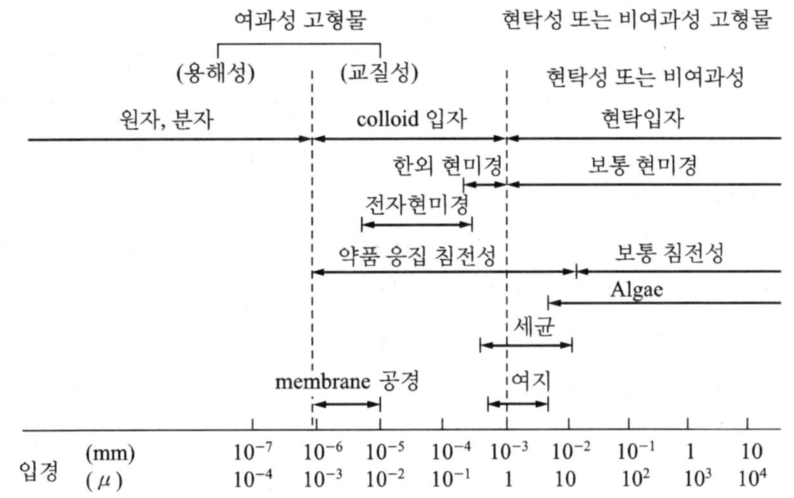

그림 1.25 수중 물질의 입자 크기

그러나 여과를 일정 시간 지속하면 여재가 폐색(閉塞)되어, 즉 여재의 공극이 막혀 여과를 지속할 수 없다. 따라서 작업을 일시 중단하고 여재를 세정 또는 교체하는 과정을 간헐적으로 시행하지 않으면 안 된다. 여기서 여재가 폐색될 때까지의 경과시간을 **여과지속시간**(filter run hour)이라 하며, 이 시간은 여액의 부유물 농도·형상·성질 등과 여재의 종류에 따라 달라진다.

여과에는 여재의 종류·여과속도 등에 따라 다양한 방법이 있는데, 예를 들어 규조토 등의 여과조제를 천(布) 등에 coating하고, 그 층에 여액을 통과시켜 부유물을 제거하는 **조제여과**(助劑濾過), 다공질의 도기나 금속망 또는 천 등을 이용하여 직접 여과를 행하는 **직접여과**가 있으며, 직접여과 중에는 대량의 원수 처리에 주로 사용되는 방법으로 여재로 모래를 사용하는 **완속여과**와 **급속여과** 등이 있다. 이 방법은 다시 여과 전에 원수 중의 현탁물을 침전시키기 위한 수단으로 약품의 사용여부 또는 여과속도 등에 따라 ① **보통침전 → 완속여과** ② **약품침전 → 급속여과**의 두 가지로 구분한다. 하지만 완속여과는 처리속도가 늦고 원수의 수질 요구도도 높기 때문에 현재 대규모 처리장에서 상수를 처리하는 방법으로는 주로 급속여과의 사용이 일반적이다.

1.6.1 모래여과

(1) 완속여과

이미 기술하였듯이 모래를 이용한 여과에는 완속여과와 급속여과가 있다. **완속여과**는 과거에 상수처리에 사용되던 방법으로 여과에 앞서 침전대상물질의 응집을 위해 별도의 약품(응집제)을 사용하지 않고 제거대상물질의 자중에 의해 침전을 유도하는데 이를 **보통침전**이라 하며, 원수의 부유물 농도가 낮거나 정수할 유량이 적을 경우에 후속하는 완속여과와 함께 사용한다. 그러나 미세한 부유물이나 colloid 물질은 보통침전으로는 거의 제거되지 않는다.

완속여과는 보통침전지를 통과한 원수를 10 m/day 이하의 낮은 속도로 사층에 통과시키는데, 이때 사층 표면에 생성되는 여과막을 이용하여 불순물을 제거하는 방법이다. 이 방법은 여과지속시간이 길어 여과막의 표면에 미생물이 번성하여 유기물의 생화학적 분해작용을 다소나마 기대할 수 있으며, 그에 따라 수중의 부유물은 물론 세균류·철·암모니아 등의 용해성 물질 또는 색·냄새·맛 등의 원인이 되는 미량의 유기물도 다소 제거된다. 하지만 이러한 장점과 달리 여과 속도를 크게 취할 수 없기 때문에 넓은 부지를 요하고, 원수의 수질이 악화될 경우 적응성이 적어 현재는 거의 사용되지 않는다.

(2) 급속여과

급속여과는 원수의 부유물 농도가 높거나 정수할 유량이 많은 경우, 부유물을 제거하기 위해 원수에 응집제를 투여하여 **약품침전**을 실시한 후 그 유출수를 100 m/day 이상의 여과속도로 단층(單層)의 모래 또는 모래와 활성탄 등 복수의 여재로 구성된, 즉 비중과 입경이 다른 여재를 2층 혹은 그 이상의 혼합층으로 된 여층을 통과시킨다. 이 방법은 상수도를 비롯하여 용·폐수처리에 널리 사용되는데, 상수에서는 주로 천연의 모래를 사용한다. 이때 모래의 입도는 여과수의 수질과 여과지속시간에 영향을 미치므로 이 두 가지의 조건을 만족시킬 수 있도록 입도를 경험적으로 정하고 있다. 그림 1.26은 보통침전지의 예이고, 그림 1.27은 여과지의 예이다. 그림 1.26에서 trough는 침전이 완료된 상징수를 유출시켜 수류의 침전지 체류시간을 증가시키기 위한 시설이다.

한편 급속여과는 중력식과 압력식으로 대별할 수 있는데, **중력식**은 지 내에 자유수면을 가지며 지 내 수위와 유출 수위의 차에 의해 여과가 진행된다. 이 방법은 여과지의 상부가 개방되어 있어 지의 상황을 관찰할 수 있고, 유지·관리가 쉬운 장점이 있다. 그림 1.28은 중력식 급속여과지의 대표적 예로 유입관을 통해 지 내로 유입된 원수는 여층을 하향으로, 즉 위에서 아래로 흐르고 집수장치와 여수관 및 여수로를 거쳐 유출한다. 여과시간이 길어져 여층이 현탁물로 폐색되면 여층 하부에서 압력수를 상향으로 분출시켜 여층을 세정하는데,

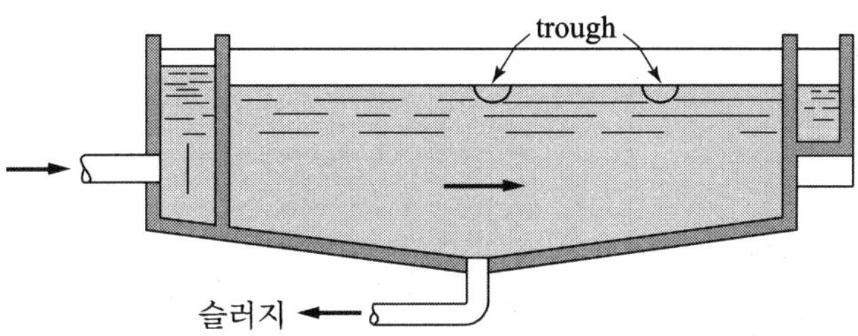

(a) 슬러지 수집기가 없는 경우

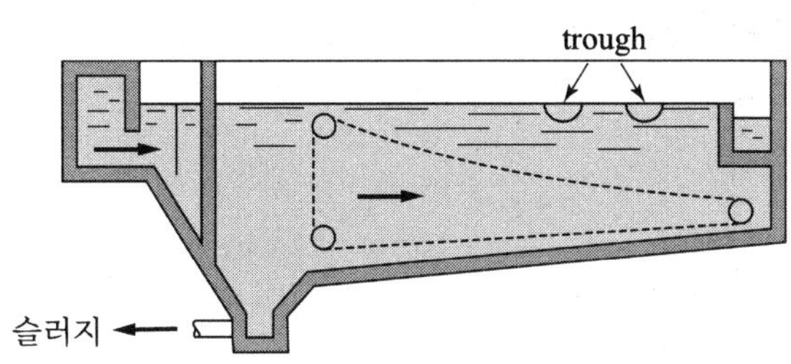

(b) 슬러지 수집기가 있는 경우

그림 1.26 보통침전지 단면도의 예

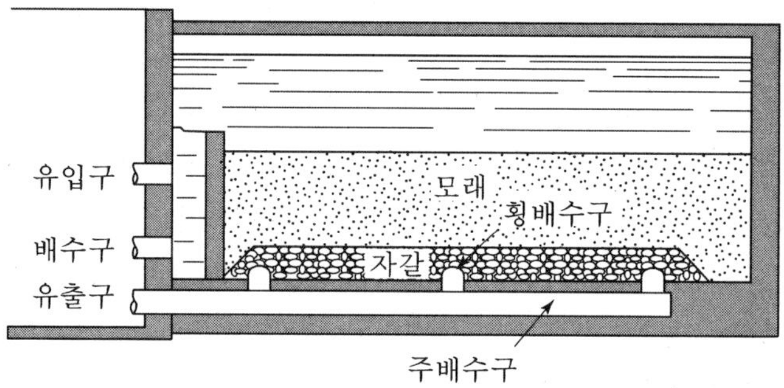

(a) 완속여과지

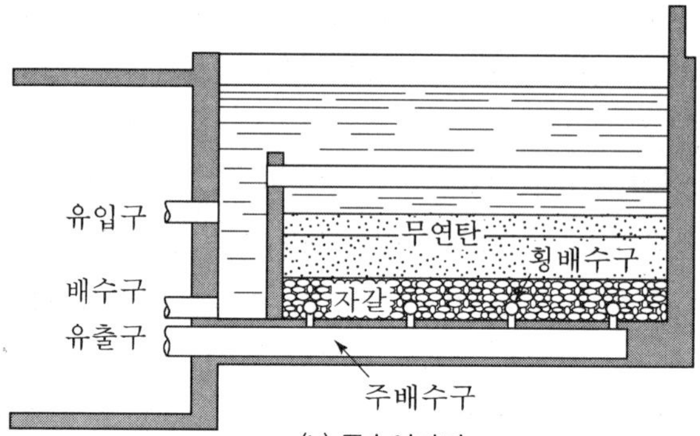

(b) 급속여과지

› 그림 1.27 여과지 단면도의 예

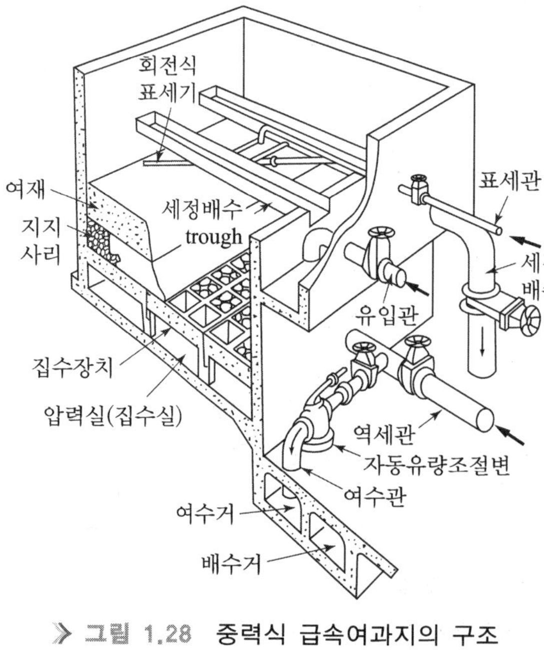

› 그림 1.28 중력식 급속여과지의 구조

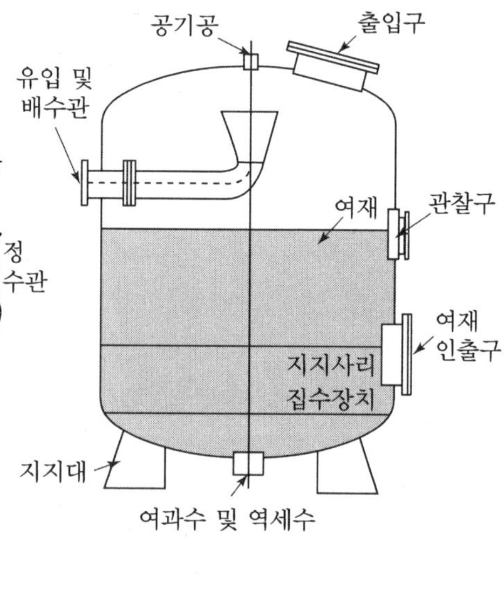

› 그림 1.29 압력식 급속여과지의 구조

이것을 **역세정**(back washing) 또는 역세척이라고 한다. 여과지의 각 부는 이상의 여과과정과 역세정과정을 행하기 위해 설치된다.

반면 **압력식**은 그림 1.29와 같이 밀폐 구조로 되어 있으며 밀폐 용기의 상면에 압력을 걸어 중력식과 달리 지 내 수위와 유출 수위의 차에 관계없이 여과저항이나 여과속도를 증가시킬 수 있는 장점이 있다. 하지만 내압을 이용하므로 인장강도가 큰 철판을 사용한다 하여도 지나치게 큰 장치는 제작하기 곤란하다. 따라서 형상은 주로 원통형이며 사설의 소규모 시설에 주로 사용된다.

1.6.2 여과사

(1) 여과사의 입도

여과사의 입도는 여과의 효율과 직접 관계된다. 즉 세립일수록 효율은 좋지만 손실수두가 커져 여과지속시간이 짧아진다. 따라서 여과사의 입도는 효율과 여과지속시간을 고려하여 적절한 범위 내에 들도록 하여야 하는데, 이때 여과사의 입도를 표시하는 방법에는 **유효경**(effective size)과 **균등계수**(uniformity size)가 있다.

유효경과 균등계수를 구하기 위해서는 체분석을 실시해야 하는데, 모래를 표준체로 체분석하여 각각의 체에 남는 모래의 중량을 재고, 각각의 중량을 작은 입경부터 누가한 값을 전체 중량으로 나누어 누가 치의 백분율을 구한다. 이 값은 각 체의 통과율이며, 이때 통과율을 종축으로 체눈의 크기를 횡축으로 표시한 좌표에 나타내면 그림 1.31과 같은 **입경가적곡선**(粒徑加積曲線)을 얻을 수 있다.

이 곡선에서 누적통과율 10%에 해당하는 입경을 유효경이라 하고, 누적통과율 60%에 해당하는 입경을 유효경으로 나눈 값을 균등계수라 한다. 즉 균등계수가 1인 것은 전 입자의 크기가 같다는 것을 의미한다. 따라서 유효경이 작을수록, 즉 세립일수록 세균이나 부유물의 제거효과가 뛰어나지만, 폐색이 잘 일어나고 균등계수가 클수록 소립과 대립의 혼합비가 크며, 소립이 대립의 공간에 들어가므로 모래의 공극률이 작아지고 여과의 저항이 증가하여 제거효율이 상승한다.

일반적으로 완속여과에서는 유효경이 0.3～0.45 mm, 최대경이 2 mm 이하, 균등계수는 2.0 이하인 여과사를 사용하고, 급속여과에서는 최소경 0.3 mm 이상, 최대경 2.0 mm 이하, 유효경 0.45～0.7 mm, 균등계수는 1.7 이하인 여과사를 사용한다.

(2) 여과기능

입상층 여과에서는 여재의 공극에 비해 훨씬 작은 현탁 미세입자가 여재의 공극에 억류되는데, 이와 같은 현상은 생물작용 또는 응집 floc의 점성 등으로 여재 표면에 입자가 부착되어 공극이 점차 작아지기 때문이며, 그 결과 여과가 진행됨에 따라 더욱 작은 입자를 걸러낼 수 있게 된다.

완속여과에서는 현탁물질이 주로 여층의 표면에 억류되는 **표면여과형**인데, 여과의 진행에 따른 손실수두의 변화는 그림 1.30(a)와 같다. 이와 달리 급속여과에서는 표면여과가 이루어지지만 모래 입자가 크고 균등계수가 작아서 체거름 작용이 상대적으로 적고 현탁물질이 층 내부에 침투하여 억류되는 **내부여과형**이다. 이때 여과시간의 경과에 따른 손실수두의 변화는 그림 1.30(b)와 같다.

급속여과에서 여과기능이 발휘되기 위해서는 부유물이 항상 응집하여 floc을 형성해야 하는데, 응집이 양호하면 virus와 같이 극미한 입자도 상당히 제거된다. 하지만 응집하지 않은 입자는 여과층을 쉽게 통과하여 유출된다.

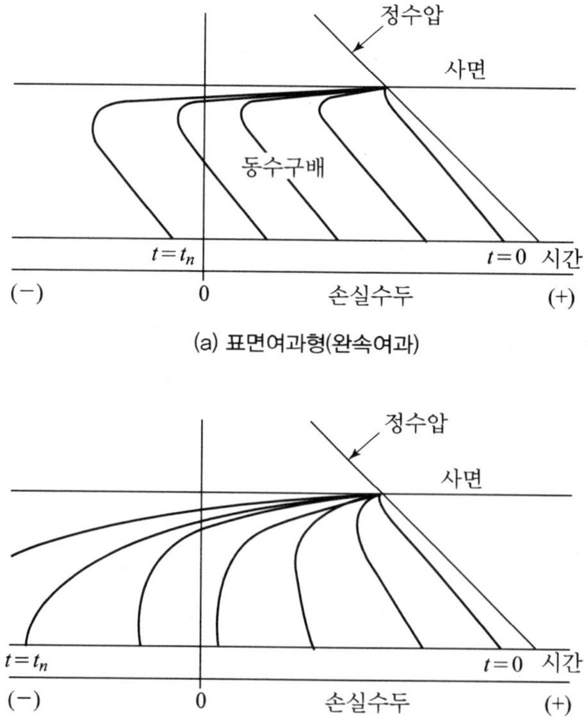

(a) 표면여과형(완속여과)

(b) 내부여과형(급속여과)

》 그림 1.30 모래층 내 수압의 경시변화

한편 급속여과에서는 여과가 어느 정도 진행되면 사층 내에 부수압(負水壓)이 발생하고 더욱더 진행되면 부수압의 범위가 확대되어 결국 전 사층에 부수압이 걸리게 된다. 이때 수중에 용존한 공기가 기포로 석출(析出)되어 사층의 공극에 남게 되는데, 이것을 air binding이라 한다. 이 현상이 발생하면 사층 내 미세한 모관의 일부가 폐색되거나 모관의 단면이 작아져 모관 내의 유속이 증가하며, 증가한 유속이 어느 한계를 넘으면 여재 표면에 부착된 물질이 세류(洗流)되고, 결국 사층 내에 억류되어 있던 floc이 파괴되어 유출되는데, 이것을 **탁질누출현상**(break through)이라 한다.

하지만 급속여과에서는 탁질누출현상이 발생하기 전에 어느 정도 부수압이 허용되는데, 그것은 floc의 강도와 부착력이 어느 정도의 유속까지 탁질의 누출을 억제하기 때문이다. 따라서 응집효율이 좋은 고분자응집제를 사용하면 floc의 강도와 부착력이 향상되어 탁질누출현상을 보다 효과적으로 억제할 수 있다.

한편 완속여과 시 용해성 유기물이나 철·망간과 같은 용해성 물질은 생물반응에 의해 다소 제거되는 효과가 있으나, 급속여과 시 용해물질은 거의 제거되지 않는다. 따라서 급속여과에 의한 상수처리 시 철·망간과 같은 용해성 물질을 제거하기 위해서는 여과에 앞서 이들 물질을 산화시켜 불용성 물질로 변화시킨 후 침전·제거해야 하는데, 이와 같은 목적으로 여과 전에 염소와 같은 산화제를 투입하는 것을 **전염소처리**라 한다. 전염소처리는 철이나 망간 외에도 조류의 사멸이나 BOD 제거를 목적으로 시행하기도 한다. 그 외에 용해성 물질 중에는 음이온 활성제(ABS; alkyl benzene sulfonate)나 맛 또는 냄새를 발하는 물질 등이 있으며, 이것들은 오존을 이용한 산화 또는 활성탄의 흡착력을 이용하여 제거하는 경우도 있다.

예제 1.13 여과사를 체분석하여 다음 표 1.10과 같은 결과를 얻었다. 이 여과사의 유효경과 균등계수를 구하라.

■ **표 1.10** 모래의 체분석 결과

체눈 (mm)	0.105	0.149	0.210	0.297	0.42	0.59	0.84	1.19	1.68	2.38	3.00
누적통과율 (%)	1.2	2.0	3.0	4.6	8.0	17.5	56.0	71.5	84.5	95.0	100.0

풀이 표 1.10을 이용하여 입경가적곡선을 그리면 그림 1.31과 같다.

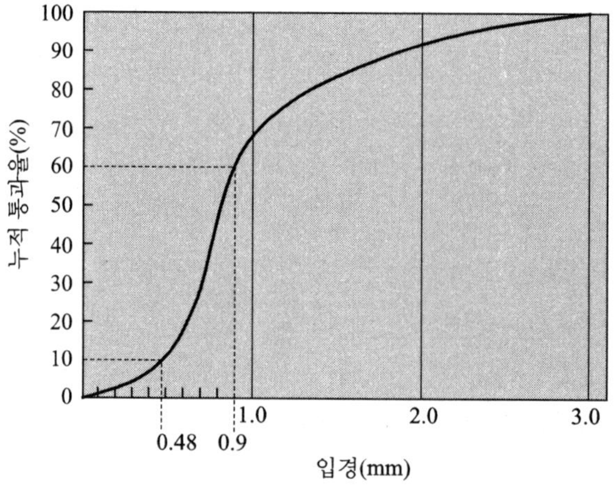

》 그림 1.31 입경가적곡선

유효경은 누적통과율 10 %에 해당하는 입경으로 0.48 mm이다. 한편 **균등계수**는 (누적통과율 60 %에 해당하는 입경/유효경)이므로,

$$\text{균등계수} = \frac{0.9}{0.48} = 1.88\text{이다.}$$

예제 1.14 다음과 같은 조건이 주어진 경우, 급속여과지의 크기를 정하라.
처리 수량 50,000 m^3/day, 여과 속도 180 m/day, 지 수 8개(예비지 없음)

풀이 $\text{필요 여과지 면적} = \frac{50{,}000}{180 \times 8} = 34.7\ m^2$

따라서 여과지의 크기는 5.9 m × 5.9 m, 또는 4.2 m × 8.4 m 등 부지의 형태나 세정장치의 형식 등을 고려하여 정한다. 여기서 **세정장치**란 역세정에 앞서 물을 여과층 표면에 분사하여 mud ball의 원인이 되는 사층 표면의 이상층(泥狀層)을 파쇄하기 위한 분사장치이다.
주의) 고정식 세정장치를 채용하는 경우 여과지의 가로·세로의 비는 제한이 없다. 그러나 회전식 표면세정장치를 채용하는 경우에는 여과지의 가로·세로의 비가 1 : 1, 1 : 2, 1 : 3 또는 2 : 3과 같이 정수비로 하여 세정장치의 설치를 용이하게 할 필요가 있다.

예제 1.15 예제 1.14에서 여과지의 크기를 5.9 m × 5.9 m로 했을 경우, 역세유량 및 표면세정유량을 구하라. (단, 역세속도는 0.60 m/min, 세정유속은 0.05 m/min이다.) 또 전체 여과지를 1일 1회씩 세정한다면 세정에 요구되는 수량은 얼마인가? (세정 시간은 10분으로 한다.)

풀이 세정유량 = 5.9×5.9×0.6 = 20.9 m^3/day이고, 표면세정을 위한 유량 = 5.9×5.9×0.05 = 1.7 m^3/min이다.

따라서 전체 필요유량 = (20.9 + 1.7)×8×10 = 1,810 m^3/day이고, 이것은 전체 여과수량 50,000 m^3/day의 3.6 %에 해당한다.

1.6.3 여과수의 소독

여과지를 통과한 후에도 정수에는 인간의 건강을 위협하는 세균 등이 존재하는데, 이들 세균은 정수장의 최종 처리과정에서 염소계 소독제{염소, 차아염소산나트륨(NaClO), 차아염소산칼슘[$Ca(ClO)_2$]}·오존 또는 자외선 등을 이용하여 사멸시킨다. 이 중 오존과 염소를 이용하는 경우에 대해 살펴보면 다음과 같다.

(1) 오존처리

오존은 고가이고 복잡한 오존발생장치가 필요하다. 하지만 오존은 천연물질 중 불소 다음으로 강한 산화력을 갖고 있어 살균·탈색·탈취·탈미·제철·제망간·시안화합물과 페놀류의 분해제거·ABS 등에 의해 발생하는 거품의 제거·BOD와 COD의 제거·기타 유해 유기물질의 무해화 등의 효과가 타 산화제에 비해 매우 강력하다. 그 외에도 오존의 장점으로는 공기만 있으면 오존발생기를 이용하여 수시로 필요한 양의 오존을 용이하게 발생시킬 수 있어 운송이나 저장의 필요성이 없고, 또한 오존은 수중에서 단시간에 자기분해하여 산소를 방출하므로 과잉 첨가에 의한 2차 오염의 우려도 없다. 하지만 이러한 장점은 동시에 단점으로 작용하는데, 상수의 경우 송수과정에서 오염을 방지하기 위해서는 오존은 잔류성이 없음으로 소독제의 잔류를 위해 재차 염소처리를 실시해야 한다. 오존의 몇 가지 산화반응을 예로 나타내면 다음과 같다.

$$Mn^{2+} + O_3 + H_2O \rightarrow H_2MnO_3\downarrow + O_2 + 2H^+ \quad (1.40)$$

$$H_2S + O_3 \rightarrow H_2O + S + O_2 \quad (1.41)$$

$$3H_2S + 4O_3 \rightarrow 3H_2SO_4 \quad (1.42)$$

$$CN^- + O_3 \rightarrow OCN^- + O_2 \quad (1.43)$$

$$OCN^- + 2H^+ + H_2O \rightarrow CO_2 + NH_4^+ \quad (1.44)$$

$$NH_2CONH_2 + O_3 \rightarrow N_2 + CO_2 + 2H_2O \quad (1.45)$$

(2) 염소소독

염소는 오존보다 산화력은 떨어지지만 염가이므로 예로부터 수처리 시 산화제로 자주 쓰이고 있는데, 다음 식과 같이 수중에서 가수분해하여 차아염소산과 염산이 생기고, 이때 pH가 저하한다.

$$Cl_2 + H_2O \rightleftharpoons HOCl + H^+ + Cl^- \qquad (1.46)$$

상기의 반응은 묽은 용액이고 pH가 4 이상인 경우 평형은 우측으로 크게 진행되는데, 이때 Cl_2는 용액 중에 극히 소량 존재한다. 형성된 차아염소산은 다시 차아염소산이온(OCl^-)을 생성한다. 이때 이들 물질 간의 평형상태는 pH와 수온의 영향을 받는데, pH가 2 이하인 경우에는 Cl_2로 존재하며, pH 3～6인 경우 HOCl이 많고, pH 7 이상에서는 OCl^-이 많이 존재한다. 이와 같이 수중에 염소를 가할 때 발생하는 HOCl과 OCl^-을 **유리염소**(free chlorite)라 하고, 이들 물질은 소독효과를 나타내는데 소독효과는 HOCl이 OCl^-에 비해 약 100배 정도 강하다.

$$HOCl \rightleftharpoons H^+ + OCl^- \qquad (1.47)$$

$$\frac{[H^+][OCl^-]}{[HOCl]} = 2.7 \times 10^{-8} \quad (20℃ \text{ 때}) \qquad (1.48)$$

한편 염소는 압축하여 액체 상태로 보관되는데, 보관 시 가스 누출의 위험이 있고, 소독설비도 복잡하여 소규모 처리장에서는 **차아염소산염**, 즉 NaClO 또는 $Ca(ClO)_2$의 형태로 사용되기도 한다. 이 중에서도 주로 과립·태블릿(tablet) 또는 펠릿(pellet) 형태로 개발된 $Ca(ClO)_2$이 주로 사용된다. 차아염소산칼슘은 오래전부터 소독제로 흔히 사용되어온 **표백분**이라고 하는 것으로 소석회에 염소가스를 흡입시켜 만드는데, 물에 녹으면 이온화하여 차아염소산 이온을 만든다.

$$Ca(ClO)_2 \rightarrow Ca^{2+} + 2OCl^- \qquad (1.49)$$

이상과 같이 염소는 유리염소이든 차아염소산의 형태이든 상·하수 처리에 있어 유력한 산화제로 작용하는데, 수중에 존재하는 물질에 따라서는 살균작용에 소요되는 염소의 양이 증가하거나 불필요한 소독부산물을 발생시키기도 한다.

예를 들어 황화수소(H_2S)는 다음과 같이 환원제로 작용하여 살균에 필요한 염소의 소비량을 증가시키는데, 수중의 Fe^{2+}·Mn^{2+}·NO_2^- 등은 황화수소와 마찬가지로 환원제로 작용한다.

$$H_2S + 4Cl_2 + 4H_2O \rightarrow H_2SO_4 + 8HCl \tag{1.50}$$

한편 수중에 phenol류가 존재할 경우 염소는 이들 물질과 반응하여 불쾌한 냄새나 맛을 주는 mono-, di-, tri-chlorophenol을 생성한다.

또한 암모니아는 염소나 차아염소산과 반응하여 mono-, di-, tri-chloramine을 형성하는데, 이들 물질은 유리염소와 마찬가지로 소독효과를 나타낸다. 따라서 클로라민은 소독효과가 있는 잔류염소로 취급되며, 이를 **결합잔류염소**(combined chlorine residual)라 한다. 한편 투입된 염소 중 수중의 여러 가지 불순물과의 반응에 소비된 양 이상의 염소는 처리수 중에 유리상태, 즉 Cl_2, HOCl, OCl^-로 남게 되는데, 이들 물질을 **유리잔류염소**(free chlorine residual)라 한다.

암모니아와 염소가 반응하여 클로라민을 형성하는 과정과 형성되는 클로라민은 다음과 같다.

모노클로라민 ; $NH_3 + HOCl \rightarrow NH_2Cl + H_2O$ (1.51)

다이클로라민 ; $NH_2Cl + 2HOCl \rightarrow NHCl_2 + H_2O$ (1.52)

트라이클로라민 ; $NHCl_2 + 3HOCl \rightarrow NCl_3 + H_2O$ (1.53)

이미 기술하였듯이 상수도의 정수과정에서는 살균의 목적 외에 원수 중 BOD의 제거, 조류의 사멸, 철이나 망간의 산화 등을 목적으로 여과 전에 염소를 투입하기도 하는데, 이에 반해 살균을 목적으로 여과 후에 염소를 투입하는 것을 **후염소처리**라 한다. 흔히 염소처리란 이 후염소처리를 의미한다.

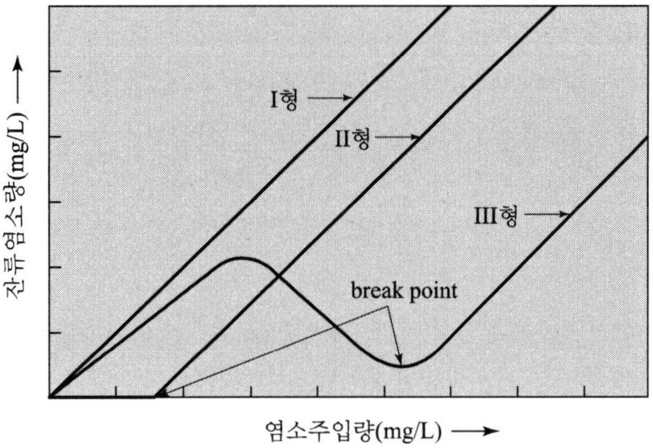

그림 1.32 잔류염소곡선

그림 1.32는 수질에 따라 총 잔류염소 농도의 변화를 나타낸 것인데, Ⅰ형의 경우는 수중에 염소와 반응할 물질이 전혀 없어 주입된 염소가 모두 잔류염소로 나타나는 경우이고, Ⅱ형의 경우는 염소가 수중의 제1철염 또는 아질산염 등과 반응하여 계속 소비된 후 이후 주입된 염소가 모두 유리잔류염소로 나타나는 경우이며, Ⅲ형의 경우는 수중에 암모니아가 염소주입량의 증가에 따라 결합잔류염소인 클로라민을 형성하다가 다시 파괴되어 질소나 이산화질소 가스로 분해되고 이후 임계점 이상 주입된 염소가 유리잔류염소로 남게 되는 경우이다.

상기의 임계점을 **불연속점** 또는 파괴점(break point)이라 하며, 불연속점까지 주입된 염소량을 **염소요구량**이라 한다. 상수 소독 시에는 염소요구량 이상으로 염소를 주입하여 살균하는데, 그것은 염소요구량 이상의 염소가 가해질 때까지 살균작용이 일어나지 않는 경우가 있으며, 또한 정수가 공급되는 과정에서 오염되는 것을 미연에 방지하여 상수의 안전성을 확보하기 위한 것이다. 이와 같이 불연속점 이상으로 염소를 주입·처리하는 것을 **불연속점 염소처리**(break point chlorination)라 한다. 따라서 이때 수중 **잔류염소량**은 **염소주입량－염소요구량**이다.

참고로 말단 급수전에서 유리잔류염소의 농도 기준치는 정상시 0.2 mg/L 이상이며, 수인성 전염병이 유행하거나 단수 후 급수를 개시할 경우 또는 원수의 수질 악화나 정수작업의 이상 등 비상시에는 유리잔류염소의 농도를 0.4 mg/L 이상으로 유지해야 한다.

한편 염소처리 시 주의해야 할 사항은 전염소처리 시 염소의 주입량은 불연속점을 넘지 않도록 해야 하는데, 그 이유는 유리염소 중 HOCl이 수중의 humic acid나 fulvic acid와 같은 전구물질과 반응하여 trihalomethane(THM)이란 발암물질을 생성하기 때문이다. THM 중 대표적인 물질은 chloroform(trichloromethane, $CHCl_3$), bromodichloromethane($CHCl_2Br$), dibromo-dichloromethane(CCl_2Br_2), bromoform($CHBr_3$) 등이 있다.

참고로 humic acid와 fulvic acid는 토양에 포함되어 있는 부식질 중 용제에 의해 제거되지 않고 남아 있는 암갈색 혹은 흑색 산성유기물의 일종이다.

이상과 같이 정수장에서는 침전 → 여과 → 소독의 수순으로 정수가 진행되는데, 그림 1.33은 약품응집 → 침전 → 여과 → 염소소독 → 정수조 등으로 이루어진 급속여과 시의 정수공정을 표시한 것이다.

참고로 정수조는 정전 등 불의의 사고에 대비하고, 염소소독의 효과를 증진시킬 수 있으며, 정수장 내에서 필요한 용수를 공급한다. 또한 정수지는 정수장의 위치에 따라 배수지를 대신할 수도 있다.

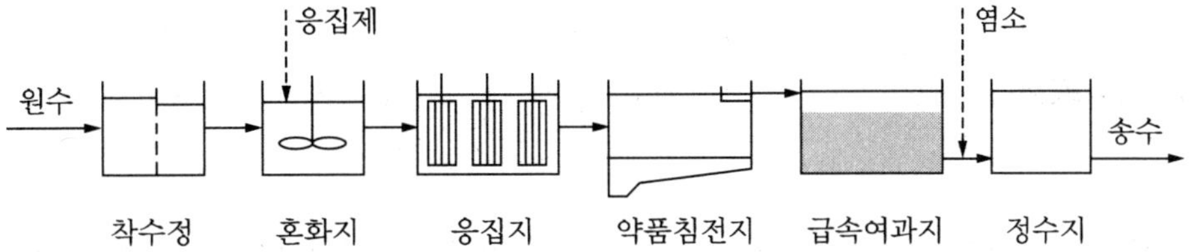

》 그림 1.33 급속여과에 의한 정수공정의 예

예제 1.16 여과수에 염소를 투입하면서 잔류염소의 양을 측정하여 표 1.11과 같은 결과를 얻었다. break point(불연속점)를 구하라. 그리고 불연속점 염소처리를 할 경우 정수량이 50,000 m^3/day인 경우 염소주입시설을 설계하라. (단, 염소 보유량은 10일 분으로 한다.)

■ 표 1.11

염소주입 (mg/L)	1	2	3	4	5	6	7	8
잔류염소 (mg/L)	0.7	1.3	1.7	1.4	0.7	1.3	2.2	3.2

풀이 횡축에 주입 염소량, 종축에 잔류염소량을 표시하면 불연속점은 5 mg/L이다. 하지만 잔류염소를 고려하여 주입량을 5.5 mg/L로 결정하면, 평균 일 주입량은

$$평균주입량 = 50{,}000 \times 5.5 \times 10^{-3} = 275 \text{ kg/day}$$

따라서 염소주입시설은 다음과 같다.

저류 탱크; $275 \text{ kg/day} \times 10 \text{ day} = 2{,}750 \text{ kg} \rightarrow 1 \text{ ton}$ 탱크 3개
기화기 용량; $275 \text{ kg/day} \div \text{day}/24 \text{ hr} = 11.5 \fallingdotseq 15 \text{ kg/hr}$

주) 염소주입기에는 염소가 gas 상태로 공급되어야 한다. 주입 액체염소가 소량일 경우 실온에서도 gas화 하지만 어느 정도 이상이면 기화기를 써서 강제적으로 기화시켜야 한다.

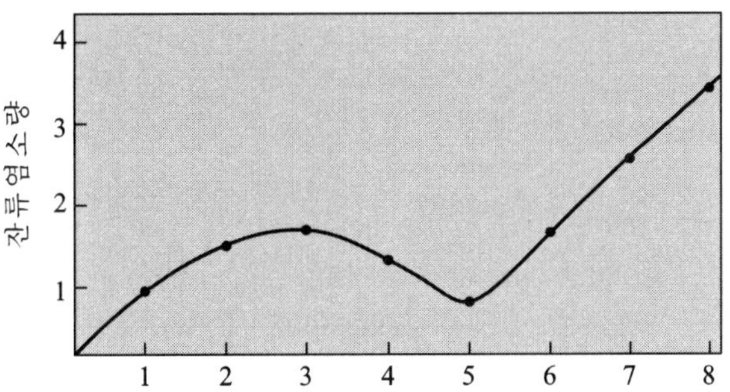

》 그림 1.34 잔류염소곡선

1.7 급배수

일반적으로 급배수는 높은 장소에 배수지를 축조하여 정수를 일단 배수지에 저류하였다가 자연유하식으로 배수본관을 통해 망상(網狀) 또는 수지상(樹枝狀)으로 포설된 배수지관에 공급하고 다시 여기서 분지된 급수관을 거쳐 상수가 수요자에게 공급되는 구조이다.

정수시설이나 도·송수시설이 연중 최고의 수요를 나타내는 날의 수요를 충족시킬 수 있는 규모인데 반해 급배수시설은 일중 최고의 수요를 나타내는 시간대의 수요를 충족시켜야 한다. 따라서 급배수시설은 시간평균수요를 초과하는 수요에 대처해야 하는데, 이것이 배수지의 필요성이다.

배수지는 배수관의 관 연장을 고려할 때 수요지의 중심부에 위치시키는 것이 유리하지만 토지 가격이나 도시의 구조 등을 고려하여 일반적으로 도시 근교의 고지에 설치하는데, 이때 지형상으로 도시 근교에 높은 장소가 없을 경우에는 배수지 대신 배수탑을 설치하거나 정수지에서 pump를 이용하여 배수관에 상수를 직송하는 pump 가압식이 불가피하다. 불가피하게 pump 가압식을 채용하는 경우에는 정전이나 pump의 고장 등 비상시에 대비해야 한다. 그림 1.35는 급배수시설의 배치 예를 보인 것이다.

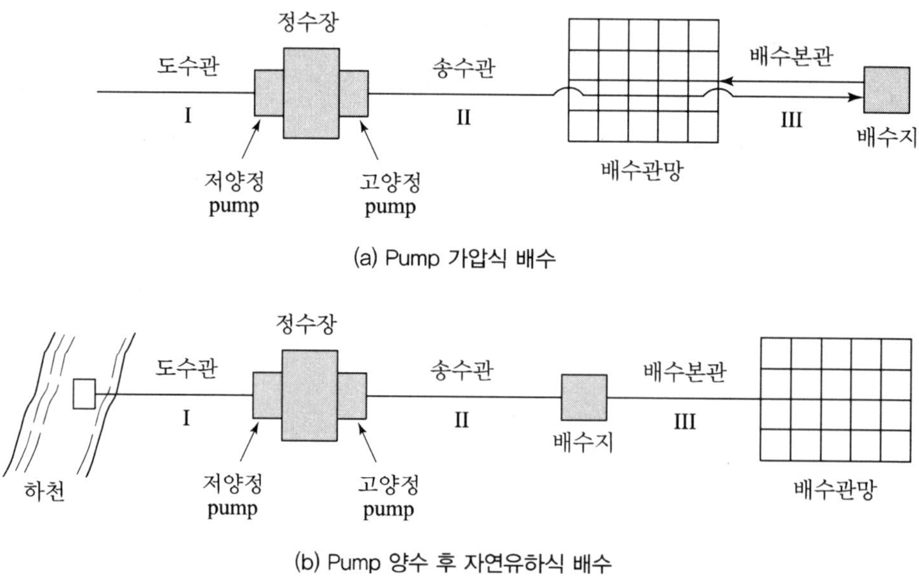

그림 1.35 급배수 시설의 배치 예

한편 배수관의 배치방식, 즉 관망(pipe net work)에는 **망목식**(격자식, gridron system)과 **수지상식**(branching system)의 두 가지가 있는데, 여기서 망목식이란 그림 1.36(b)와 같이 관을 그물눈처럼 서로 연결하는 것으로 인구가 밀집된 지역에 주로 채용하는 방식으로 물이 정체하지 않고 수압도 유지하기 쉬우며, 특히 화재 시 유리하다.

한편 수지상식은 인구가 비교적 적고 산재한 지역에 적합한 방식으로 관이 서로 연결되지 않고 나뭇가지 형상으로 설치되어 말단으로 갈수록 가늘어지고 수량을 서로 보충할 수 없다.

따라서 수압의 저하가 현저하고 화재 시 불리하다. 결국 관경이 커야 하므로 비경제적이며, 또 관 말단에 물이 정체하여 오염될 수 있음으로 가끔 소화전을 열어 방수해야 한다. 그러나 수리계산은 간단하다. 그림 1.36은 배수관의 배치방식을 나타낸 것이다.

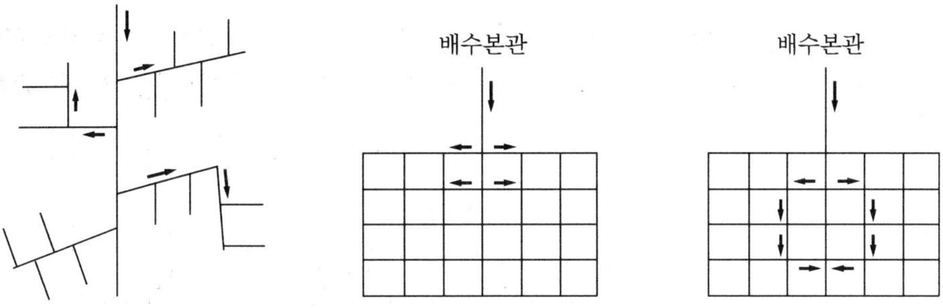

(a) 수지상식 (b) 망목식 (c) 망목식(순환배수본관)

≫ 그림 1.36 배수관의 배치방식

급수관은 공도 하에 포설된 배수지관에서 분지하여 각 수요자의 수도꼭지에 도달되는 관을 말한다. 배수지관에 급수관을 연결할 때에는 먼저 분수전을 단 후 그림 1.37과 같이 분수전에 급수관 및 각 가정의 수전에 이르기까지 모든 부속시설을 설치한 후 분수전을 열어 개통한다. 여기서 **분수전**이란 배수지관에서 급수관을 분지할 경우 지관의 두께를 증가시켜 시공을 편리하고 연결을 안전하게 할 수 있도록 지관에 덧대는 강(판재)의 시설을 말한다. 한편 급수관의 개폐는 일반적으로 각 호에 가까운 도로 하에 설치된 **지수전**(stop cock)을 이용한다. 그림 1.37은 가정급수장치의 일반적 예이다.

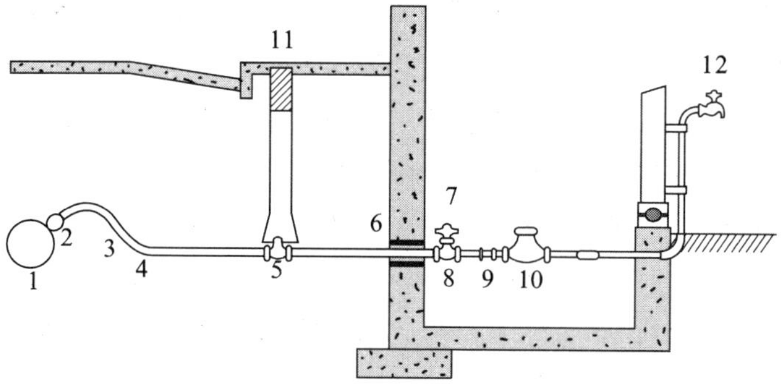

» 그림 1.37 급수장치

예제 1.17 다음 그림 1.38과 같이 시간당 급수량의 변화가 있는 유사 도시를 참고하여 계획 급수인구 150,000명, 1인1일 최대급수량 300 L인 신설 수도의 배수지 용량을 결정하라.

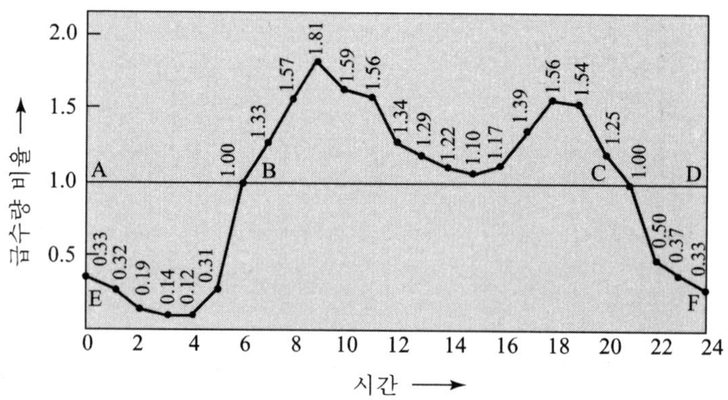

» 그림 1.38 급수량의 시간변화곡선

풀이 그림에서 AD는 평균시간급수량(1.0)이므로, BC 상의 면적, 즉 급수량 비율이 1.0 이상인 면적은 (AEB + CDF)이고, 이 면적은 전체 면적에 대해 5.72/24 정도이다. 따라서 일중 5.72시간 동안은 시간평균수요를 초과하므로 배수지는 1일 최대급수량의 최소 6시간분 정도의 용량이 필요하다.

계획1일 최대급수량 = 150,000인×300 L = 45,000 m^3/day이므로, 배수지 용량은 45,000×6/24 = 11,250m^3이다.

예제 1.18 그림 1.39와 같은 수지상식 배관에서 b점의 압력수두를 구하라. (단, 시간최대급수량은 250 L/인·일, 각 점의 표고 및 구간의 인구와 관경은 표 1.12와 같고, 관의 조도계수는 0.013이다.)

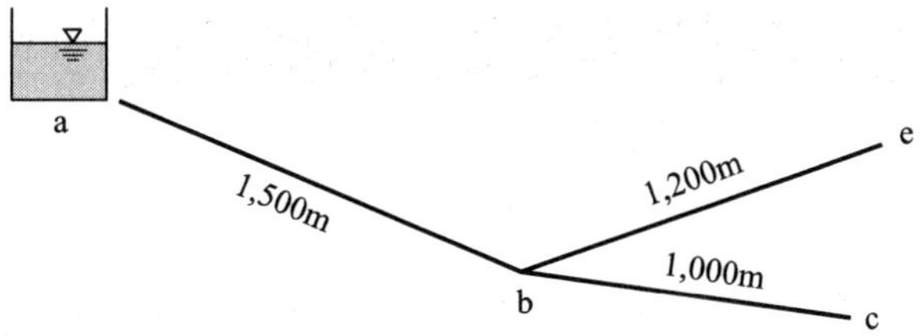

》 그림 1.39 배관도

■ 표 1.12 지반고 및 구간 인구

지 점	구 간	표 고 (m)	인 구	관 경 (mm)
배수지의 저수위	a~b	+45.0	0	350
b의 관 중심점	b~e	+20.0	12,000	300
e의 관 중심점	b~c	+25.0	8,000	250
c의 관 중심점		+20.0		

풀이 먼저 a~b구간을 대상으로 베르뉴이 식을 적용하면

$$\frac{v_a^2}{2g}+\frac{p_a}{\omega}+z_a=\frac{v_b^2}{2g}+\frac{p_b}{\omega}+z_b+h_l$$

위 식에서 $v_a=0,\ p_a=0,\ z_a-z_b=25.0$ m이다.

한편 손실수두 $h_{l_1}=f_1\dfrac{l_1}{D_1}\dfrac{v_b^2}{2g}$이고,

여기서, $f_1=\dfrac{124.6n^2}{\sqrt[3]{D}}=\dfrac{124.6\times0.013^2}{\sqrt[3]{0.35}}=0.0298$

$$Q_1=250\ \text{L/인}\cdot\text{일}\times(12{,}000+8{,}000)\text{인}=5{,}000\ \text{m}^3/\text{day}=0.058\ \text{m}^3/\text{sec}$$

$$A_1=\frac{\pi D_1^2}{4}=\frac{\pi\times0.35^2}{4}=0.096\ \text{m}^2$$

$$\therefore\ v_b=Q_1/A_1=\frac{0.058}{0.096}=0.604\ \text{m/sec}$$

$$\therefore\ h_{l_1}=0.0298\times\frac{1{,}500}{0.35}\frac{0.604^2}{2\times9.8}=2.38\ \text{m}$$

따라서 식 $\dfrac{v_a^2}{2g}+\dfrac{p_a}{\omega}+z_a=\dfrac{v_b^2}{2g}+\dfrac{p_b}{\omega}+z_b+h_l$에 각 결과를 대입하면

$$0+0+45.0=\frac{0.604^2}{2\times9.8}+\frac{p_b}{\omega}(=h_b)+20.0+2.38$$

$h_b=22.6$ m이다.

Chapter 1 연습문제

1. 상수도를 구성하는 4가지 구성요소를 열거하고 각각에 대해 간단히 설명하라.

2. 인구추정공식을 열거하고 각 공식의 적용 및 특징을 기술하라.

3. 다음 표에 주어진 도시의 상수도의 계획급수량을 정하는 요령을 기술하라. (단, 목표연도는 2020년으로 하고, 장래인구 추정은 추세를 고려하여 정하며, 목표연도의 계획급수보급률은 95%로 한다.)

■ 표 1.13 인구추세

년도	2001	2002	2003	2004	2005	2006	2007	2008	2009	2010
인구	101,492	102,787	101,859	103,365	104,204	105,043	105,861	107,381	107,448	108,243

4. 취수방법을 열거하고 각 방법의 적용 및 장단점에 대해 기술하라.

5. 하천의 월평균유량과 계획취수량은 다음 표와 같다. 저수지의 최소유효용량을 결정하라.

■ 표 1.14 월평균 유출량과 월별 소요취수량

월	1	2	3	4	5	6	7	8	9	10	11	12
유량 Q (만 m^3/월)	5	4	2	3	4	15	10	6	2	1	6	8
소요취수량 D (만 m^3/월)	4.3	4.3	4.4	4.4	4.4	4.5	4.5	4.6	4.5	4.4	4.4	4.3

6. 취수지점에서 정수장의 착수정 간의 이격거리는 1,000 m이고, 평균 구배는 1/1,000이다. 일당 10 m^3의 물을 공급하고자 할 경우 Manning 공식을 이용하여 도수관의 관경을 구하라. (단, 조도계수 0.013, 관의 마찰손실계수는 0.03이고 기타 손실은 무시한다.)

힌트) 실제 구배를 이용하여 관경과 유속을 구한 후 그 유속에 해당하는 마찰손실수두를 고려한 가상의 구배를 구하고 유량공식에 다시 대입한다.

7. 착수정이란 무엇이며, 어떤 가능을 가지는가?

8. 완속여과와 급속여과의 장단점을 기술하라.

9. 탁질누출현상과 그 방지책에 대해 설명하라.

10. 전염소처리의 목적은 무엇인가?

11. 불연속점 염소처리에 대해 설명하라.

12. 소독 시 염소처리와 오존처리의 장단점에 대해 기술하라.

13. 정수장의 정수지의 역할에 대해 기술하라.

14. 배수관의 배치방법과 각각의 장단점을 기술하라.

15. 분수전이란 무엇인가?

Chapter 2

하수도

2.1 하수도의 구성

상수 및 공업용수 등으로 사용된 물은 많은 유기 및 무기의 오염물질과 세균 등을 함유할 뿐만 아니라 높은 온도와 나쁜 맛과 냄새 그리고 색 등 각종의 오염물질을 함유하고 있다.

이와 같이 사용 후 오염된 물을 **오수**라 하고 여기에 **우수**를 포함하여 상수와 반대의 개념으로 하수라 하는데, 하수는 도시의 미관과 위생 및 침수 방지 등 도시 환경의 개선을 위하여 우리 생활 주변으로부터 신속히 수집·유송·처리·처분하는 것이 요구된다. 즉 도시 하수도는 수집·유송, 처리, 최종처분을 위한 3부분의 시설로 구성된다.

2.1.1 수집 및 유송

(1) 오수와 우수의 배제

도시하수는 가정하수·공장폐수·지하수 및 우수 등을 포함한다. 이들 하수는 지하에 매설된 관거에 수집되어 처리장이나 처분되는 장소까지 유송된다. 즉 하수는 먼저 지선하수관에 유입하고 다시 간선하수도를 거쳐 차집관로에 유입한 후 하수처리장으로 유송된다. 이때 하수를 배제하는 방법에는 오수와 우수를 동일 관거에 의해 배제하는 **합류식**(合流式)과 오수와 우수를 따로 분리하여 배제하는 **분류식**(分流式)이 있는데, 이들 2가지 방식은 각각의 장단점이 있으며, 일반적으로 위생 및 수질보전 차원에서 분류식이 유리하다. 하지만 경제적 측면이나 지역의 여건(우수에 대한 오수의 비중, 처리장의 확보 여부, 하천 유량의 대소 등)에 따라서는 합류식이 유리할 수도 있으므로 하수의 배제방식을 결정함에 있어서는 이들 여건을 고려해야 하며, 그 외에도 도시의 장기발전계획, 하수도를 구성하는 각 시설의 내구연한 및 방류하천의 수질과 수량 등 다양한 문제를 동시에 고려하여 결정해야 한다.

그림 2.1은 하수관망의 배치 예이고, 그림 2.2와 2.3은 분류식과 합류식 부설 단면의 예이다.

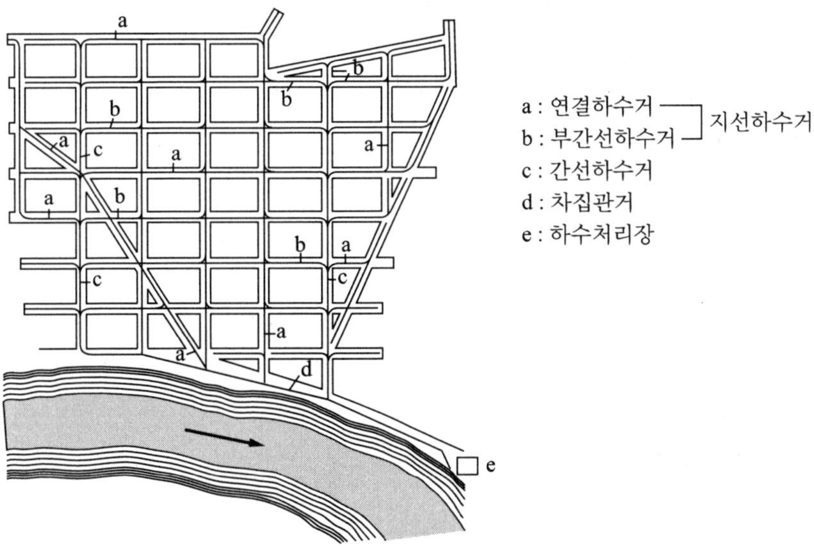

그림 2.1 하수관망의 배치 예

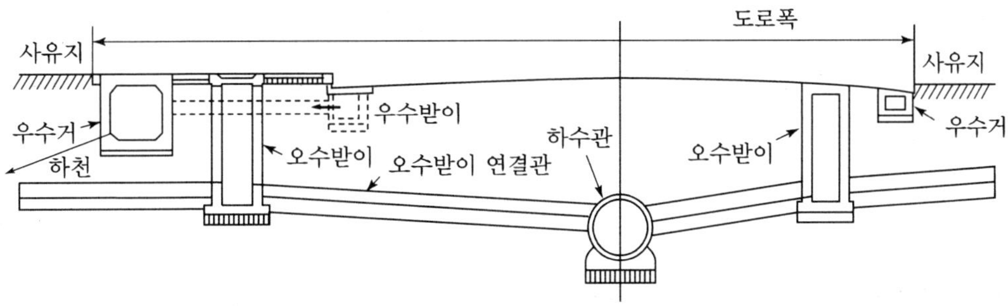

그림 2.2 분류식에 의한 부설도

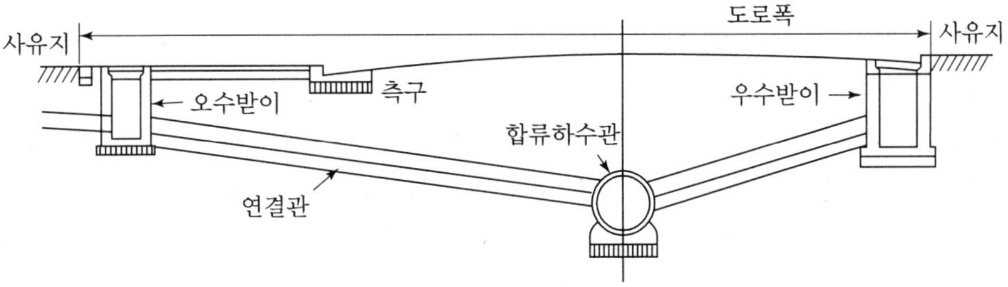

그림 2.3 합류식에 의한 부설도

(2) 계획하수량

계획하수량은 계획년도에 있어서 하수 배제구역 내의 하수량을 말하며, 가정하수·공장폐수 등의 오수와 지하수 및 우수를 포함한다.

먼저 오수는 점오염원에 의해 발생하는 것이 주가 되는데, 대부분은 가정하수로 발생량은 식(2.1)과 같이 산정하며, 그 양은 일반적으로 상수도의 계획급수량과 같다고 볼 수 있다. 그것은 상수도의 누수량과 지하수의 하수도 유입량이 거의 같다는 가정을 전제로 한다.

일당가정하수량 = (1인1일당 가정하수량) × (계획배수구역 내 인구) (2.1)

공장폐수는 업종과 생산규모 등의 현황과 산업발전의 추세나 장래계획에 따라 정하며, 전체 오수량은 위의 두 가지 오수량의 상황에 따라 온천배수나 대단위 축산시설의 폐수 등과 같이 점오염원으로 취급하는 것이 타당할 것으로 판단되는 시설의 오수를 가산하여 산정한다.

한편 우수량의 산정은 일반적으로 실험식이나 다음 식(2.2)와 같은 **합리식**(合理式)을 이용한다.

$$Q = \frac{1}{360} CIA \tag{2.2}$$

위 식에서 Q; 우수량(m^3/sec), C; 유출계수, A; 배수면적(ha), I; 강우강도(mm/hr)이며, 강우강도 I는 여러 공식에 제시되어 있지만 일반적으로 우리나라의 특성에 맞는 다음의 Talbot식이 주로 이용된다.

$$I = \frac{b}{t + a} \tag{2.3}$$

위 식에서 t는 **강우계속시간**(min)인데, 이것은 보통 현안지점의 통과 유량이 최대치를 나타내는 시간, 즉 **유달시간**(유입시간 + 유하시간)으로 취하며, a와 b는 해당 지역의 강우특성에 따른 상수이다.

하수도를 설계하기 위한 강우강도의 결정은 그 강도의 강우가 발생할 수 있는 **확률년**(確率年)을 결정해야 하는데, 확률년은 시설의 중요도, 경제성 및 내구성 등을 고려하여 5~10년 정도로 시설마다 각기 다른 확률년을 적용하며, 이때 확률년이 길어질수록 범람의 위험성은 줄어들지만 관거의 크기가 커져 건설비용이 증가하고 평상시 하수의 유하속도가 감소하여 침사가 발생하는 등 관리에 어려움이 발생한다. 따라서 무조건 확률년을 증가시킬 수 없으므로 계획 확률년 이상의 집중호우 시 하수도의 범람을 막기 위해서 하수관경을 증가시키기보다는 지상 또는 지하에 **우수저류지**를 설치하여 계획량 이상의 우수를 일시 저류하였다가 강우가 잦아든 후 pump를 이용하여 배제하거나, 투수성 포장 또는 여유부지가 있을 경우 녹지나 습지의 조성 등을 통해 지하 유입과 일시 체류를 유도하는 것도 문제를 해결하는 방법의 일부가 될 것으로 판단된다.

한편 강우계속시간은 유달시간(유입시간 + 유하시간)을 취하는데, 여기서 **유입시간**은 배수구역의 최원점에서 하수관 입구로 우수가 유입하는 데 걸리는 시간을 말하며, 일반적으로 경험치를 적용하여 5~10분 정도를 취한다. 또한 **유하시간**은 하수관에 유입한 하수가 하수관거를 현안지점까지 유하하는 데 걸리는 시간을 말한다. 따라서 강우계속시간이 유달시간보다 적을 경우 현안지점의 하수 유하량은 계획우수량보다 적고, 유달시간 이상 강우가 지속될 경우 현안지점의 하수 유하량은 비로소 계획우수량과 같아지므로, 일반적으로 강우계속시간을 유달시간으로 계상(計上)한다.

예제 2.1 1시간 동안 10 mm의 비가 왔다면 이때 강우강도는 10 mm/hr이다. 5분간 10 mm의 비가 왔다면 이때 강우강도는 얼마인가?

풀이 $10\ \text{mm} \times \dfrac{60\ \text{min/hr}}{5\ \text{min}} = 120\ \text{mm/hr}$

예제 2.2 유입면적 200 ha, $I = 5{,}360/(t+35)$, 유입시간 7분, 유출계수 0.7, 하수관 내 유속 1 m/sec, 하수관 연장 700 m인 경우, 합리식을 이용하여 계획우수량을 구하라.

풀이 유달시간 $t = 7\ \text{min} + \dfrac{700\ \text{m}}{60\ \text{m/min}(=1\ \text{m/sec})} = 18.7\ \text{min}$

$$I = \frac{5{,}360}{18.7+35} = 100\ \text{mm/hr}$$

$$\therefore\ Q = \frac{1}{360}CIA = \frac{1}{360} \times 0.7 \times 100 \times 200 = 38.9\ \text{m}^3/\text{sec}$$

예제 2.3 위의 예제에서 분류식 하수관의 우수관 단면을 정하라.

풀이 $Q = Av$, $Q = 38.9\ \text{m}^3/\text{sec}$, $v = 1\ \text{m/sec}$이므로,

$A = Q/v = 38.9\ \text{m}^2$이다. 하지만 단면이 크므로 2경간의 직사각형 수로를 채택하면,

$A = 38.9\ \text{m}^2 < 40.0\ \text{m}^2 = 4\ \text{m} \times 5\ \text{m} \times 2$경간

2.1.2 하수처리

처리되지 않은 하수의 방류로 인한 해당 수역의 오염은 수역의 생태계 교란은 물론 물의 이용가치를 하락시키고 주변 지역의 생활환경을 크게 악화시킨다. 따라서 하수처리의 첫 번째 목적은 하천의 자정작용 한계, 즉 하천의 **환경용량**(하천이 오염을 수용하여 자정작용이 가능한 최대 오염 부하량) 이상의 오염물을 제거하여 하천이 스스로 정화되도록 함으로써, 해당 수역의 생태계 보전 및 물의 이용가치를 증대하여 쾌적한 생활환경을 유지시키는 데 있다. 하지만 방류하수가 환경용량을 초과하지 않더라도 물을 재이용하고자 할 경우 재이용의 목적에 따라 보다 높은 정도의 처리를 시행하기도 한다.

하수처리방법으로는 물리적·화학적·생물학적 방법이 동원되는데, 방법에 관계없이 그 개념은 분리·안정화·무해화에 있으며, 특히 중요한 공정은 주로 분리공정이다. 즉 하수처리란 하수 중에 포함된 다종의 오염물질을 침전시키거나, 거르거나, 산화시키는 등 여하의 방법을 이용하여 깨끗한 물과 오염물질로 분리해 내는 과정과 분리된 오염물질의 처리·처분이라고 말할 수 있으며, 원활한 처리를 위해서는 이때 적용되는 각 단위 공정의 합리적 배열이 요구된다.

이러한 배열과정은 크게 예비처리·1차처리·2차처리 또는 그 이상의 처리로 구분하는데, 가장 먼저 선행되어야 할 공정은 하수 중의 쉽게 거를 수 있는 비교적 큰 부유물을 제거하여 이후 처리공정에 지장을 주지 않도록 U자형 트랩이나 screen 등을 이용하여 분리·제거하는 것, 모래에 의한 pump의 손상이나 모래의 관로 내 퇴적 등을 방지하기 위해 침사지를 이용하여 모래와 같은 grit을 제거하는 것, 그 외에 유지류를 제거하거나 유입수의 pH를 조절하는 것 등으로 이와 같은 과정을 **예비처리**라 한다. 한편 **1차처리**란 활성슬러지법의 1차 침전지와 같이 침전 또는 부상 등 물리적 조작을 통하여 현탁고형물이나 스컴 등을 제거하는 과정을 말하며, **2차처리**란 활성슬러지법의 포기조(+2차 침전지)와 같이 1차 처리 후에도 하수 중에 남아 있는 용존물질 또는 현탁하는 미세한 유·무기 부유물을 미생물의 생물학적 산화작용 및 흡착작용(세균은 경우에 따라 세포막 표면에 점액물질을 분비하는데, 이 물질은 floc 형성과 관련되며, floc 형성시 현탁물의 일부도 floc에 흡착됨)을 이용하여 제거하는 생물학적 처리(활성슬러지, 살수여상 등)를 말한다.

또한 2차 처리 후 처리수의 재이용이나 방류하천의 부영양화 등을 방지할 목적으로 2차 처리 이상의 처리를 행하는 경우도 있는데, 주로 재이용을 목적으로 행하는 2차처리 이상의 처리를 물리적·화학적·생물학적 방법에 관계없이 처리단계의 차수에 따라 3차, … n차 처리라 하고 이들 모두를 총칭하여 **고차처리**라 하기도 한다.

한편 고차처리 중 처리단계와 상관없이 질소나 인과 같은 부영양화 물질을 제거하기 위해

행하는 처리를 별도로 구분하여 **고도처리**라 한다.

고차 또는 고도처리가 필요성을 들면 다음과 같다.

① 근래에 하수 중에 여러 가지 특수 성분이 포함되어 그것이 재래의 처리법으로 처리되지 아니한다.

② 다량의 하수가 공공수역에 방류될 경우, 그 수역의 자정한계를 초과하여 오염이 가중될 수 있다.

③ 증가한 물 수요를 충족시키기 위해 하수를 재이용할 필요가 있다.

④ 수역의 수생식물과 조류의 번식을 촉진하여 부영양화를 발생시키는 질소와 인 물질을 제거할 필요가 있다.

처리 방법과 그 자세한 내용은 이후에 기술하였다.

2.1.3 최종 처분

각 공정에서 발생하는 처분대상물질에는 1차 처리 시 screen에 걸러진 협잡물, 침사지의 모래, 침전지의 유기성 침전물 및 생물처리에 따른 잉여슬러지 등이며, 이들 물질은 매립, 농축 → 소화 → 탈수 → 소각, 소각 후 매립 또는 재이용 등 각 물질의 특성이나 경제성 등을 고려하여 처분방법이 결정된다.

일반적으로 screening 협잡물은 매립 혹은 소각 후 매립되며, 침사지의 모래는 매립장의 복토재로 이용하거나 혹은 세척 후 재이용 할 수 있으며, 농축과정을 거친 잉여슬러지와 침전지의 유기성 침전물은 간혹 소화 후 퇴비화하거나, 소화 → 탈수 → 소각, 소각 후 매립 또는 재이용된다. 특히 도시하수를 처리하는 처리장에서 발생하는 소각재는 대부분 무기물(토사)이 주를 이루며, 이들 물질은 토목건축자재로 재활용되기도 한다. 보다 자세한 내용은 2.4장에 기술하였다.

2.2 수처리

수처리는 용수처리와 하·폐수처리로 대별되는데, 어느 경우이든 이미 기술한 바와 같이 그 첫 번째 개념은 분리이다.

용수처리의 목적은 수원에서 취수한 원수가 물의 용도(상수용·공업용·농업용·수산용·

위락용 등)에 따른 수질기준에 맞지 않을 때, 그 기준에 맞도록 불순물을 제거 또는 변환하는 데 있다.

또한 하·폐수처리는 이미 기술한 바와 같이 생태계의 보전, 물의 이용가치 및 생활환경의 유지나 개선을 목적으로 시행하며, 기술적인 면에서 말하면 폐수의 질을 안정화 또는 안전화시키고 동시에 처분할 양을 감소시키는 데 있다.

위에서 말한 **안정화**란 폐수 중에 함유된 유해물을 분해하여 안정한 물질로 만드는 것을 의미하고, **안전화**란 세균류 등을 살균하여 사람의 건강에 유해한 영향을 미치지 않도록 하는 것을 의미하며, **처분**이란 처리의 결과로 발생하는 물질을 하천이나 바다 혹은 매립지 등 자연환경에 돌려보내는 것을 말하는데, 이때 처분지의 환경 악화를 막기 위해서는 처분대상 물질의 안정화 및 안전화와 더불어 **감량화**가 매우 중요하게 요구된다.

그림 2.4는 하수처리의 한 예를 나타낸 것인데, 이 처리 system에 포함된 각 단위공정 및 단위조작은 유입하수의 특성이나 처리수의 용도에 따라서는 제외하거나 혹은 제시된 공정 외에 별도의 공정을 부가할 수도 있다. 여기서 **단위조작**(unit operation)이란 주로 물리적 방법을 의미하며, **단위공정**(unit process)이란 화학적 또는 생물학적 방법을 의미하는데, 실제에 있어 어떤 처리법은 단위조작과 단위공정이 동일 조에서 이루어지므로 명확히 구분하기 곤란한 때가 있어 용어를 혼용하기도 한다.

표 2.1은 수처리 시 적용 가능한 단위조작과 단위공정을 나타낸 것으로 각 조작 및 공정에 대한 상세한 기술은 별책에 미루고, 여기서는 비교적 자주 사용되는 중요 공정에 대해서만 기술한다. 표에서 슬러지 처리공정은 제외되어 있다.

■ **표 2.1** 수처리의 단위조작 및 단위공정

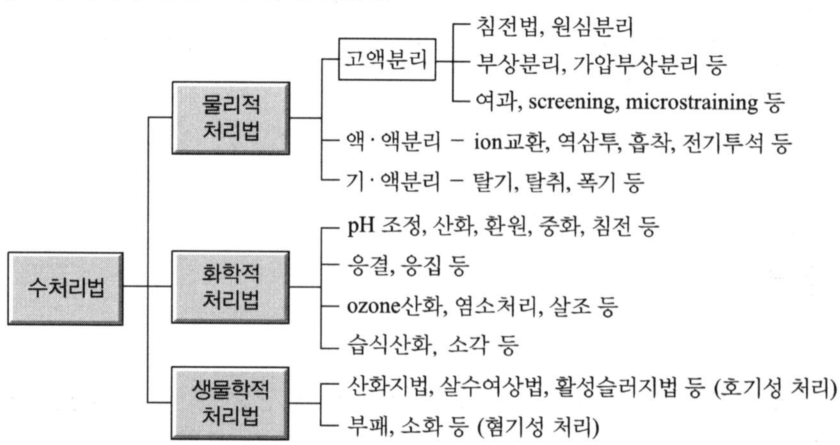

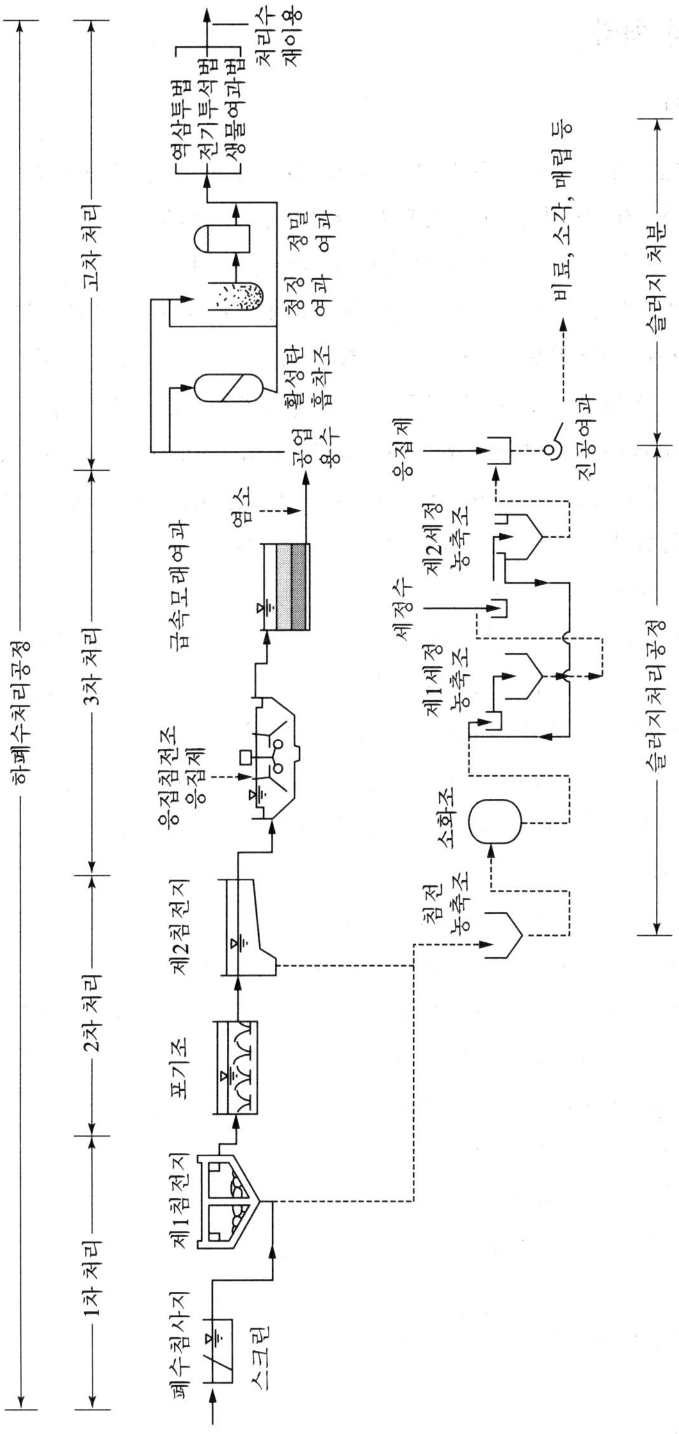

» 그림 2.4 하수처리의 한 예

2.2.1 물리적 처리

(1) 고액분리

이미 기술하였듯이 수처리법은 물리적 처리, 화학적 처리 및 생물학적 처리로 3 대별된다. 이 중 물리적 처리법에서 가장 중요한 단위조작은 고액분리인데, 이것은 고형불순물을 screen·여과·침전 또는 원심력을 이용하여 분리하는 것이다.

스크린은 일반적으로 폐수처리의 첫 단계로 배치하며, 유입수 중에 비교적 큰 고형물을 걸러 system 내의 각종 펌프와 배관 및 기계장치를 보호하기 위한 것이다.

실제 처리장의 설계 시 스크린은 보통 침사지의 전후에 각각 설치하는데, 그 형태에 따라 **봉상**(rack bar screen)·**격자상**(grating screen)·**망상**(fine screen)으로 구분하며, 유효간격에 따라 표 2.2와 같이 **조스크린**(coarse screen)·**중스크린**(medium screen) 및 **세스크린**(fine screen)으로 분류한다. 일반적으로 침사지 전부(前部)에는 봉상의 조스크린을 후부(後部)에는 망상의 세스크린을 설치한다.

도시하수 중의 전형적인 큰 고형물로는 나무·플라스틱 물질 등이 있으며, 스크린에 걸린 이들 물질은 인력 혹은 기계적으로 제거한다. 한편 스크린 대신 분쇄기를 설치하는 경우도 있는데, 이때 분쇄된 고형물은 침전 또는 부상시켜 제거한다.

현탁고형물이 비교적 무거울 때에는 이들 물질을 제거하기 위해 **침전법·원심분리법 또는 액체 cyclon법** 등이 사용되는데, 이 방법들은 각각 중력·원심력·선회류에 의한 분리효과를 이용하는 것이다.

반면 현탁물이 비교적 가벼울 때에는 **부상분리법**이나 **가압부상분리법** 등이 사용되는데, 전자는 유지와 같이 물보다 가벼운 물질을 물과의 비중 차를 이용하여 분리하는 방법이고, 후자는 가압하여 공기를 폐수 중에 용입(溶入)시킨 다음 상압(常壓)으로 되돌릴 때 발생하는 미세 기포의 부착력과 부상력을 이용하여 현탁물을 부착·부상시켜 제거하는 방법이다.

한편 여별효과(濾別效果)를 이용하여 현탁물을 제거하는 방법에는 이미 기술한 screen 외에 micro-straining·여과 등이 있는데, 여과는 사층 등의 여재를 이용하여 미세 현탁물질을 제거하는 방법이고, micro-straining은 극히 세밀한 금속망을 이용하여 모래여과로 제거할 수 없는 조류와 같은 보다 작은 부유물을 제거하는 방법이다.

■ **표 2.2** 유효간격에 따른 스크린의 분류

구 분	조스크린	중스크린	세스크린
유효간격 (mm)	50 이상	25～50	25 이하

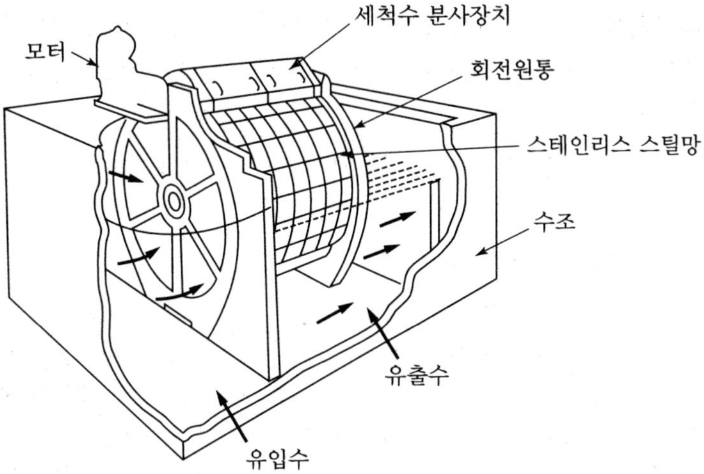

» 그림 2.5 micro-strainer의 구조

(2) 침전법

침전이란 오탁수 중에 함유된 물보다 비중이 큰 현탁입자나 응집입자를 중력의 작용에 의하여 침강시켜 분리하는 조작이다. 침전의 목적은 깨끗한 상징수(上澄水)와 취급이 용이한 농후한 침전물(슬러지)을 얻는 것이며, 하수처리 시 활성슬러지법의 1차 침전지 및 2차 침전지 · 슬러지 농축조에서 슬러지의 침전 및 농축, 상수 처리 시 약품침전지의 약품 floc의 제거 등 수처리에 널리 이용되는 단위조작이다.

침전은 현탁액의 농도나 입자의 크기 또는 밀도, 응집성 여부에 따라 단독침전(discrete settling) · 응집침전(flocculent) · 층침전(zone settling) 및 압축침전(compression)의 4가지 형태로 구분할 수 있다.

단독침전은 침사지에서 모래를 제거하는 것과 같이 입자가 침강하는 동안 그 크기나 밀도 · 형태 등이 변화하지 않고 단입자로 침강성을 유지하는 것을 말한다.

응집침전이란 입자들의 응집성으로 인하여 침전하는 동안 그 크기나 밀도 · 형태 등이 변화하여 침강속도가 변화하는 침전의 형태를 말한다.

층침전이란 많은 입자가 서로 한 덩어리가 되어 층을 이루고, 이 층이 여과막 구실을 하며 서서히 하강하는 현상을 말한다. 따라서 층침전 시에는 상징액과 침전하는 고형물질 사이에 뚜렷한 경계면이 나타난다. 따라서 지역침전 또는 경계침전이라고 표현하기도 한다.

압축침전(壓縮沈澱)은 **압밀침전(壓密沈澱)**이라고도 하며 침강한 고형물들이 자체 하중에 의해 다시 물리적으로 압축되어 고형물 간의 간극수가 서서히 분리·상승하면서 고형물의 농도가 증가하는 것을 말한다.

침전의 각 형식과 그 특징 및 적용 등을 요약하면 표 2.3과 같다.

■ **표 2.3** 침전의 형식과 그 특징 및 적용

구 분	특 성	적 용
단독침전	단독입자로 침전하며, 입자 간의 간섭이 없다.	극히 저농도의 현탁입자 침전, 침사지에서 모래의 침전 및 상수도의 보통침전지.
응집침전	침전하면서 응집하여 입자의 형태나 크기 및 침강속도가 변화한다.	상수도의 약품침전지, 하수도의 최초침전지 및 최종침전지의 상층부.
지역침전	뚜렷한 경계층을 이루며 침전한다.	하수도의 최종침전지 및 농축조의 상부.
압축침전	슬러지가 어느 정도 침강한 상태에서 상층 슬러지의 압축으로 슬러지 내 간극수가 분리·상승하면서 압축된다.	하수도의 최종침전지 하부 및 농축조.

단독입자의 침전이 이루어지는 침사지 등을 설계하기 위해서는 입자의 크기와 밀도·폐수의 밀도 등에 따른 입자의 침강속도를 파악해야 하는데, Stokes는 정수 중에서 단독입자의 침강속도를 다음 식과 같이 제시하였다.

$$R_e \le 1\text{일 때,} \quad v_s = \frac{g(\rho_s - \rho_w)d^2}{18\mu} \tag{2.4}$$

위 식에서 R_e는 레이놀즈(Reynolds)수, v_s는 입자의 최종침강속도(cm/sec), g는 중력가속도, ρ_s는 입자의 밀도(g/cm^3), ρ_w는 액체의 밀도(g/cm^3), d는 입자의 직경(cm), μ는 물의 점성계수(g/cm · sec)이다.

한편 레이놀즈(Reynolds)수는 다음과 같이 표현된다.

$$R_e = \frac{Dv}{\nu} \tag{2.5}$$

위 식에서 v는 유속(cm/sec), D는 수로의 직경 또는 환산직경(cm: 예제 2.4 참고), ν는 동점성계수($\nu = \mu/\rho$, cm^2/sec)이다.

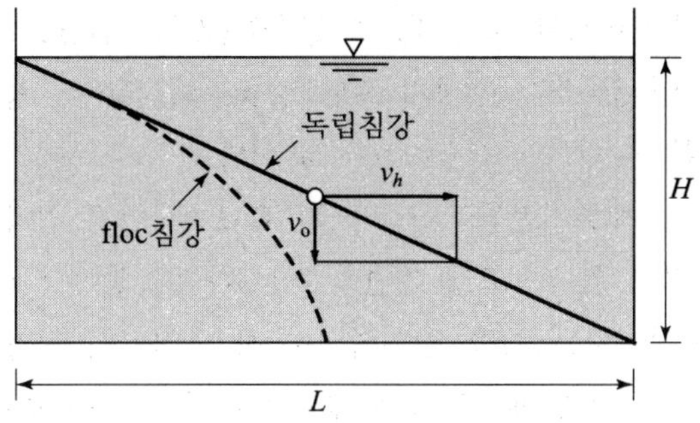

> 그림 2.6 입자의 침강경로

그림 2.6과 같이 유입수가 이상적인 층흐름을 하는 장방형 침사지에서 침강속도가 v_o인 입자가 이론적으로 100% 제거되기 위해서는 유입수의 체류시간이 입자가 바닥까지 침강하는 시간과 같아야 한다. 즉

$$t = \frac{V}{Q} = \frac{H}{v_o} \tag{2.6}$$

위 식에서 t는 침사지 체류시간(sec), V는 침사지 용적(m^3), Q는 유입유량(m^3/sec), H는 유효깊이(m), v_o는 입자의 침강속도(m/sec)이다. 여기서 유효깊이란 하부의 퇴사부와 상부의 여유고를 제외한 부분의 깊이를 말한다.

한편 식(2.6)에서, $\dfrac{V}{Q} = \dfrac{B\times H\times L}{B\times H\times v_h}$이므로, 다음 관계가 성립한다.

$$\frac{L}{v_h} = \frac{H}{v_o}, \quad \text{즉 } L : H = v_h : v_o \tag{2.7}$$

위 식에서 B는 침사지의 폭(m), H는 유효깊이(m), L은 침사지의 길이(m), v_h는 수류의 수평유속(m/sec)이다.

또한 식(2.6)에서, 다음 관계식이 성립한다.

$$v_o = \frac{Q\times H}{V} = \frac{Q}{B\times L} = \frac{Q}{A} \tag{2.8}$$

위 식에서 A는 침사지의 표면적(m^2)이다.

이 식(2.8)에서 침전지에서 제거되는 입자의 침강속도는 침사지 수면적에 대한 유량부하, 즉 Q/A와 관련됨을 알 수 있는데, 이를 **표면적부하**(surface overflow rate, 또는 **월류부하**)라 하고, 단위는 $m^3/m^2\cdot$day이며, 침사지의 입자 제거율을 좌우하는 중요 설계인자이다. 또한 유출량을 월류부의 수면폭으로 나눈 값, 즉 Q/B'(B'는 월류부의 수면폭)를 **월류언(越流堰)부하**라고 하는데, 이 값 역시 침사지 후단 월류부의 유속에 영향을 미치므로 침전지 설계 시 중요 인자로 취급된다. 단위는 $m^3/m \cdot day$이다.

상기에서 표면적부하는 체류시간동안 침전지의 유효수심만큼 침강하는 입자의 침강속도라고 말할 수 있다. 따라서 침강속도가 표면적부하보다 큰 입자는 이론적으로 침전지에서 모두 제거된다. 즉 표면적부하는 침강·분리하고자 하는 입자의 침강속도보다 작아야 하며 침강속도가 v_s인 입자가 완전히 제거되기 위해서는 다음 조건을 만족시켜야 한다. 즉

$$v_s \geq \frac{Q}{A} = \frac{B \cdot H \cdot v_h}{L \cdot B}$$

$$\text{따라서} \quad \frac{L}{v_h} \geq \frac{H}{v_s} \tag{2.9}$$

하지만 입자의 유입 위치에 따라서는 설계치보다 작은 크기의 입자도 제거되는데, 침강속도가 $v_s(< v_o)$인 입자의 제거율은 다음 식(2.10)과 같다.

$$R_s = \frac{v_s}{v_o} = \frac{v_s}{Q/A} \tag{2.10}$$

위 식에서 R_s는 침강속도 $v_s(< v_o)$인 입자의 제거율이다.

따라서 침강속도가 v_o보다 작은 입자의 함유율이 x_o라고 하면, 침강속도가 v_o보다 큰 입자의 제거율은 $1-x_o$이고, v_o보다 작은 입자의 제거율은 $\int_0^{x_o} \frac{v_s}{v_o} dx$이므로, 전체 제거율 R은 다음 식과 같다.

$$R = (1 - x_o) + \frac{1}{v_o} \int_0^{x_o} v_s \, dx \tag{2.11}$$

위 식의 2항은 현탁입자의 **침강속도 분석곡선**(그림 2.7)의 사선 부분에 해당한다.

침강속도분석곡선은 침강실험을 실시하여 구는데, 침강실험은 그림 2.8과 같은 침강통을 이용한다. 실험은 먼저 침강통에 시료를 채우고 충분히 교반한 후 적당한 시간 간격을 두고 시료채취구를 열어 시료를 취하고 그때 채취구의 수심·경과시간·현탁액의 농도 등을 측정한다. 이때 각 채취구에 있어서 침강속도 v_o보다 작은 입자의 함유율을 구할 수 있고, 각 침강속도와 그에 해당하는 함유율(x)를 나타내는 점들을 연결하면 침강속도 분석곡선을 얻을 수 있다.

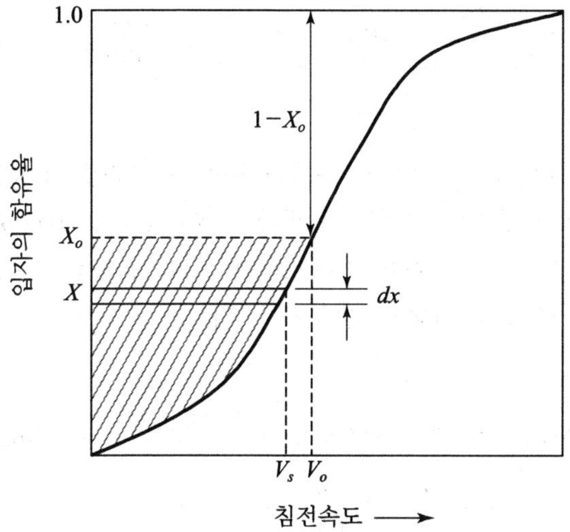

≫ 그림 2.7 침전속도 분석곡선

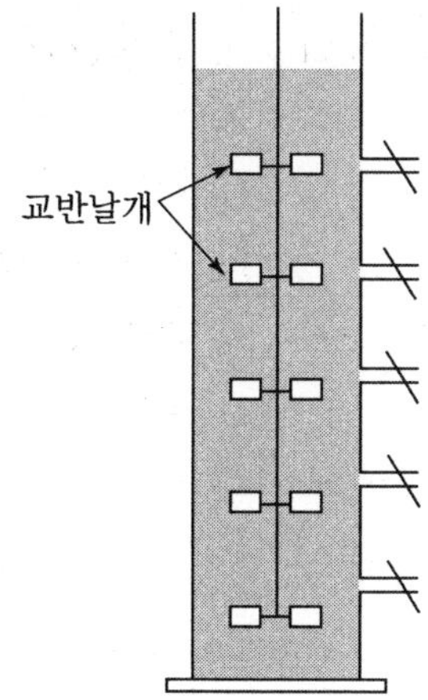

≫ 그림 2.8 침강통

한편 응집침전에 있어 현탁입자의 제거율은 침강속도 및 체류시간과 관련되는데, 응집입자의 응집속도 및 시간 경과에 따른 응집입자의 크기 변화 등으로 인하여 응집침전 시 입자의 침강속도는 수식화하기가 어렵다. 따라서 침강통 실험을 실시하여 침전지 설계를 위한 응집입자의 침전경향을 파악하든지 아니면 동일 폐수를 처리하는 처리장의 운전결과를 설계에 이용할 수밖에 없다.

침전지에는 지 내의 물 흐름에 따라 수평류식과 상향류식이 있으며, 일반적으로 수평류식은 하수도의 침사지나 상수도의 침전지에 자주 채용되고, 상향류식은 하수도의 침전지나 상수도의 역세척수 처리에 자주 채용된다.

예제 2.4 수로의 폭과 높이가 각각 3 m, 2 m인 직각 관수로의 R_e수를 구하라. 단, 평균유속은 0.1 m/sec, 동점성계수 $\nu = 1.12 \times 10^{-2}$ cm^2/sec이다.

풀이 Reynolds No.는 $R_e = \dfrac{Dv}{\nu}$로 나타내는데, 이 식에서 D는 원형관의 직경을 나타낸다. 따라서 직사각형 수로에서는 원형관의 직경 D 대신 환산직경(D')을 이용해야 하는데, 먼저 원형관수로의 경우 직경이 D라고 하면 경심 R은 $R = A/S = \dfrac{\pi D^2/4}{\pi D} = \dfrac{D}{4}$이다.

따라서 $D = 4R$이다.

한편 직사각형 수로의 폭과 높이를 b와 h라고 하면, 이 수로의 경심 R은

$R = A/S = \dfrac{bh}{2(b+h)}$이고, 환산직경 $D' = 4R = \dfrac{2bh}{(b+h)}$이다.

따라서 상기 문제에서 $D' = \dfrac{2(3\times 2)}{(3+2)} = 2.4$이고, $R_e = \dfrac{DV}{\nu} = \dfrac{240\times 10}{1.12\times 10^{-2}} = 214{,}285$ 이다.

예제 2.5 1일 최대 오수량이 50,000 m^3/day인 장방형 최초침전지의 크기를 정하라. 단 하수처리 시 최초침전지의 일반적 설계기준은 다음과 같다. 수평유속 $v_h \leq 30$ cm/min(= 18 m/hr), 유효심 H=2.5~4.0 m, 침전지의 길이(L)와 폭(B)의 비는 1 : 3~8, 표면적부하(Q/A)는 25~50 $m^3/m^2\cdot$day, 체류시간은 2시간이다.

풀이 먼저 $L = v_h \times t = 18\times 2 = 36$ m 이다.

표면적부하(Q/A)를 40 $m^3/m^2\cdot$day 정도로 가정하면, $A = \dfrac{50{,}000}{40} = 1{,}250\ m^2$이고,

여기서, 수면적 $A = B\times L$이므로, $B = \dfrac{A}{L} = \dfrac{1{,}250}{36} = 34.7$ m 이다.

길이와 폭의 비를 4 : 1로 하면 한 조의 폭 b는 $L = 4b$, $b \leq L/4 = \dfrac{36}{4} = 9$ m 이고,

$B = nb$이므로, $n = \dfrac{34.7}{9} = 3.86 \fallingdotseq 4$

한편 $Q = (B\times H)\times v_h$이므로,

$$H = \frac{Q}{B\times v_h} = \frac{50{,}000}{34.7\times(18\times 24)} = 3.34 \fallingdotseq 3.5\ \text{m}$$

그러므로 $L\times b\times H = 36\ \text{m}\times 9\ \text{m}\times 3.5\ \text{m}$의 침전지 5개를 축조하기로 함(이 중 1개는 청소·수리 시를 대비한 여유지이다).

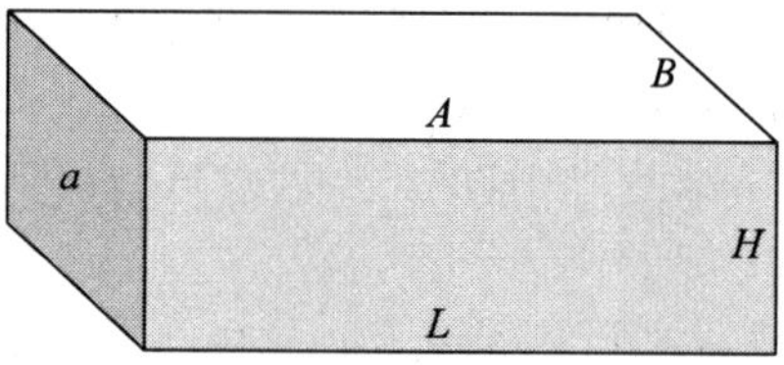

그림 2.9

(3) 부상법

일반적으로 부상법이란 액중에 현탁하는 현탁입자를 여하의 방법으로 발생시킨 미소 기포에 부착시키거나 혹은 미소 기포를 현탁입자에 부착시켜 액의 밀도보다 작게 만들어 부상시키는 조작으로 용·폐수처리에 널리 이용된다. 부상법은 미소 기포를 발생시키는 방법에

따라 분산공기부상법(dispersed air flotation)과 용해공기부상법(dissolved air flotation)으로 2 대별할 수 있는데, **분산공기부상법**은 산기판이나 기타의 포기장치를 이용하여 기포를 현탁액 중에 도입하고 심한 교반을 실시하여 기포를 깨뜨려 분산시킨다. 이때 작게 깨뜨려진 기포는 비표면적의 증가로 부착력을 가지게 되고, 현탁입자의 표면에 부착하여 입자를 부상시킨다. 하지만 이 방법은 일반적으로 scum을 형성하는 폐수를 제외하면 큰 효과를 볼 수 없다.

한편 **용해공기부상법**에는 기포의 발생 방법에 따라 감압(또는 진공)부상법(vacuum flotation)과 가압부상법(pressure flotation)의 두 가지 방법이 있다.

먼저 **감압부상법**은 기포를 발생시키기 위해 유입수를 단시간 포기하여 포화시킨 다음 포화된 유입수를 감압조에 도입한 후 조를 감압시켜 과포화된 공기를 미세 기포로 석출(析出)시킨다. 이 방법은 모든 과정이 압력조 내에서 이루어지므로 악취가 심한 폐수의 처리에 적당하다. 하지만 이용할 수 있는 공기의 양이 대기압 하에서 용해되는 양에 불과하고, 또한 대형의 감압조를 만들기 어렵다는 점과 부상·분리한 입괴(粒塊)를 조 외로 인출하기가 쉽지 않다는 단점을 가진다. 따라서 실용의 처리장치로서 가치는 적다.

반면 **가압부상법**은 폐수의 일부 또는 전부를 압력조에 도입하여 공기를 2~5기압 정도의 압력으로 폐수에 용입시킨 다음 그것을 대기압 하의 부상조로 인출시켜 이때 발생하는 미세 기포를 이용하는 방법이다. 이 방법은 다량의 공기를 용해시킬 수 있는 점과 고가의 감압조를 필요로 하지 않는 점, 부상·분리한 scum의 제거에도 어려움이 없다는 점 등 감압부상법에 비해 상대적으로 많은 장점을 가진다. 따라서 실제의 처리장에서 자주 채용된다. 이 처리법을 구성하는 주요 장치는 가압펌프, 공기주입장치, 저류조, 압력조절장치 및 부상조 등이다.

가압부상장치의 설계에 있어, 고려해야 할 사항에는 부상속도·공기고형물비로 표현되는 무차원의 A/S(air/solid)비·고형물의 농도·반송률 등이 있다. 이 중 A/S비는 대개 현탁물질의 형태에 따라 다르므로 정확한 설계를 위해서는 실험을 실시하여 그 결과를 이용하는 것이 좋다. 일반적으로 A/S비와 다른 변수 간에는 다음 관계가 있다.

$$A/S = \frac{1.3S_a(fP-1)}{S_c} \times \frac{R}{Q} \tag{2.12}$$

위 식에서 A/S는 공기고형물 비(mg공기 / mg고형물), S_a는 공기의 포화용해도(mL/L, 표 2.4 참고), f는 압력이 P일 때의 공기용해율로 보통 0.8이고, S_c는 고형물 농도(mg/L), R은 가압순환유량(m^3/day), Q는 폐수의 유량(m^3/day)이다. 순환이 없을 경우, 즉 폐수의 전량을 가압할 경우 $R/Q=1$이다.

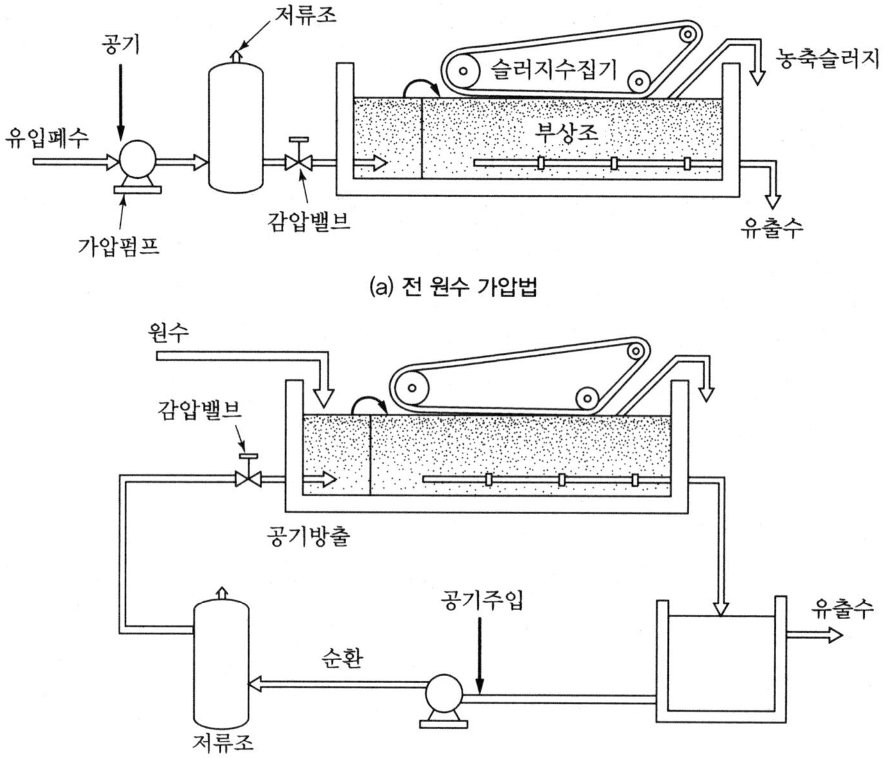

(b) 순환수 가압법

》 그림 2.10 가압부상장치의 예

■ 표 2.4 공기의 포화용해도

온도 (℃)	0	10	20	30
S_a (mL/L)	29.2	22.8	18.7	15.7

한편 P는 실제로 전달되는 압력으로 다음 식과 같다.

$$P = \frac{p + 101.35}{101.35} \tag{2.13}$$

위 식에서 p는 가압수의 계기압력[kPa(kilopascal; kN/m^2)]이다.

설계에 있어 또 다른 변수인 부상속도는 단독입자의 침전속도와 마찬가지로 Stokes 법칙을 이용한다.

$$v_f = \frac{g(\rho_w - \rho_s)d^2}{18\mu} \tag{2.14}$$

위 식에서 v_f는 입자의 부상속도(cm/sec), ρ_w는 폐수의 밀도(g/cm^3), ρ_s는 부상입자의 밀도(g/cm^3), d는 부상입자의 직경(cm), μ는 폐수의 점성계수(g/cm), g는 중력가속도(cm/sec^2)이다.

부상법의 적용은 다양한데, 특히 각종의 유수분리장치, 예를 들어 원모세정폐액에서 발생하는 지방의 회수, 채유·석유정제·석유화학공장에서 발생하는 각종 기름성분의 분리·제거, 석유건류공장에서 발생하는 tar의 분리·제거, 압연폐수 중의 유분제거, 기계공장 폐수 중의 grease 제거, 세탁폐수 중의 기름성분 제거 등에 다양하게 이용된다.

예제 2.6 부상장치의 pilot plant 운전결과, 적정의 A/S비는 0.04임을 알았다. 처리할 폐수의 부유물 농도를 250 mg/L라 하고, 20℃에서 414 kPa로 가압할 때 반송률(%)을 구하라.

풀이 $f = 0.8$, $P = \dfrac{414 + 101.35}{101.35} = 5.1\ \text{atm}$, $S_a = 18.7\ \text{cm}^3/\text{L}$, $A/S = 0.04$이므로,

식(2.12)에 대입하면,

$$R/Q = \frac{0.77(A/S)S_c}{S_a(fP-1)} = \frac{0.77 \times 0.44 \times 250}{18.7(0.8 \times 5.1 - 1)} = 13.4\ \%\text{이다.}$$

(4) 여과법

하수를 여과하기 위해서 과거에는 하향류식 단층여과(유효경 0.45~0.7 mm, 균등계수 1.7)가 대부분이었으나, 현재에는 상향류식 여과지, 즉 내부여과가 많이 채용되고 있으며, 현탁물의 제거효율이나 여과지속시간을 증가시키기 위해 여재는 주로 2층 혹은 혼합층으로 이용하는 경우가 많다. 사용되는 여재로는 anthracite(비중; 1.35~1.75)·모래(비중; 2.65)·석류석(garnet; 비중, 4.0~4.5) 등이 자주 사용된다.

여재의 입경과 균등계수는 상수의 모래여과와 마찬가지로 현탁물의 제거효율을 결정하는 중요 요소로 입경이 작을수록 처리율은 상승한다. 하지만 상수와 달리 하수는 현탁물질이 많기 때문에 여과지속시간을 길게 하고, 내부여과에 따른 유효공극을 확보하기 위해서는 상수 처리 시 사용하는 여재에 비해 가능한 한 입경이 큰 것을 사용해야 한다. 일반적으로 입

경 0.8～1.2 mm의 것을 사용하나 최근에는 입경 2.0 mm인 것을 사용하기도 한다. 여과속도는 보통 100～300 m/day 정도로 하지만 500 m/day 정도의 속도에서도 큰 문제가 없는 것으로 알려져 있다.

한편 여재에는 미생물막이 형성되며, 화학적 플럭을 제거할 경우에는 플럭이 여과상의 심층까지 스며드는 경향이 있으므로 역세정이 필요하다. 이때 그 효율을 증가시키기 위해서는 공기세정 및 중간표면세정을 실시한다. 또한 균등계수는 역세정 수량과 관련되므로 가급적 균등한 입자를 사용한다. 일반적으로 하수의 급속여과에 의한 현탁물 제거효율은 80～90% 정도이다.

■ **표 2.5** 이층 여재를 이용한 여과상의 여재 특성

구 분	상수 처리 시	하·폐수 처리 시
활성탄		
깊이(m)	0.5～0.6	0.3～0.6
유효경(mm)	0.9～1.1	0.8～2.0
균등계수	1.6～1.8	1.3～1.8
모래		
깊이(m)	0.15～0.2	0.15～0.6
유효경(mm)	0.45～0.55	0.4～0.8
균등계수	1.5～1.7	1.2～1.6
여과속도($m^3/m^2 \cdot day$)	150～500	100～600

■ **표 2.6** 혼합 여재를 이용한 여과상의 여재 특성

구 분	상수 처리 시	하·폐수 처리 시
활성탄		
깊이(m)	0.4～0.5	0.2～0.5
유효경(mm)	0.95～1.0	0.8～2.0
균등계수	1.55～1.75	1.4～1.8
모래		
깊이(m)	0.15～0.2	0.2～0.4
유효경(mm)	0.45～0.55	0.4～0.8
균등계수	1.5～1.65	1.3～1.8
석류석		
깊이(m)	0.08～0.1	0.05～0.15
유효경(mm)	0.20～0.35	0.2～0.6
균등계수	1.6～2.0	1.5～1.8
여과속도($m^3/m^2 \cdot day$)	200～600	100～600

(5) 폭기

1) 폭기의 의미 및 이론

폭기(aeration)란 물을 공기와 잘 접촉시켜 물속에 있는 휘발성 물질, 즉 $CO_2 \cdot H_2S \cdot CH_4$ 및 맛과 냄새의 원인이 되는 휘발성 유기물질 등을 제거하고, 동시에 공기 중의 산소를 물속에 용입시켜 물의 산소 함량을 증가시키는 공정을 말한다.

이상과 같이 폭기는 상수도의 용수처리, 하·폐수의 처리, 하천이나 호소의 수질보전을 위한 단위조작으로 채용되는데, 상수 처리 시에는 물의 침식성 제거를 위한 CO_2의 제거, 맛과 냄새를 제거하기 위한 H_2S의 제거 및 기타 휘발성 유기물질의 제거, 용해성 철과 망간의 산화, 연수법에서 재탄산화(recarbonation) 등에 사용되고, 하수나 폐수의 처리 시에 있어서는 생물처리 시 미생물이 필요로 하는 산소의 공급과 폐수로부터 H_2S나 HCN(반응성이 강한 약산성 물질로 휘발성이 크고, 특이한 냄새가 나며, 독성이 매우 강한 무색의 기체)와 같은 휘발성 기체의 제거를 목적으로 사용되며, 호소의 수중에 산소용존량을 증가시켜 수질을 개선시킬 목적으로 사용되기도 한다. 이상과 같은 목적을 달성하기 위해서는 자연적인 공기의 용해로는 필요량을 충족시킬 수 없으므로 장치를 이용하여 많은 양의 공기를 강제로 도입시켜야 하는데, 이것이 폭기 또는 포기장치의 필요성이다.

폭기에 따른 산소용해도를 파악하기 위해 먼저 자연적인 공기의 용해에 대해 살펴보면, 물과 접촉하고 있는 어떤 특정 가스의 수중 용해도는 접촉시간이 길어짐에 따라 증가하여 결국 평형상태에 도달하는데, 어떤 특정 가스의 수중 평형농도를 C_s라고 하면 C_s는 Henry의 법칙에 의해 다음과 같이 표현된다.

$$C_s = k \cdot p \tag{2.15}$$

위 식에서 C_s는 가스의 수중 포화용존농도(mg/L), p는 그 가스의 대기 중 분압(atm), k는 흡수계수(mg/L·atm)로 가스의 종류에 따라 정해지며, 수온이 높을수록 감소하고 수중 용해염의 농도가 증가할수록 감소한다.

하지만 정수 중에 가스가 포화상태에 이르기 위해서는 오랜 접촉시간이 요구되므로, 짧은 시간에 다량의 가스를 용입시키기 위해서는 물과 가스의 접촉률을 증가시키기 위한 장치가 필요하다. 이러한 장치가 폭기(또는 포기)장치이며, 이때 기체 물질의 수중 이동률(이동속도; rate of masstransfer)은 수중 농도와 포화농도에 차에 정비례한다. 즉 용존산소농도 C인 물을 dt시간 폭기하였을 때 수중 용존산소의 변화 dC는 다음과 같이 나타낼 수 있다.

$$dC/dt = K_{La}(C_s - C) \tag{2.16}$$

위 식에서 K_{La}는 총괄산소이동계수로, 공기와 물의 접촉면적·물의 체적·기타 물리·화학적 변동특성의 함수이다. C_s는 포화용존산소농도, C는 임의 시간에 있어 수중 용존산소의 농도이며, $K_{La} \cdot C_s$를 **산소공급능력**(oxygenation capacity)라 한다. 상기 식에서 $C_s - C = D$로 표시하면 다음 식과 같이 나타낼 수 있다.

$$dD/dt = -K_{La} \cdot D \tag{2.17}$$

이 식을 적분하면 다음과 같다.

$$\int_{D_0}^{D_t} \frac{1}{D} dD = -\int K_{La} dt, \quad \text{즉 } \ln(D_t/D_0) = K_{La} t \tag{2.18}$$

각 포기장치의 포기능력은 일반적으로 실물을 이용하여 실시하며 표준상태(순수, 용존산소 0, 수온 20℃, 1기압) 하의 값으로 환산하여 비교한다. 표준상태 하의 포화용존산소농도는 9.02 mg/L이며, 폭기 시 기압에 대한 포화용존산소농도 C_{sp}는 다음 식과 같다.

$$C_{sp} = C_s(p/760) \tag{2.19}$$

위 식에서 C_s는 1기압, 즉 760 mmHg 때의 포화용존산소농도이고, p는 폭기 시의 기압이다. 또 임의의 온도 t℃에서 총괄산소이동속도 K_t를 20℃의 총괄산소이동속도 K_{20}으로 환산하면 다음과 같다.

$$K_{20} = \frac{K_t}{\theta^{(t-20)}} \tag{2.20}$$

위 식에서 온도계수 θ는 1.016~1.047의 범위에 있으며, 상온에서 $\theta = 1.02$ 정도이다. 포화용존산소농도 C_s는 온도·대기압·대기 중의 산소분압·수중의 염분농도·기타 오탁물질의 농도 등에 따라 달라지나, 일반적으로 표준기압 하에서 온도 변화에 따른 증류수의 산소포화용해도 C_s은 다음 표 2.7과 같다.

■ **표 2.7** 증류수 중의 포화용존산소농도(표준상태) (단위: mg/L)

온도	0	1	2	3	4	5	6	7	8	9	10	11	12	13	14	15
C_s	14.65	14.25	13.86	13.49	13.13	12.79	12.46	12.14	11.84	11.55	11.27	11.00	10.75	10.50	10.26	10.03
온도	16	17	18	19	20	21	22	23	24	25	26	27	28	29	30	31
C_s	9.82	9.61	9.40	9.21	9.02	8.84	8.67	8.50	8.33	8.16	8.02	7.87	7.72	7.58	7.44	

예제 2.7 염화 cobalt 촉매와 sodium sulfite를 주입하여 탈산소된(DO=0) 폭기조에 폭기를 실시하여 다음과 같은 결과를 얻었다. 16℃에서 이 폭기장치의 K_{La}와 최대산소공급속도를 구하라.

■ 표 2.8

경과시간 t (sec)	0	250	500	750	1,000	1,250	1,500
포기조 DO (mg/L)	0	4.4	6.8	8.2	9.0	9.4	9.7

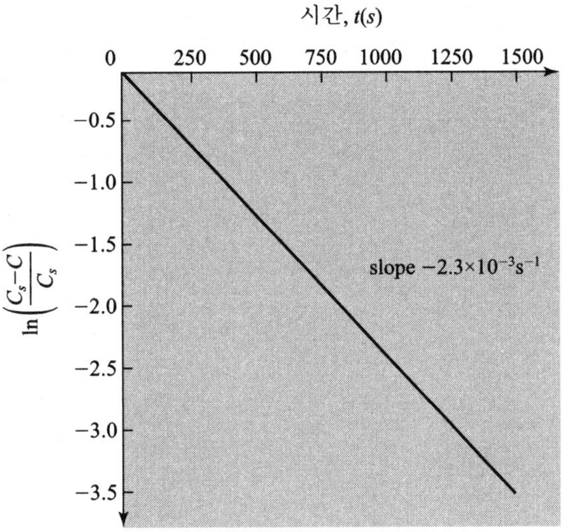

≫ 그림 2.11 총괄산소이동계수의 결정

풀이 16℃에서 C_s=9.82 mg/L 표 2.7 참고, t=500 sec 때 DO=6.8 mg/L이다. 따라서,

$$\ln\left(\frac{C_s - C}{C_s}\right) = \ln\left(\frac{9.82-6.8}{9.82}\right) = -1.18$$

같은 방법으로 각각의 t에 대한 $\ln[(C_s - C)/C_s]$의 값을 구하고 plotting하면 그림 2.11과 같다. 그리고 그 구배가 K_{La}이며, K_{La}=2.3×10^{-3}/sec이다. 또한 최대산소공급속도는 다음과 같다.

$$\frac{dC}{dt} = K_{La}C_s\ (\therefore\ C=0) = 2.26\times 10^{-2}\,\mathrm{mg\cdot O_2/L\cdot sec}$$

2) 폭기장치의 형식

폭기장치는 공기와 물의 접촉면적을 증대시켜 기체의 방출 및 용입이 효과적으로 이루어지도록 고안한 것으로 낙하식 · spray식 · 표면폭기식 및 산기식 포기기 등으로 대별된다.

낙하식(중력식)에는 cascade식 · 경사면식 · 탑식 · 다층 pan식 등이 있으며, 주로 상수도용으로 사용되는데, 충분한 낙하고가 확보될 경우 폭기를 위한 별도의 에너지가 필요치 않은 장점이 있다.

폐수처리에 자주 사용되는 포기장치로는 산기판 등을 이용한 산기식 포기장치, 모터 impeller의 회전력을 이용하는 turbine식 포기장치 또는 회전날개의 표면 교란이나 수포 발생을 이용하는 표면폭기장치 등이 있다.

산기식 포기장치는 산기장치 · header pipe · 송기관 · 송풍기 및 부속시설로 구성된다. 산기장치는 송풍기에서 공급되는 공기를 작은 기포로 만들어 포기조에 압송하고, 이때 기포의 상승력으로 인하여 포기조 내의 혼합액(유입하수와 활성슬러지)을 혼합 · 교반하며 동시에 하수와 공기와의 접촉면적을 증가시켜 포기조 내 미생물이 필요로 하는 산소를 공급한다.

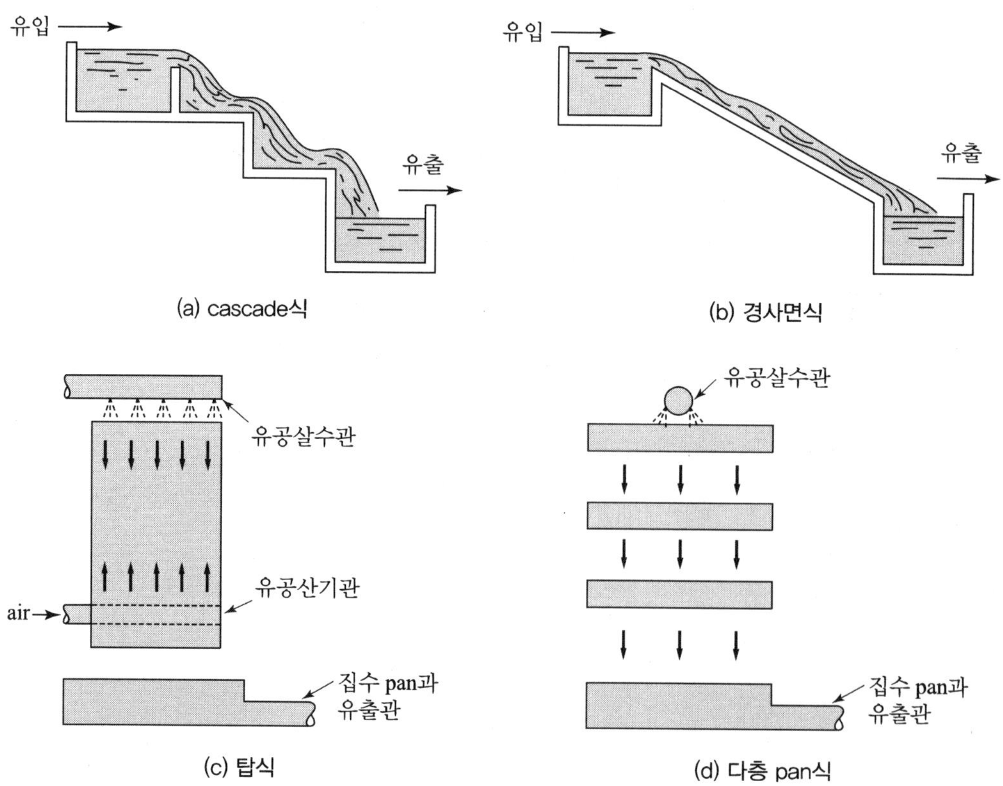

그림 2.12 낙하식 폭기장치

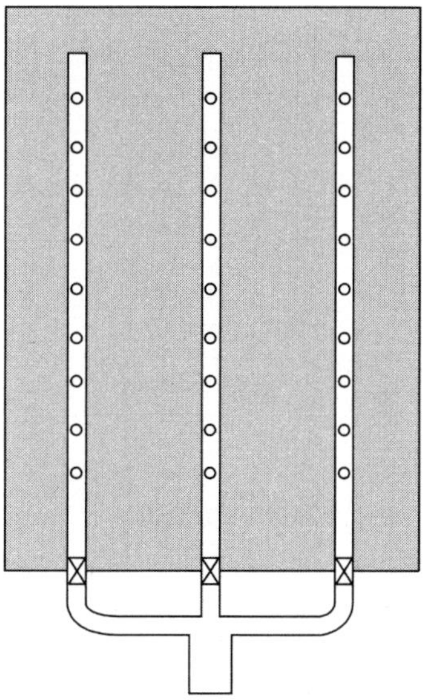

(a) Nozzled Aerator

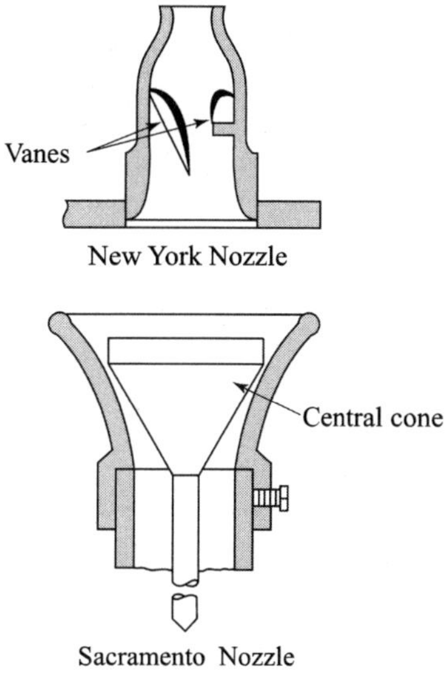

(b) Aerator Nozzles

» 그림 2.13 Spray식 폭기장치

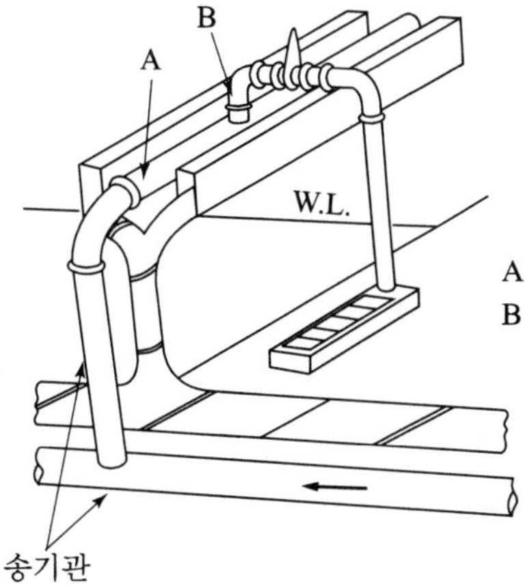

» 그림 2.14 산기식 포기장치

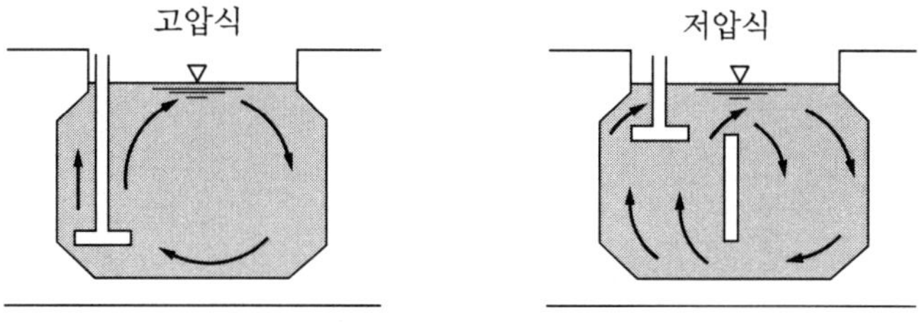

» 그림 2.15 산기식 포기조

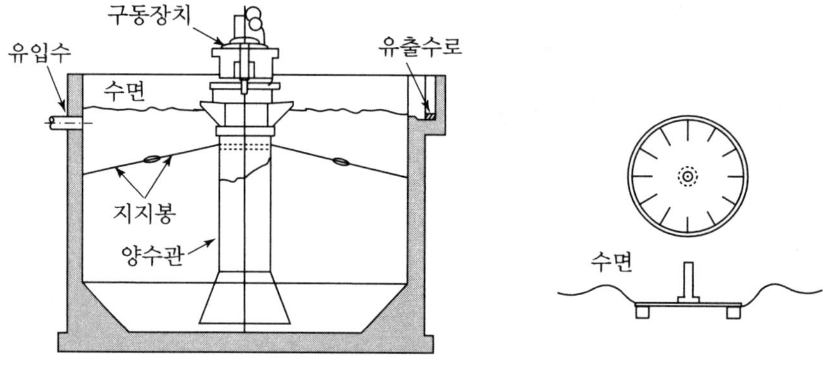

(a) Simplex High Cone Aerator (b) Voltair Aerator

》 그림 2.16 표면폭기장치

(6) 흡착(adsorption)과 활성탄 처리

1) 흡착

근래에 하수나 각종의 산업폐수 중에는 재래의 생물학적 처리법으로 처리가 곤란하거나 불가능한 저농도의 유해물질(냄새나 맛을 야기하는 유기물·ABS·phenol·중금속·농약성분 등)을 함유하는 경우가 많다. 이들 물질은 활성을 띤 고체에 부착 또는 흡수시켜 제거할 수 있는데, 이때 흡착되는 물질을 **흡착질**, 흡착하는 고체를 **흡착제** 또는 **흡착매**(吸着媒)라 한다.

수처리용 흡착제에는 활성탄·합성흡착제·석탄 및 석탄 가공물·골탄·ion 교환수지 등이 있으나 가격이나 성능을 고려할 때 활성탄이 가장 우수하며 자주 사용된다.

한편 흡착제의 흡착능력은 흡착제와 흡착질의 종류에 따라 다르게 나타나는데, 흡착이 일어나는 정도와 그것에 의해 생기는 평형관계에 대해 다음 2 가지의 경험식이 자주 이용된다.

Freundlich 등온 공식

$$\frac{X}{M} = kC^{1/n} \tag{2.21}$$

또는 $$\log\left(\frac{X}{M}\right) = \log k + (1/n)\log C \tag{2.22}$$

위 식은 주로 흡착질의 농도가 적을 경우 사용되며, X는 흡착된 흡착질의 질량, M은 흡착제의 질량, C는 흡착평형에서 용액 중 흡착질의 잔류농도, k와 n은 온도·흡착제·흡착질에 따라 결정되는 상수이다.

한편 Langmuir는 흡착제 표면에 단분자 흡착층이 생긴다고 생각하고 흡착분자의 응축과 증발 간의 평형에 기초를 두어 다음과 같은 이론식을 제시하였다.

Langmuir 등온 공식

$$\frac{X}{M} = \frac{abC}{1+aC} \tag{2.23}$$

$$\text{또는} \quad \frac{1}{X/M} = \frac{1}{b} + \frac{1}{ab} \cdot \frac{1}{C} \tag{2.24}$$

위 식에서 X는 흡착된 흡착질의 질량, M은 흡착제의 질량, C는 흡착평형에서 용액 중 흡착질의 잔류농도, b는 흡착제 표면상에 완전한 단분자층을 형성하기 위한 피흡착량, a는 상수이며 분자의 크기가 커질수록 커진다.

예제 2.8 ABS를 제거하기 위해 분말활성탄을 이용하였다. 원수의 ABS 농도가 56 mg/L일 때, 활성탄 20 mg/L를 주입하였더니 16 mg/L의 ABS가 유출수에서 검출되었고, 활성탄 주입량이 52 mg/L일 때 4 mg/L의 ABS가 검출되었다. 원수의 ABS 농도가 56 mg/L일 때, 유출수에 함유된 ABS를 9 mg/L로 처리하고자 한다. 이때 필요한 활성탄의 농도를 Freundlich 식을 이용하여 구하라.

풀이 $\frac{X}{M} = kC^{1/n}$

$\log\left(\frac{X}{M}\right) = \log k + (1/n)\log C$이므로,

$\log X/M$과 $\log C$를 plot하면 그림 2.17과 같고, 여기서 기울기는 $1/n$이고 절편 $\log k$는 다음과 같다.

$\frac{1}{n} = \frac{0.3-0}{1.2-0.6} = 0.5$, $\log k = -0.3$이므로, $n = 2$, $k = 0.5$이다.

따라서 유출수의 ABS 농도를 9 mg/L로 처리하려면,

$X/M = 0.5 \times 9^{1/2} = 1.5$

$\therefore \ M = (56-9) \div 1.5 = 31.3 \text{ mg/L}$

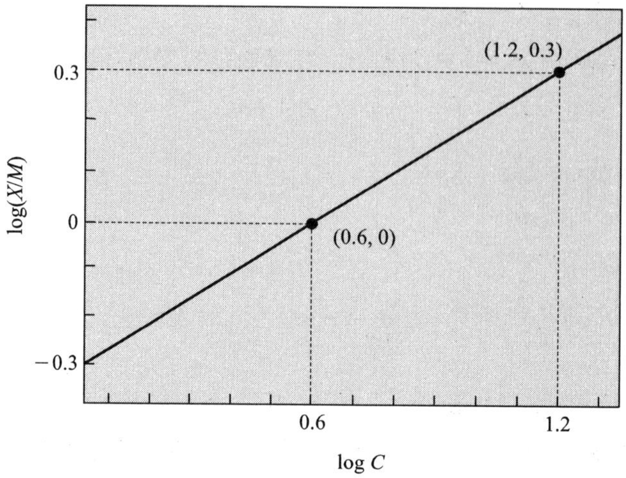

》 그림 2.17

■ 표 2.9

X	M	C	X/M	$\log C$	$\log X/M$
40	20	16	2	1.2	0.3
52	52	4	1	0.6	0

예제 2.9 예제 2.8과 같은 경우에 대해 Langmuir 식의 상수 a와 b를 구해 등온식을 완성하고 원수의 농도가 56 mg/L일 때 유출수를 9 mg/L로 처리하기 위해 필요한 활성탄의 농도를 구하라.

풀이 $\dfrac{1}{X/M} = \dfrac{1}{b} + \dfrac{1}{ab} \cdot \dfrac{1}{C}$

$C\left(\dfrac{1}{X/M} - \dfrac{1}{b}\right) = \dfrac{1}{ab}$

$16\left(\dfrac{1}{2} - \dfrac{1}{b}\right) = 4\left(\dfrac{1}{1} - \dfrac{1}{b}\right)$

$\therefore\ b = 3$이고,

$16\left(\dfrac{1}{2} - \dfrac{1}{3}\right) = \dfrac{1}{3 \times a}$

$\therefore\ a = 0.125$

$\dfrac{1}{X/M} = \dfrac{1}{3} + \dfrac{1}{0.375} \cdot \dfrac{1}{C}$

$\dfrac{1}{(56-9)/M} = \dfrac{1}{3} + \dfrac{1}{0.375} \cdot \dfrac{1}{9}$

$\therefore\ M = 29.6\ \text{mg/L}$

2) 입상활성탄에 의한 처리장치

일반적으로 입상활성탄을 이용하는 처리장치에는 고정층·이동층 및 유동층 방법 등이 있으나, 유동층의 경우 활성탄과 원수의 접촉이 불충분하여 활성탄의 유효효율이 적고, 기술적인 운전조건의 파악이 곤란하므로 주로 고정방식과 이동방식이 채용된다.

고정층 장치는 활성탄을 철재의 탑 또는 조에 충전(充塡)하고 그 충전층에 원수를 통과시켜 흡착을 행하는 장치로 가장 일반적으로 사용되는 방법이다. 이 방법은 원수를 통수하는 방법에 따라 압력식과 중력식으로 분류되며, 이 중 압력식은 단탑식·다탑식·병렬탑식 등으로 분류된다.

압력식 고정층 장치는 탑에 입상활성탄을 채우고 원수를 하향류 또는 상향류로 가압 통수한다. 이 때 통수가 지속되면 저항이 커지고 한계에 달하면 역세척한다.

중력식 고정층 장치는 일반적으로 콘크리트 조에 입상활성탄을 채우고 원수를 대기압 하에서 통수하는 방법이며, 이 장치 또한 통수저항이 증가하면 역세척한다.

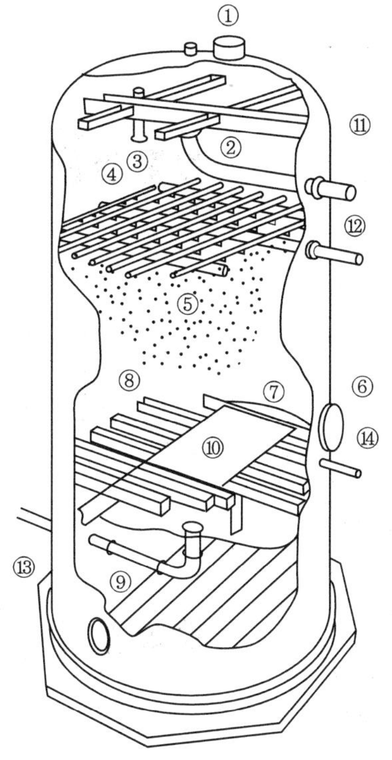

① 상부출입구
② 배수 Trough
③ 활성탄 입구 노즐
④ 표세용 Distributer
⑤ 활성탄
⑥ 하부출입구
⑦ 목판(SS⊿1 t·12mm)
⑧ 활성탄 인출 Trough
⑨ Skirt부 출입구
⑩ Strainer
⑪ 원수 입구 및 역세수 입구
⑫ 표세수 입구
⑬ 처리수 출구 및 역세수 출구
⑭ 활성탄 인출구

≫ 그림 2.18 압력식 고정층 장치의 개략도

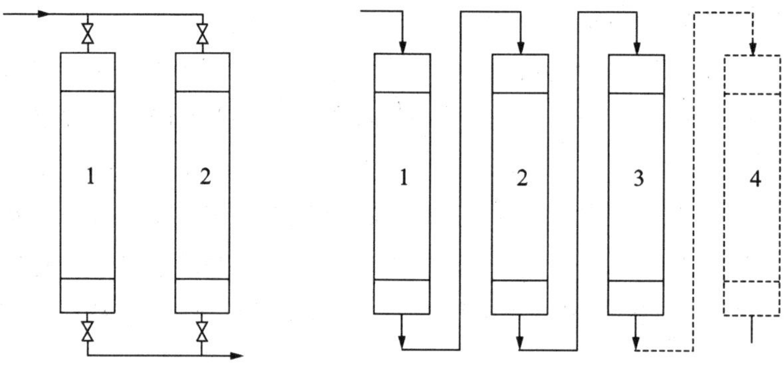

(a) 병렬탑식 (b) 다탑식

그림 2.19 고정층 흡착장치

이동층 장치에서는 원수를 가압하여 상향으로 통수하며, 흡착장치 내에 충전되어 있는 입상활성탄과 접촉시킴으로써 흡착을 행한다. 통수 시에는 입상활성탄은 고정되고 처리수는 장치의 상부로부터 유출한다. 처리수질의 악화에 따라 활성탄은 장치 하부로부터 일정량씩 인출하고 동시에 인출된 양만큼 장치 상부의 hopper에 재생된 입상활성탄을 충전한다. 이 작업 중에는 원수의 통수를 일시 정지시켜야 하지만 그 시간이 매우 짧음으로, 이 장치의 운전은 연속식이라고 볼 수 있다.

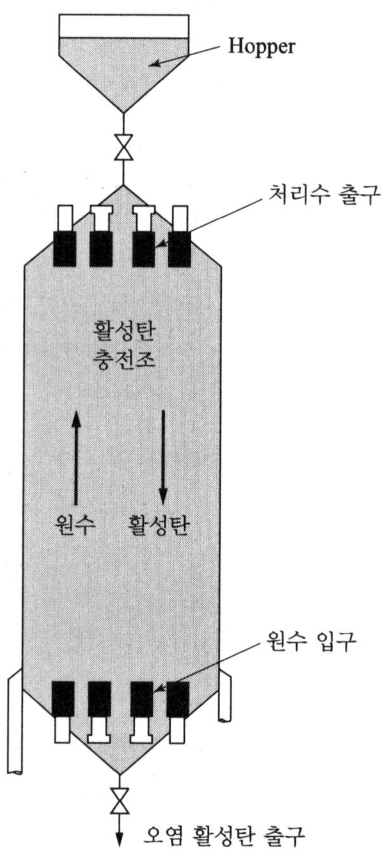

그림 2.20 이동층 흡착장치

3) Process 내의 적용

폐수 처리에 입상활성탄을 사용하는 경우에는 생물학적 방법과 물리·화학적 방법 2가지로 구분하는데, 먼저 생물학적 방법은 폐수의 생물학적 처리 후 처리수의 재사용 등을 목적으로 고차 처리할 경우 3차 처리에 사용하는 것과 생물학적 처리를 행하지 않고 입상활성탄의 흡착작용을 포함하여 모든 과정을 물리·화학적으로 처리하는 과정으로 나눌 수 있다. 3차 처리와 물리·화학적 처리 과정의 예를 나타내면 그림 2.21 및 2.22와 같다.

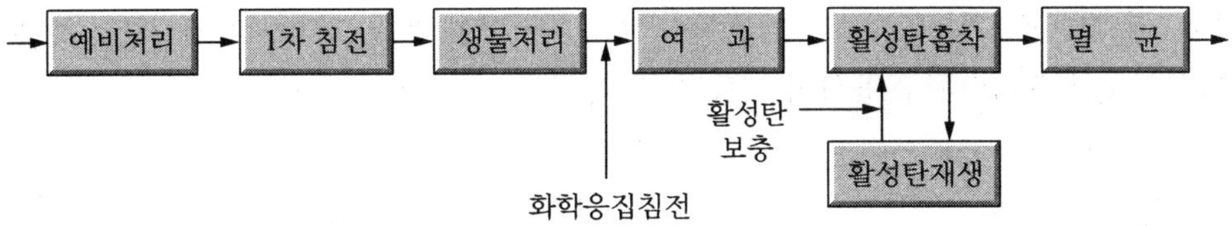

≫ 그림 2.21 고도처리로 활성탄을 이용하는 경우의 예

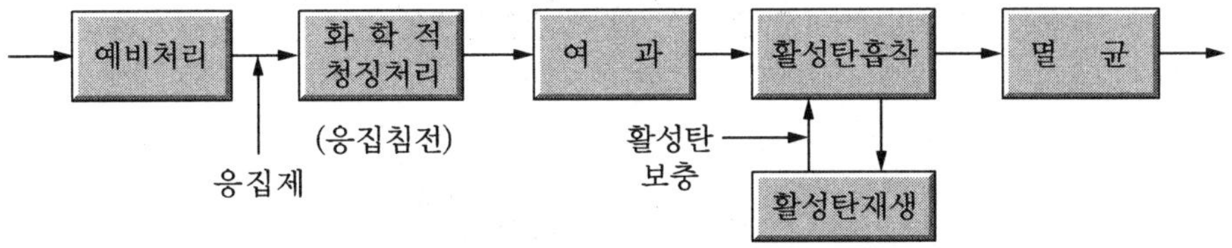

≫ 그림 2.22 입상 활성탄을 이용한 물리·화학적 처리의 예

근래에 상수 원수의 수질 악화로 상수 처리에 입상 또는 분말 형태의 활성탄을 이용하는 경우가 흔히 발생하는데, 특히 조류 등으로 인한 취기의 발생 시 활성탄 흡착 또는 오존처리+활성탄 흡착 등에 응용되기도 한다. 이때 분말활성탄은 ejector를 이용하여 착수정 또는 급속혼화지 등에 투입하며, 그 응집물은 침전지에서 침전시키는데, 투입 활성탄의 농도는 사용목적에 따라 다르나 취기를 제거할 경우에는 5~20 mg/L, ABS 제거에는 40~100 mg/L 정도이다.

입상탄을 이용하는 경우에는 여과지에 여재로 사용하는 경우와 별도의 철재 용기에 활성탄을 충전하여 가압통수하는 형식으로 자주 사용된다.

(7) 한외여과(ultra filtration)

막분리는 원수를 가압 또는 감압의 상태에서 여과막에 통과시켜 막의 공경보다 큰 성분을 분리·제거하는 것으로 현탁질의 농도가 낮고 제거대상입자의 크기가 통상 0.1 μm 이상인 경우에 많이 쓰인다. 그러나 막의 크기가 0.1 μm 이하가 되면 통수저항이 커져 여과에 높은 압력이 필요하게 되는데, 이와 같이 크기가 0.1 μm 이하인 현탁물을 제거하기 위해 고압(1.5 kg/cm^2 이상) 하에서 작은 공경의 여과막을 이용하는 여과법을 **한외여과**(限外濾過)라 한다.

이 방법은 주로 콜로이드 입자나 분자량이 300~300,000 dalton(1 dalton; 탄소(12)의 원자량의 1/12) 정도의 중분자 및 고분자 물질의 분리에 이용된다(그림 2.23 참고). 따라서 막은 폐색(閉塞)이 빨리 일어나므로 쉽게 세정 가능한 구조를 갖고 있어야 한다. 여과막의 구조는 투수성이 좋은 다공질 위에 구멍이 작고 얇은 여과막을 배치한 것으로 실제로 분리에 이용되는 표층의 두께는 1~5 μm 정도이며 하부 지지층은 25~50 μm이다. 이 방법은 재생

·세정법의 개발에 따라 이용도가 더욱 확대될 것으로 기대되며, 역삼투나 전기투석 등을 실시하기에 앞서 전처리로 유용하게 사용될 수 있다.

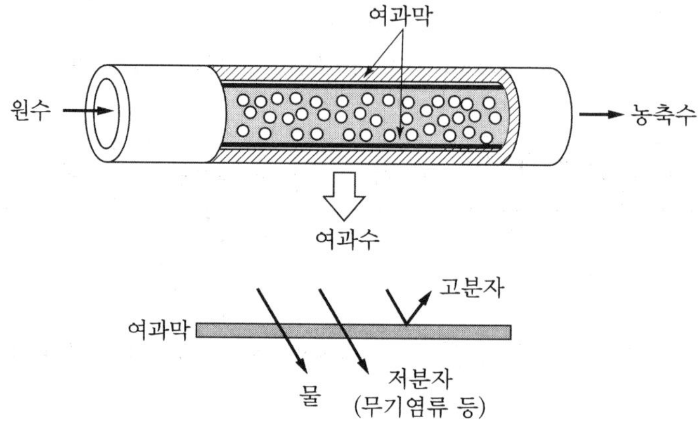

그림 2.23 한외여과법의 원리

2.2.2 화학적 처리

(1) 화학적 침전법

용해성 고체가 일정량 물에 용해하여 포화상태가 되면 용해한 이온 사이에 평형상태가 이루어진다. 예를 들면

$$AgCl(s) \rightleftharpoons Ag^{+} + Cl^{-} \tag{2.25}$$

상기 반응은 특정 온도에서 가역적인 화학반응이 평형을 이루고, 이때 반응물과 생성물 간의 관계를 생성물의 몰농도 곱과 반응물의 몰농도 곱의 비로 나타내고 이것을 평형상수(K_{eq})라 한다. 즉 위 반응에서 평형상수는 다음과 같다.

$$K_{eq} = \frac{[Ag^{+}][Cl^{-}]}{[AgCl]} \tag{2.26}$$

한편 위 식에서 양이온과 음이온의 농도를 곱한 값을 **용해도적**(solubility product)이라 하고 K_{sp}로 나타낸다. 즉 위 반응의 용해도적은 다음과 같다.

$$K_{sp} = [Ag^{+}][Cl^{-}] = K_{eq}[AgCl] \tag{2.27}$$

이 값 K_{sp}는 주어진 조건, 즉 일정의 온도와 압력 하에서 특정의 값을 나타내는데, 일정 조건에서 이 값을 초과하면 그 이상의 물질은 침전물을 형성하여 가라앉는다. 따라서 물에 원치 않는 이온이 존재할 때 그 이온과 반응하여 난용성염을 만드는 약품, 즉 침전제(precipi -tants)를 가하여 그 원치 않는 이온을 침전물로 만들어 제거하는 방법을 **화학적 침전법**이라 한다.

화학적 침전법에서 침전제는 천연수 중에서 보통 생기는, 예를 들어 수산화물과 탄산염으로 침전시킬 수 있는 것, 또는 비교적 비용해성인 것, 예를 들어 Fe^{3+}, Al^{3+}의 화합물 및 유독 잔류물을 만들지 않는 것을 선택하는 것이 좋다.

일반적으로 수중의 다가 양이온을 제거하기 위해서는 이들 물질을 용해성이 적은 탄산염이나 수산화물로 만들어 침전시키는 방법이 화학적 안정화 및 연수화에 있어서 Ca^{2+} 및 Mg^{2+} 그리고 기타 양이온의 침전 등을 포함한 중요한 수처리 과정에 아주 유용하게 사용된다.

이상과 같이 K_{sp}는 침전물의 양을 결정짓는데, 이때 상기와 같이 AgCl의 경우 pH가 변화하여도 용해도는 변화하지 않는다. 그것은 H^+이온이 가해져도 AgCl이 강산이므로 HCl을 형성하지 않기 때문이다. 하지만 형성되는 물질이 탄산과 같이 약산인 경우에는 pH의 영향을 받는다. 예를 들어 순수에 $CaCO_3(s)$을 가할 때 용해하는 종류는 Ca^{2+} 및 CO_3^{2-}이며, 또한 CO_3^{2-}는 염기이기 때문에 물과의 반응생성물은 HCO_3^-와 OH^-가 대부분이다. 일반적으로 $CaCO_3$는 H^+ 또는 산과 더불어 다음과 같이 반응한다.

$$CaCO_3(s) + H^+ \rightarrow Ca^{2+} + HCO_3^- \qquad (2.28)$$

위 식에서 (s)는 고체 상태로 존재함을 의미한다.

이때 산을 가하여 pH를 낮추면 $CaCO_3$의 용해도가 증가하고, 염기를 가하여 pH를 높이면 $CaCO_3$의 용해도가 감소한다. 그러므로 pH의 변화는 소석회-소다회 연수화법에서 Ca^{2+} 제거를 지배한다. $CaCO_3$ 용해도와 관련하여 계통적·질량적 관계는 표 2.10의 평형식에 기초를 두고 있다.

■ 표 2.10 용해도적 상수

평형식	K_{sp} (25℃)	적 용
$MgCO_3 \rightleftharpoons Mg^{2+} + CO_3^{2-}$	4×10^{-5}	경도 제거, scaling
$Mg(OH)_2 \rightleftharpoons Mg^{2+} + 2OH^-$	9×10^{-12}	상동
$CaCO_3 \rightleftharpoons Ca^{2+} + CO_3^{2-}$	5×10^{-9}	상동
$Ca(OH)_2 \rightleftharpoons Ca^{2+} + 2OH^-$	8×10^{-6}	상동
$Cu(OH)_2 \rightleftharpoons Cu^{2+} + 2OH^-$	2×10^{-19}	중금속 제거
$Zn(OH)_2 \rightleftharpoons Zn^{2+} + 2OH^-$	3×10^{-17}	상동
$Zn(OH)_2 \rightleftharpoons 2H^+ + ZnO_2^{2-}$	1×10^{-29}	상동
$Ni(OH)_2 \rightleftharpoons Ni^{2+} + 2OH^-$	2×10^{-16}	상동
$Cr(OH)_3 \rightleftharpoons Cr^{3+} + 3OH^-$	6×10^{-31}	상동
$Cr(OH)_3 \rightleftharpoons H^+ + CrO_2^- + H_2O$	9×10^{-17}	상동
$Al(OH)_3 \rightleftharpoons Al^{3+} + 3OH^-$	1×10^{-32}	약품응집
$Al(OH)_3 \rightleftharpoons H^+ + AlO_2^- + H_2O$	4×10^{-13}	상동
$Fe(OH)_3 \rightleftharpoons Fe^{3+} + 3OH^-$	6×10^{-38}	약품응집, 제철, 침식성
$Fe(OH)_2 \rightleftharpoons Fe^{2+} + 2OH^-$	5×10^{-15}	상동
$Mn(OH)_3 \rightleftharpoons Mn^{3+} + 3OH^-$	1×10^{-36}	망간 제거
$Mn(OH)_2 \rightleftharpoons Mn^{2+} + 2OH^-$	8×10^{-14}	상동
$Ca_3(PO_4)_2 \rightleftharpoons 3Ca^{2+} + 2PO_4^{3-}$ $CO_3 \rightleftharpoons Mg^{2+} + CO_3^{2-}$	1×10^{-27}	인산염 제거
$CaHPO_4 \rightleftharpoons Ca^{2+} + HPO_4^{2-}$	3×10^{-7}	상동
$CaF_2 \rightleftharpoons Ca^{2+} + 2F^-$	3×10^{-11}	불소첨가처리
$AgCl \rightleftharpoons Ag^+ + Cl^-$	3×10^{-19}	염화물 분석
$BaSO_4 \rightleftharpoons Ba^{2+} + SO_4^{2-}$	1×10^{-10}	황산염 분석

예제 2.10 실온에서 몇 가지 염의 용해도(용액 100 mL당 녹아 있는 g수)를 표시하면 다음과 같다. 각 염의 용해도적을 계산하라. (1) $CaCO_3$; 0.209 (2) Ag_2SO_4; 0.0032

풀이 (1) $CaCO_3$의 M.W.은 136 g이므로,
그 용해도는 2.09/136 = 1.58×10^{-2} mole/L

$$K_{sp} = [Ca^{2+}][SO_4^{2-}] = (1.58\times10^{-2})(1.58\times10^{-2}) = 2.5\times10^{-4}$$

(2) Ag_2SO_4의 용해도는 0.032/312 = 1×10^{-4} mole/L
따라서 SO_4^{2-}의 농도는 1×10^{-4} mole/L이고, Ag^+의 농도는 2×(1×10^{-4}) mole/L이므로,

$$K_{sp} = [Ag^+]^2[SO_4^{2-}] = (2\times10^{-4})^2(1\times10^{-4}) = 4\times10^{-12}$$

예제 2.11 어떤 공장의 카드뮴 배출허용기준은 0.2 mg/L이다. $Cd(OH)_2$의 용해도적(K_{sp})이 4×10^{-14}일 때, pH와 폐수량이 200 m^3/day인 경우 pH를 조절하기 위한 NaOH의 일 소요량을 계산하라. (단, Cd와 Na의 원자량은 각각 112.4 및 23 g이다.)

풀이 $Cd(OH)_2 \rightleftharpoons Cd^{2+} + 2OH^-$

$K_{sp} = [Cd^{2+}][OH^-]^2$이고, $[Cd^{2+}] = \dfrac{0.2}{112.4\times1000} = 1.78\times10^{-6}$

$\therefore\ [OH^-] = \sqrt{K_{sp}/[Cd^{2+}]} = \sqrt{4\times10^{-14}/1.78\times10^{-6}} = 1.5\times10^{-4}$

$pOH = -\log[OH^-] = -\log(1.5\times10^{-4}) = 3.8$

$pH = 14 - pOH = 14 - 3.8 = 10.2$이고,

NaOH의 일 소비량은 1.5×10^{-4} mole/L × 40 g/mole × 200 m^3/day = 1.2 kg

예제 2.12 다음 물질의 용해도를 g/L로 나타내라. 단, 각 물질의 용해도적은 다음과 같다.
(1) $BaSO_4$; 1.1×10^{-10}, (2) $Mg(OH)_2$; 1.5×10^{-11}

풀이 (1) $BaSO_4$; 1.1×10^{-10}

각각의 mole/L 단위의 용해도를 x라고 하면,

$$K_{sp} = [Ba^{2+}][SO_4^{2-}] = 1.1\times10^{-10} = x^2$$

$$\therefore\ x = 1.05\times10^{-5}\ \text{mole/L}$$

$BaSO_4$의 원자량은 233 g (Ba; 137, SO_4; 96)

$$\therefore\ 1.05\times10^{-5}\times233 = 2.45\times10^{-3}\ \text{g/L}$$

(2) $Mg(OH)_2$; 1.5×10^{-11}

$$K_{sp} = [Mg^{2+}][OH^-]^2 = [x][2x]^2 = 1.5\times10^{-11} = 4x^3$$

$$\therefore\ x = \sqrt[3]{1.5\times10^{-11}/4} = 1.55\times10^{-4}\ \text{mole/L}$$

$Mg(OH)_2$의 원자량은 41.3 g (Mg; 24.3, OH; 17)

$$\therefore\ 1.55\times10^{-4}\times41.3 = 6.4\times10^{-3}\ \text{g/L}$$

예제 **2.13** 1 L당 0.012 g의 Ca^{2+}이 녹아 있는 용액에서 $CaCO_3$의 침전이 발생할 수 있는 최소 CO_3^{2-}의 농도는 몇 g/L인가? (단, $CaCO_3$의 $K_{sp}=5\times10^{-9}$이다.)

풀이 Ca^{2+}의 농도는 $0.012/40=3\times10^{-4}$ mole/L이고, CO_3^{2-}의 가수분해가 없다고 가정하면,

$CaCO_3$의 $K_{sp}=[Ca^{2+}][CO_3^{2-}]=5\times10^{-9}$

$$\therefore\ [CO_3^{2-}]=\frac{5\times10^{-9}}{3\times10^{-4}}=1.67\times10^{-5}\,\text{mole/L}$$

$\therefore\ 1.67\times10^{-5}\times60=1\times10^{-3}\,\text{g/L}$

예제 **2.14** 수산화 제1철의 용해도적은 8×10^{-16}이다. pH 7과 pH 8.5일 때 각각 어느 정도 용해되는가?

풀이 pH가 7일 때 $pOH=14-7=7$이고, $pOH=-\log[OH^-]$이므로, $[OH^-]=10^{-7}$이다.
한편 $Fe(OH)_2 \rightleftharpoons Fe^{2+}+2OH^-$이고, $K_{sp}=[Fe^{2+}][OH^-]^2=8\times10^{-16}$이므로,

$$[Fe^{2+}]=\frac{K_{sp}}{[OH^-]^2}=\frac{8\times10^{-16}}{(10^{-7})^2}=8\times10^{-2}\,\text{mole/L}$$
$$=55.85\times8\times10^{-2}=4{,}468\,\text{mg/L}$$

pH가 8.5일 때 $pOH=14-8.5=5.5$이고, $pOH=-\log[OH^-]$이므로, $[OH^-]=10^{-5.5}$이다.

$$[Fe^{2+}]=\frac{K_{sp}}{[OH^-]^2}=\frac{8\times10^{-16}}{(10^{-5.5})^2}=8\times10^{-5}\,\text{mole/L}$$
$$=55.85\times8\times10^{-5}=4.5\,\text{mg/L}$$

주) 철 1 mole/L는 55.85 g/L

(2) 화학적 안정화(chemical stabilization)

화학적 안정화란 물의 pH, Ca^{2+} 및 Alkalinity[1편 1.5.4 (2) 1)항 참고]를 $CaCO_3$ 포화·평형으로 조정함을 의미한다. 물이 $CaCO_3$ 포화·평형상태로 안정화되면, $CaCO_3$가 용해되지도 않고 침전하지도 않기 때문에, 금속을 침식으로부터 보호할 수 있는 $CaCO_3$ coating을 용해하지 않아 금속관의 손상을 막을 수 있고 $CaCO_3$ 침전물이 퇴적하여 관을 폐색하지도 않는다. 평형조건은 다음 방정식으로 정의된다.

$$CaCO_3(s) + H^+ \rightarrow Ca^{2+} + HCO_3^-$$

$$[Ca^{2+}][HCO_3^-]/[H^+] = K_{eq} \tag{2.29}$$

$CaCO_3$ 포화점은 또한 다음 식으로 나타낼 수 있다.

$$[H^+]_{eq} = [H^+]_s \quad \text{또는} \quad pH_{eq} = pH_s \tag{2.30}$$

위 식에서 eq는 가정적 평형을, s는 $CaCO_3$의 포화상태를 나타내는데, 여기서 $[H^+]_{eq}$는 다음 식과 같다.

$$[H^+]_{eq} = [Ca^{2+}][HCO_3^-]/K_{eq} \tag{2.31}$$

식 (2.29)에서 알 수 있듯이 pH_{eq} 이하 또는 $[H^+] > [H^+]_{eq}$ 때는 $CaCO_3$가 침전하지 않는데, alkalinity와 경도가 낮고 CO_2 함량이 높은 자연수와 약품침전된 물, 이온교환에 의해 연수화된 물, 탈염수(demineralized) 등은 이와 같은 경우이다. 하지만 pH_{eq} 이상 또는 $[H^+] < [H^+]_{eq}$ 때는 $CaCO_3$가 침전하여 탄산염이 배수관·보일러·여과지의 사력(砂礫) 등에 퇴적한다.

(3) 중화와 pH 조정 (1.5.4 (2)항 참고)

산성이나 알칼리성이 강한 물은 생물에 해롭고, 철이나 콘크리트를 부식시키므로 pH는 여러 경우에 있어 적정 허용범위에 들어야 한다. 따라서 문제의 물이 적정의 pH 범위를 벗어날 경우 중화제를 가하여 pH를 조정해야 한다.

예를 들어 금속의 부식이나 금속면의 $CaCO_3$ scale의 방지, 금속이온의 제거, 즉 Fe^{3+}·Al^{3+}·Cu^{2+}·Zn^{2+}·Fe^{2+}·Mn^{2+}·Cd^{2+} 등 금속이온은 물의 pH를 높이면 수산화물로 침전하는데, 이와 같이 pH의 조정은 금속이온의 제거를 위해서도 중요한 의미를 갖는다. 그 외에 폐수처리 시 금속이온을 제거하기 위해 응집제를 활용하는 경우가 많은데, 이때 역시 pH는 응집제의 투여량이나 응집작용에 현저한 영향을 미친다.

산 중화제로는 가성소다(NaOH)·생석회(CaO)·소석회($Ca(OH)_2$)·석탄회($CaCO_3$)·소다회(Na_2CO_3) 등이 자주 사용되고, 알칼리 중화제로는 황산·염산 또는 CO_2 등이 사용된다.

자연수에 있어서 수중의 유리탄산·알칼리도 및 pH 간의 관계는 다음 식으로 표시된다.

$$pH = \log A - \log C + \log(0.88/K) \tag{2.32}$$

위 식에서 A는 알칼리도($CaCO_3$, mg/L), C는 유리탄산의 양(CO_2, mg/L), K는 CO_2가

물에 용해되었을 때의 겉보기 해리정수로 25℃에서 4.45×10^{-7}이다.

따라서 중화를 위해 수중에 알칼리를 첨가하면 pH·알칼리도 및 유리탄산의 양, 이 3가지가 동시에 변화한다.

예제 2.15 HCl 150 mg을 함유하는 용액 1 L를 1 N의 NaOH로 적정한다. 이때 NaOH를 (1) 0 mL, (2) 2 mL, (3) 5 mL 주입할 경우 pH를 구하라.

풀이 HCl 150 mg/L는 $(150/36.5)\times10^{-3}$ mole/L이다.
$HCl \rightarrow H^{+} + Cl^{-}$이고, 완전 해리한다고 하면, $[H^{+}]=4.11\times10^{-3}$ mole/L이다. 따라서,

(1) 0 mL;
$pH = -\log[H^{+}] = -\log(4.11\times10^{-3}) = 2.39$

(2) 2 mL;
1 N의 NaOH 2 mL는 2 meq이므로, 적정 후 $[H^{+}]=(4.11-2)\times10^{-3}$ mole/L이다. 따라서,
$pH = -\log(2.11\times10^{-3}) = 2.68$

(3) 5 mL;
1 N의 NaOH 5 mL는 5 meq이므로, 적정 후 $[OH^{-}]=(5-4.11)\times10^{-3}$ mole/L가 남게 된다.
따라서, $pH = 14-pOH = 14-(-\log(0.89\times10^{-3})) = 10.95$

(4) 산화·환원반응 (1.5.4 (2)항 참고)

산화란 광의로는 각 원소가 가지는 산화수의 증가나 감소, 즉 전자의 이동을 의미한다. 따라서 화학반응 시 산화와 환원은 동시에 일어나며 화학양론적으로 반응한다. 하지만 협의로는 화합물 또는 원소에 산소를 부가하는 것, 또는 화합물 중의 수소를 제거하는 것을 의미한다.

산화반응을 이용하여 수중의 오탁물질을 분해 또는 무해화시키는 소위 산화처리는 수처리에서 중요한 역할을 차지하는데, 그것은 유해한 유기물을 완전 산화시켜 이산화탄소·질소가스·물·질산·황산과 같은 물질로 변화시키거나, Fe^{2+}나 Mn^{2+}과 같은 용해성 금속이온을 다음 식(2.33~2.35)과 같이 산화시켜 불용성의 수산화물로 침전·제거할 수 있기 때문이다. 일반적으로 사용되는 산화제로는 염소·오존·산소·$KMnO_4$·K_2CrO_7 등이 있다.

$$2Fe^{2+} + \frac{1}{2}O_2 + 5H_2O = 2Fe(OH)_3(s) + 4H^+ \quad (2.33)$$

$(\log K = 5.8,\ 25℃)$

$$Mn^{2+} + \frac{1}{2}O_2 + H_2O = MnO_2(s) + 2H^+ \quad (2.34)$$

$(\log K = 0,\ 25℃)$

$$Fe^{2+} + Cl_2 = 2Fe^{3+} + 2Cl^- \quad (2.35)$$

환원에 의한 처리는 산화와 달리 극히 좁은 범위에서 이용되고 있는데, 일반적인 응용은 6가 크롬을 함유하는 폐수의 처리, 동 이온을 함유하는 폐수에서 금속동을 회수하는 처리에 이용된다. 일반적으로 사용되는 환원제로는 황산제1철 · 철 · 황화물 · 아황산나트륨(Na_2SO_3) · 중아황산나트륨($NaHSO_3$) · 아황산가스 등이다.

(5) 하수의 소독

하수의 소독에 사용되는 소독제나 소독원리는 상수처리 시와 크게 다르지 않다. 따라서, 본 장에서는 하수의 소독과 관련하여 염소와 오존처리 시 상수의 소독과 다른 점만을 간략하게 요약 기술하고자 한다.

1) 염소소독

염소는 하수의 소독에 가장 널리 사용되는 소독제이다. 상수의 소독 시 유리염소 중 HClO은 수중의 humic acid나 fulvic acid와 같은 전구물질과 반응하여 trihalomethane(THM)이란 발암물질을 발생시킨다. 이와 같이 THM이 생성되기 위해서는 수중에 HClO이 존재해야 하는데, 하수의 소독 시 염소의 수중 반응에서 생성되는 HClO은 하수 중에 다량 존재하는 암모니아와 매우 빠르게 반응하여 클로라민을 형성하므로(표 2.11 참고), 전구물질이 존재한다 하여도, 불연속점 이상으로 염소를 투입하지 않는 한 하수에서 THM은 발생하지 않는다. 여기서 전구물질(前驅物質)이란 생성물(여기서는 THM)의 발생 원인이 되는 물질을 말하며 여기서는 humic acid · fulvic acid가 전구물질이다. 즉 하수의 소독 시 불연속점에 이르기 위해서는 50～70 mg/L의 염소가 요구되는데, 이 정도로 염소를 주입하면 유출수가 방류하천의 수서생물에게 심한 독성을 미치므로 하수의 불연속점 염소소독은 거의 실시하지 않고(Brungs, 1973), 소독은 클로라민에 의존한다. 따라서 하수의 소독 시 THM의 발생은 거의 우려되지 않는다.

■ 표 2.11 pH에 따른 HClO과 암모니아의 반응시간

pH	8.3	7	2
반응시간 (sec)	0.069	0.2	421

2) 오존처리

이미 2편 1.6.3항에서 기술하였듯이 오존은 고가이고 복잡한 오존발생장치가 필요하다. 하지만 이러한 단점에도 불구하고 오존은 처리능력이 크고, 생물분해가 불가능한 물질의 처리에도 적용할 수 있으며, 잔존물질이 남지 않는다. 따라서 하·폐수처리장의 방류수에 적용할 경우 많은 장점을 가지며, 이에 따라 하·폐수처리에 도입을 제고할 필요가 있는 것으로 판단된다. 표 2.12는 하수처리장의 방류수를 오존으로 처리한 결과를 나타낸 것이다.

■ 표 2.12 하수처리장 2차 처리수의 오존처리 예

반응기 형식	응집제	오존주입농도 (mg/L)	오존에 의한 COD 제거율 (%)	오존소비량 (mg/L)	오존흡수율 (%)
향류 접촉조	없음	43	78	210	79
	없음	21～45	64	210	79
	alum	23	38	180	62
6단병류 접촉법	alum + acid	23	63	95	76
	alum + acid	11	53	68	60

(6) 응결 및 응집

수중에 colloid 입자는 전하를 띠고 있어 입자 간에 반발력이 작용하여 서로 응결하지 않는다. 따라서 이들 입자를 응결·침전시키기 위해서는 colloid 입자를 전기적으로 중성의 상태로 만들어야 하는데, 이러한 목적으로 투입하는 물질을 **응집제**라 한다. 응집제를 물에 가하여 급속히 혼합하면 응집제는 수중에서 전리하여 colloid의 전하와 반응한다. 그 결과 colloid 입자는 중성이 되어 입자 간에 반발력이 작아지고, Vander Waals의 흡인력(전기적으로 중성인 상태에서 극히 근거리의 분자 사이에 작용하는 약한 인력)에 의해 **응결**이 일어난다. 그 다음 물을 서서히 교반하면 응결된 입자들이 가교현상에 의하여 서로 결합하여 floc를 형성하는데, 이러한 현상을 **응집**이라 한다.

응집제로는 보통 알루미늄이나 철의 염류, 예를 들면 황산알루미늄[$Al_2(SO_4)_3 \cdot 18H_2O$], 황산제2철[$Fe_2(SO_4)_3$], 염화제2철[$FeCl_3$] 및 PAC(poly aluminium chloride) 등이 사용된다.

참고로 이들 응집제의 응집반응을 화학방정식으로 나타내면 다음과 같다.

$$Al_2(SO_4)_3 + 3Ca(HCO_3)_2 \rightarrow 2Al(OH)_3 + 3CaSO_4 + 6CO_2 \quad (2.36)$$

$$Al_2(SO_4)_3 + 3Mg(HCO_3)_2 \rightarrow 2Al(OH)_3 + 3MgSO_4 + 6CO_2 \quad (2.37)$$

$$Al_2(SO_4)_3 + 3Ca(OH)_2 \rightarrow 2Al(OH)_3 + 3CaSO_4 \quad (2.38)$$

$$Al_2(SO_4)_3 + 3Na_2CO_3 + 3H_2O \rightarrow 2Al(OH)_3 + 3Na_2SO_4 + 3CO_2 \quad (2.39)$$

$$Fe_2(SO_4)_3 + 3Ca(HCO_3)_2 \rightarrow 2Fe(OH)_3 + 3CaSO_4 + 6CO_2 \quad (2.40)$$

$$2FeCl_3 + 3Ca(HCO_3)_2 \rightarrow 2Fe(OH)_2 + 3CaCl_2 + 6CO_2 \quad (2.41)$$

위 식을 종합적으로 표시하면 다음과 같다.

$$\text{응집제} + \text{alkalinity} \rightarrow \text{금속수산화물} + \text{기타} \quad (2.42)$$

위 식에서 금속수산화물은 점착성 물질로 응결된 입자는 쉽게 서로 응집하여 floc를 형성하고, 수중의 현탁물질도 그 floc에 부착하여 침전·제거된다.

한편 알루미늄염이나 철염과 같은 금속염을 응집제로 사용할 경우 이들 응집제는 원수의 pH에 따라 그 성능이 크게 달라지는데, 이때 pH를 조절하거나 완충할 목적으로 산이나 알칼리를 투여한다. 또한 floc의 침강성이나 강도를 증가시키기 위해 무기계의 점토나 소석회, 유기계의 천연물질인 한천·전분·젤라틴 또는 poly-electrolytes와 같은 합성고분자 물질 등을 첨가하는 경우도 있는데, 이러한 목적으로 투입하는 약품을 **응집보조제**라고 한다. 이때 응집보조제의 병용은 응집을 촉진시키고 동시에 응집제의 사용량을 절감할 수 있다.

따라서 원활한 응집을 위해서는 적정량의 응집제와 응집보조제의 양을 파악해야 하는데, 각 약품의 적정 투여량을 파악하기 위해서는 일반적으로 jar test라고 하는 실험을 실시한다.

Jar test의 방법은 먼저 시료를 여러 가지 pH 값으로 조정하고 급속히 교반하는 상태에서 일정량의 응집제를 투여한다. 이때 응결반응은 짧은 시간에 이루어지며, 이후 완속으로 서서히 교반하면 응집이 시작되면서 floc이 발생하는데, 이때 교반을 멈추고 floc을 침전시켜 상징액의 탁도를 측정한다. 그 결과 최저의 탁도를 나타내는 pH 값을 발견할 수 있는데, 그 pH 조건에서 응집제의 투여량을 달리하여 재차 실험을 실시하면 응집제의 최적량을 구할 수 있다.

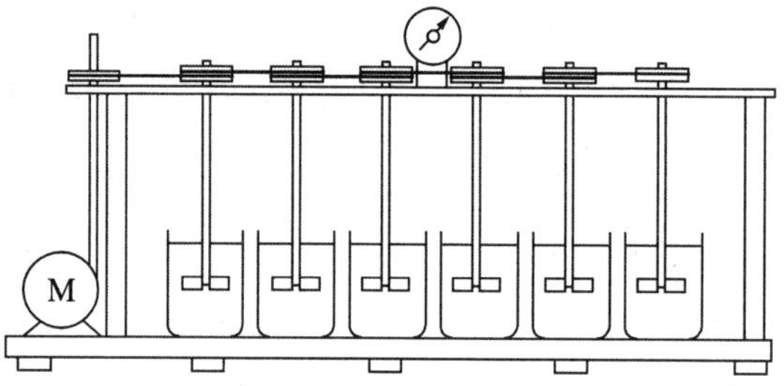

≫ 그림 2.24 Jar tester

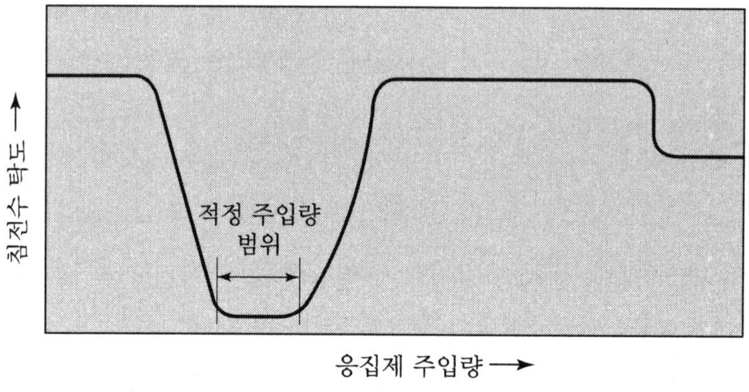

≫ 그림 2.25 주입량에 따른 침전수의 탁도 변화

(7) 이온교환법

근래에 양질의 순수를 필요로 하는 공업이 현저하게 증가하였다. 이들 공업에서 요구되는 수처리 방식은 종래 처리방식의 단순한 조합만으로는 불충분하여, 이온교환법을 중심으로 적절한 전처리를 조합하여 사용하는 경우가 많은데, 이러한 방법은 폐수처리에도 활용되며, 이때 이온교환수지를 사용하여 유용물을 회수하면 처리비용을 어느 정도 보상 받을 수도 있다.

이온교환수지는 용수나 폐수처리 외에도 물질의 정제나 추출을 위해서도 사용될 수 있으며, 다음과 같은 특징을 갖는다.

① 처리대상물질은 이온 또는 극성물질이다.

② 폐수 중의 희박한 유해물질을 완전히 흡착·제거하여 농축시킬 수 있다.

③ 일반적으로 대상물질의 농도가 낮고, 교환·흡착을 방해하는 공존 염류의 농도가 낮아야 한다.

④ 폐수 중의 유해물질의 회수와 재사용이 가능하다.

보통 폐수 중에 함유되어 이온교환처리로 제거할 수 있는 유해 대상물질에는 Fe · Al · Mn · Cu · Zn · Cr · Ag · Ni · Co · Cd · Ba · U · Ra · Hg · Pb 등의 금속 외에 F · B · 질산염 · As · 황화물 · phenol · chlorophenol 등이 있다.

일반적으로 폐수 중에 미량 함유되는 이들 물질의 제거는 이온교환수지를 이용하여 교환 · 흡착하는 방법으로 행하여지는데, 이것은 증류법이나 막 등을 이용하는 타 공법에 비해 다량의 물을 증발시키거나 투과시켜야 할 필요가 없음으로 매우 효과적인 처리법이다. 하지만 폐수 중에 함유된 불순물의 농도가 증가할 경우, 이온교환수지의 재생비용이 상승하므로 경제적 처리를 위해서는 대상물질의 농도에 한계가 있는데, 현재 이온교환법을 경제적으로 활용할 수 있는 농도의 한계는 500 mg/L 정도이다.

한편 이온교환제에는 **양이온교환제**와 **음이온교환제**가 있는데, 양이온교환제는 물의 연화, 철 · 망간 등의 제거, 불소 제거, 암모니아 제거 등의 능력이 있고, 음이온교환제는 황산 · 염산 · 규산 등을 흡수하는 능력이 있다.

이온교환제를 적용할 경우에는 폐수 중의 유해물과 교환제 및 방해물질 간의 화학반응성을 고려해야 하는데, 일반적으로 양이온교환수지의 선택성은 다음과 같다.

$$Al^{3+} > Ca^{2+} > Mg^{2+} > \cdots Mn^{2+} > K^{+} > NH_4^{+} > Na^{+} > H^{+} \qquad (2.43)$$

양이온교환제의 교환기구(R은 교환되지 않는 부분임)

① **Na-형 교환체를 이용**(물의 연수화, 재생제는 식염)

$$Na_2R + \left[\begin{matrix} CaCl_2 \\ Mg(HCO_3)_2 \end{matrix}\right. \rightleftarrows \left.\begin{matrix} Ca \\ Mg \end{matrix}\right] R + \begin{matrix} 2NaCl \\ 2NaHCO_3 \end{matrix} \text{(경도에 무관)} \qquad (2.44)$$

$$\text{재생} \left.\begin{matrix} Ca \\ Mg \end{matrix}\right] R + NaCl \rightarrow Na_2R + \begin{matrix} MgCl_2 \\ CaCl_2 \end{matrix} \text{(세정으로 유출)} \qquad (2.45)$$

② **H-형 교환체를 이용**(경도와 동시에 $Na^{+} \cdot K^{+}$도 제거, 재생제는 황산과 같은 산)

$$H_2R + \left[\begin{matrix} CaCl_2 \\ MgSO_4 \\ 2NaCl \\ 2KCl \end{matrix}\right. \rightleftarrows \left.\begin{matrix} Ca \\ Mg \\ Na_2 \\ K_2 \end{matrix}\right] R + \begin{matrix} HCl \\ H_2SO_4 \end{matrix} \qquad (2.46)$$

$$\text{재생} \left.\begin{matrix} Ca \\ Mg \\ Na_2 \\ K_2 \end{matrix}\right] R + (H_2SO_4 \text{ 또는 } HCl) \rightarrow H_2R + \left.\begin{matrix} Ca \\ Mg \\ Na_2 \\ K_2 \end{matrix}\right] \begin{matrix} (SO_4 \text{ 또는 } Cl_2) \\ \text{(세정으로 유출)} \end{matrix} \qquad (2.47)$$

음이온교환제의 교환기구(R_3N은 교환되지 않는 부분임)

$$(R_3N) + \left[\begin{matrix} H_2SO_4 \\ 2HCl \end{matrix}\right. \rightarrow (R_3N)_2 \left[\begin{matrix} SO_4 \\ Cl_2 \end{matrix}\right. + H_2 \tag{2.48}$$

$$\text{재생} \quad (R_3N)_2 \left[\begin{matrix} SO_4 \\ Cl_2 \end{matrix}\right. + Na_2CO_3 \rightarrow 2(R_3N)_2 + Na_2 \left[\begin{matrix} SO_4 \\ Cl_2 \end{matrix}\right. + CO_3 \tag{2.49}$$

(8) 경도의 제거

경도는 일반적으로 하수보다는 용수 특히 공업용수에서 문제가 되는데, 경도를 제거하기 위해서는 소석회[$Ca(OH)_2$]와 소다회(Na_2CO_3)를 이용한 침전법과 이온교환법 등이 자주 이용되며, 소석회 - 소다회를 이용한 침전법에 대해 기술하면 다음과 같다.

먼저 수중에 용해되어 있는 $Ca(HCO_3)_2$나 $Mg(HCO_3)_2$에 소석회를 가하면 다음과 같다.

$$Ca(HCO_3)_2 + Ca(OH)_2 \rightarrow 2CaCO_3\downarrow + 2H_2O \tag{2.50}$$

$$Mg(HCO_3)_2 + Ca(OH)_2 \rightarrow MgCO_3(\text{용액}) + CaCO_3\downarrow + 2H_2O \tag{2.51}$$

이상과 같이 $Ca(HCO_3)_2$나 $Mg(HCO_3)_2$과 같은 탄산경도는 소석회를 가하여 침전물로 침전·제거할 수 있으며, Ca나 Mg의 비탄산경도는 소다회를 이용하여 다음과 같이 제거할 수 있다.

$$CaSO_4 + Na_2CO_3 \rightarrow CaCO_3\downarrow + Na_2SO_4(\text{용액}) \tag{2.52}$$

$$CaCl_2 + Na_2CO_3 \rightarrow CaCO_3\downarrow + 2NaCl(\text{용액}) \tag{2.53}$$

$$MgSO_4 + Ca(OH)_2 \rightarrow Mg(OH)_2 + CaSO_4(\text{용액}) \tag{2.54}$$

$$CaSO_4 + Na_2CO_3 \rightarrow CaCO_3\downarrow + Na_2SO_4(\text{용액}) \tag{2.55}$$

$$MgCl_2 + Ca(OH)_2 \rightarrow Mg(OH)_2 + CaCl_2(\text{용액}) \tag{2.56}$$

$$CaCl_2 + Na_2CO_3 \rightarrow CaCO_3\downarrow + 2NaCl(\text{용액}) \tag{2.57}$$

한편 과잉으로 투입된 소석회를 제거하거나 pH를 조정하기 위한 재탄산화 시는 탄산가스(CO_2)를 주입한다. 이때 $CaCO_3$ 침전을 위한 적당한 pH는 10.2～10.4이고, 재탄화 시 pH는 9.4 정도로 떨어진다.

$$Ca(OH)_2 + CO_2 \rightarrow CaCO_3\downarrow + H_2O \tag{2.58}$$

$$CaCO_3 + CO_2 + H_2O \rightarrow Ca(HCO_3)_2 \tag{2.59}$$

(9) 전기투석(electrodialysis)

원래 전기투석이란 전해질 용액을 포함한 물질과 물을 격막에 의하여 분리하고, 직류전압을 가하여 이온을 물 쪽으로 이동시켜 용액으로부터 전해질을 제거하는 조작을 의미하는데, 이것은 이온을 선택적으로 얻을 수 없어 그 용도가 극히 제한적이었다. 하지만 현재의 전기투석이란 물은 통과시키지 않고 이온만을 선택적으로 투과시키는 이온투과막을 이용한다. 전기투석실에는 그림 2.26과 같이 양이온 교환막과 음이온 교환막을 교대로 장치하고 양 끝의 전극판에 직류전압을 걸어준다. 이때 수중의 이온은 선택적이온투과막을 통과하여 양 끝의 전극판으로 이동하는데, 이러한 과정에서 막과 막 사이에는 농축되는 부분과 희석되는 부분이 생기고, 희석되는 부분으로부터 처리수, 즉 탈염수를 얻을 수 있다. 이와 같이 이 방법은 해수에서 식염을 제조하거나 순수를 제조할 때 또는 방사성 폐액이나 하·폐수 중의 무기염류를 제거할 목적으로 이용되는데, 효율적인 처리를 위해서는 여과나 활성탄 흡착과 같은 전처리 공정이 필요하다.

한편 전기투석 시 소요에너지는 매우 커서 역삼투의 10배 이상으로 증발법과 거의 같은 정도이다. 따라서 염 농도가 낮은 물, 즉 기수(汽水; brackish water)의 처리에는 유리하지만, 해수의 담수화에는 동력 요구가 너무 크기 때문에 비경제적이다. 그 외에 이 방법은 처리수량과 거의 같은 정도의 농축 염수가 발생하며, 처리수의 염 농도를 500 mg/L 이하로 낮추기 어렵다는 단점이 있다.

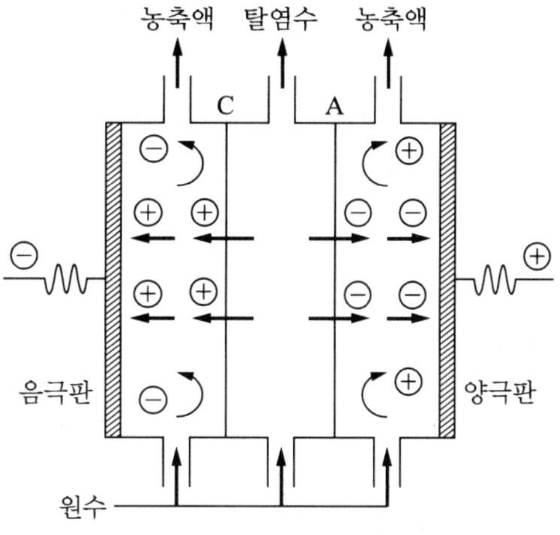

A : 음이온 투과막　　C : 양이온 투과막

그림 2.26 전기투석의 원리

(10) 역삼투(reverse osmosis)

물은 자유롭게 통과하나 용질(염류 등)은 통과시키지 않는 반투막(semipermeable membrane)을 그림 2.27과 같이 장치하면 물의 일부가 수용액 중으로 삼투하여 그림의 (Ⅱ)와 같이 분리된 각 조 간에 수두의 차가 발생한다. 이 수두의 차에 해당하는 압력을 **삼투압**(osmotic pressure)이라 하는데, 이 압력보다 높은 압력(해수의 경우 50～100 kg/cm^2)을 반대편 수용액에 가하면 수용액 중의 물이 순수한 물 쪽으로 이동한다. 이러한 현상을 **역삼투**라 한다.

이 방법은 장치나 조작이 간단하고 유기물이나 무기물에 관계없이 적용할 수 있으며, 소요에너지는 전기투석보다 적다. 현재 사용되고 있는 장치의 압력범위는 약 20～100 kg/cm^2 정도이며, 실용되는 반투막의 종류로는 셀룰로오스 아세테이트(cellulose acetate)·방향족 폴리아미드(polyamide)·나일론(nylon) 등이 있다.

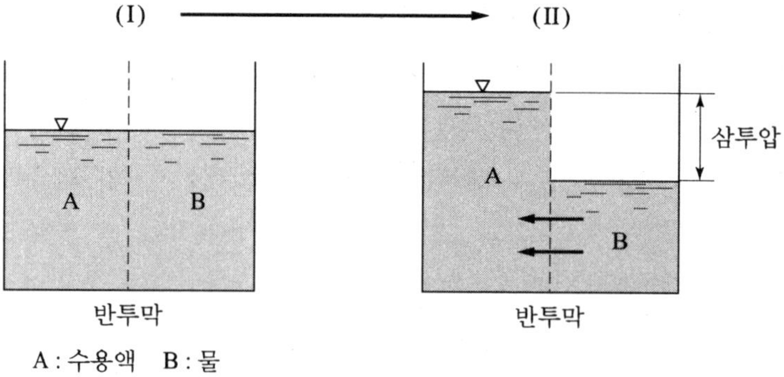

그림 2.27 역삼투의 원리

2.2.3 생물학적 처리

폐수 중의 유기물을 분리 및 안정화시키기 위한 생물학적 방법에는 호기성 처리법과 혐기성 처리법이 있는데, 호기성 처리법이란 산소가 존재하는 환경 하에서 미생물(호기성 미생물＋임의성 미생물)을 이용하여 처리하는 방법이고, 혐기성 처리법은 산소가 없는 환경 하에서 혐기성 미생물을 이용하여 처리하는 방법이다.

호기성 처리법에는 미생물을 부유 상태로 이용하는 경우와 막을 형성시켜 이용하는 방법 등이 있는데, 이후 설명은 산소를 공급하는 상태에서 부유미생물을 이용하는 경우, 즉 **활성 슬러지법**을 위주로 기술하였다. 그것은 부유미생물을 이용한 처리법이 막미생물법에 비해 자주 사용되고, 효율도 뛰어나며, 운전·관리에 있어서도 보다 고급의 기술을 요하므로 이 처리법을 이해하는 것이 전체 생물처리법을 이해하는 데 도움이 될 것으로 판단되기 때문이다.

(1) 호기성 처리법의 원리

폐수 중의 현탁성 유·무기물이나 용해성 유·무기물은 침전과 같은 물리적 조작으로는 제거할 수 없다. 따라서 이들 물질을 제거하기 위해서는 화학적 또는 생물학적 산화작용을 이용해야 하는데, 경제성이나 분리의 효율성 등을 고려할 때 대용량의 폐수를 처리하기 위해서는 생물학적 처리가 보다 경제적이다.

생물학적 처리는 유기물의 생물학적 산화과정에 의한 유기물의 **안정화** 그리고 생물반응조 내 미생물 간의 부착과 이들 미생물에 의한 현탁물질의 부착작용으로 floc을 형성시키고, 이 floc을 폐수로부터 **침전·분리**해 내는 것이다. 즉 생물처리에 있어 관리의 핵심은 침전성이 양호한 floc을 형성시키는 것인데, 생물반응조(포기조)의 운전조건이 맞지 않거나 관리가 미숙할 경우 미생물은 floc을 형성하지 않거나 또는 형성된 floc의 침전성이 불량하여 2차 침전지에서 최종 목표인 분리를 행할 수 없고, 이러한 상태가 되면 폐수의 안정화에 관계없이 운전을 지속할 수 없다.

따라서 이후 자세히 설명하겠으나 부유미생물을 이용하는 많은 호기성 처리법의 설계조건이나 운전조건으로 제시된 표 2.13은 슬러지의 침전성과 관련하여 오랜 운전의 결과로 얻어진 경험적 결과를 제시한 것으로, 처리수 수질의 양부와는 관계가 없다. 침전, 즉 분리를 위해 양호한 floc이 형성되는 각 설계인자 간의 상호관계를 나타낸 것이다.

관련하여 이제까지 floc 침전성의 양부는 사상성 세균의 유무에 따른 슬러지의 밀도, 즉 슬러지의 물리적 특성이나 2차 침전지의 성능과 같이 주로 물리적 영향을 받는 것으로 알려져 왔다. 하지만 최근 슬러지의 침전성은 이런 물리적 영향과는 별로 관련이 없으며, 주요인은 생물학적 영향에 따른 것으로 밝혀졌다(李, 2016).

생물학적 영향, 즉 floc의 형성과 형성된 floc의 침전성은 유기물의 안정화 과정에서 생성되는 중간생성물인 유기산의 작용에 따른 것으로, 호기성 생물처리 시 유기물의 안정화 과정은 다음과 같다.

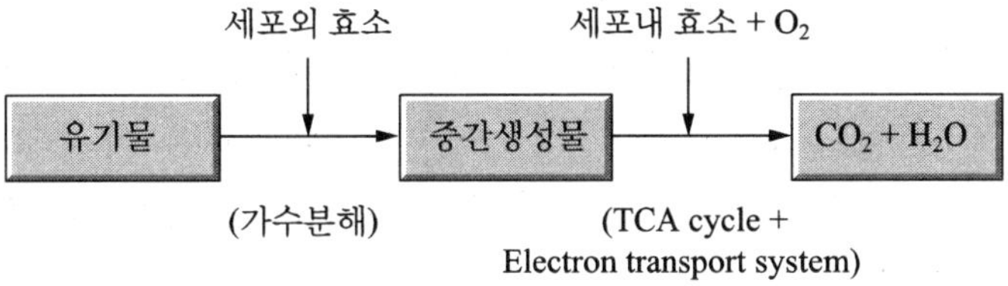

그림 2.28 미생물의 유기물 분해과정

■ 표 2.13 각종 활성슬러지법의 운전 및 설계 조건

운전조건 / 처리방법	BOD 부하		체류시간 (HRT)	미생물농도 (mg/L)	슬러지일령 (day)
	BOD-SS 부하 (kg/SS-kg · day)	BOD용적부하 (kg/m³ · day)			
재래식 활성슬러지법	0.2~0.4	0.3~0.8	4~8	1,500~3,000	5~15
장기포기법	0.05~0.15	0.15~0.25	18~36	1,500~5,000	20~30
고율법	0.4~1.5	0.6~1.6	2~4	3,000~6,000	5~10
수정포기법	1.5~5.0	0.6~2.4	1.5~3	400~800	0.2~0.5
(그 외)					
접촉안정법	0.2	0.8~1.4	5 이상	2,000~8,000	4 정도
산화구법	0.03~0.05	0.1~0.2	24~48	3,000~9,000	15~30

그림 2.28과 같이 유기물의 안정화 과정에서 유기산·아미노산·지방산과 같은 중간생성물이 생산되는데, 이들 유기산은 미생물에게 독성으로 작용한다. 이러한 독성물질에 대해 미생물은 스스로를 방어할 목적으로 **점액물질**을 분비하는데, 이 점액물질의 양이 floc의 형성과 침전성의 양부를 결정한다. 즉 점액물질이 지나치게 많거나 적을 경우 분리가 어려워지는데, 지나치게 적을 경우에는 floc 자체가 잘 형성되지 않으며, 지나치게 많을 경우에는 floc를 형성하는 슬러지 입자들이 제멋대로 들러붙어 floc의 밀도가 작아져 침전성이 악화된다(식 2.4 참고). 따라서 원활한 분리를 위해서는 점액물질의 농도가 최적치를 유지해야 한다.

이러한 내용은 그간의 일반론과는 다른 주장이지만 매우 중요한 사실이므로, 다시 한 번 더 강조하면, 침전성 변화의 주원인은 미생물이 배출하는 점액물질의 양과 관련되는 것으로 최근까지 침전성 악화의 주원인으로 알려져 왔던 사상성 세균과는 거의 무관하다. 따라서 표 2.13 역시 사상성 세균의 발생 여부와는 아무런 관련도 없다.

호기성 상태에서 폐수처리 과정을 이해하기 위해 호기성 처리법 중 가장 사용 빈도가 높은 활성슬러지법에 대해 설명하고자 한다.

1) 활성슬러지 공정의 개요

활성슬러지법이란 일반적으로 호기성 상태에서 부유미생물을 이용하는 공정을 총칭한다. 하지만 보다 명확히 표현하면 공기(산소)가 공급되는 상태에서 부유하는 미생물(호기성+임의성)을 이용하는 공법으로 일반적 공정은 다음 그림 2.29와 같다. 상기에서 호기성을 공기가 공급되는 상태(oxic)로 정정하여 표현한 것은 호기성(anaerobic) 또는 혐기성(anaerobic)이란 미생물을 분류하는 방법으로 공기 공급의 유무, 즉 oxic 또는 anoxic 조건과 엄밀히 구분할 필요가 있기 때문이다.

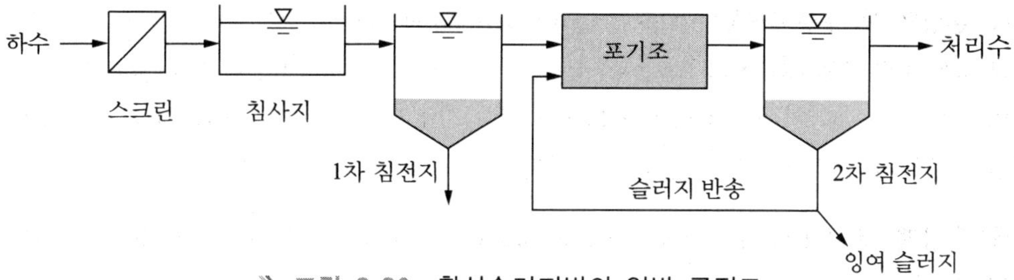

》 그림 2.29 활성슬러지법의 일반 공정도

하수 중 오염물질은 크게 스크린에 걸릴 정도로 조대(粗大)한 것부터 용해성인 것까지 다양하다. 또한 크기에 관계없이 유기물인 것과 무기물인 것으로 구분된다.

이미 기술하였듯이 처리란 분리의 개념에서 시작된다. 따라서 상기 공정도 역시 이들 다양한 물질을 순차적으로 고액(固液)분리하기 위한 각 단위공정의 합리적 배열을 나타낸 것이다.

상기 공정도를 살펴보면, 먼저 폐수처리장에 유입되어서는 안 될 조대한 물질을 U자형 트랩이나 **스크린**에 의해 분리한다. 다음은 처리장의 펌프나 관 계통에 문제를 일으키는 모래를 **침사지**에서 침강·분리하고, 쉽게 침전이 가능한 입자성 유기물은 **1차 침전지**에서 침전·분리한다. 이상의 과정을 **1차처리**라 한다. 1차적으로 이 과정을 거친 후에도 잔존하는 오염물질은 쉽게 침전되지 않는 입자성 부유물질과 용해성 물질인데, 이들 물질은 **포기조** 내에서 미생물의 먹이가 되어 새로운 세포로 생성되거나, 미생물의 표면에 부착 혹은 흡수되어 **2차 침전지**에 유입된다. 그리고 2차 침전지에서 이들 미생물이 floc을 형성하여 부착된 물질과 함께 침전한다. 이상의 과정을 **2차처리**라 한다. 이와 같이 활성슬러지법은 오염물이 그림 2.29의 각 공정을 순차적으로 거치면서 분리·제거되는 과정으로 설명할 수 있으며, 표 2.13과 같은 변법 등이 있다.

한편 상기 과정이 연속적으로 유지되기 위해서는 포기조 내에 일정 양의 미생물이 유지되어야 하는데, 이러한 목적으로 2차 침전지에서 침전한 슬러지의 일부를 다시 포기조로 반송시킨다. 이것을 **반송슬러지**라고 하며 나머지는 **잉여슬러지**로 인출되어 적당한 처리(농축 → 소화 → 탈수 → 소각 등)를 거친 후 폐기된다.

2) 운전변수와 생물상

활성슬러지법을 설계·운전하기 위해서는 표 2.13에 제시된 운전조건 외에도 많은 조건이 요구되지만 이 항에서는 표 2.13에 주어진 조건을 위주로 간단하게 설명하고, 각 운전조건의 변화에 따른 생물상의 변화와 생물상의 변화가 처리의 결과에 미치는 영향을 설명하고자 한다.

① **혼합액 내 부유고형물**(mixed-liquor suspended solids; MLSS)

포기조 내의 혼합액(mixed liquor)은 미생물·미생물의 사체·기타 유기성 및 무기성 부유물로 이루어지는데, 이를 총칭하여 MLSS라 한다. MLSS는 혼합액을 여과지에 통과시켜 걸러진 부유물의 건조중량이며 mg/L로 나타낸다.

② **혼합액 내 휘발성 부유고형물**(mixed-liquor volatile suspended solids; MLVSS)

MLSS에 포함된 유기물은 미생물, 미생물의 사체 및 비생물적 유기물질 등이며, 이들 물질을 총칭하여 MLVSS라 한다. 따라서 MLVSS가 활성을 보이는 미생물의 총량을 나타내는 것은 아니다. 하지만 활성을 나타내는 미생물과 기타 유기물질을 분리·구분하기 곤란하므로 일반적으로 MLVSS를 활성을 가진 미생물의 총량으로 간주한다.

MLVSS의 총량은 여재에 걸러진 부유물을 550～650℃의 회화로에서 작열(灼熱)한 후 휘발한 물질의 양이며, 대략 MLSS의 65～75% 정도이다. 단위는 mg/L로 나타낸다.

③ **유입수 농도**(influent substrate concentration; S_i)

처리장에 유입되는 하·폐수의 유기물 농도 또는 생물반응조로 유입되는, 즉 1차 침전지의 유출수 농도를 BOD 또는 COD로 나타낸 것으로 단위는 mg/L이다. 이것은 포기조 내 중간생성물의 농도와 직접 관련되므로 슬러지의 침전성을 좌우하는 중요 인자이다.

④ **수리학적 체류시간**(hydraulic retention time; HRT)

유입수가 포기조 내에서 체류하는 평균시간을 나타내며, 그 역수는 **희석률**(dilution rate)과 같고, 단위는 hr이다. 이 인자 역시 희석률과 관련되므로 포기조 내 중간생성물의 농도와 관련되고 결국 슬러지의 침전성을 좌우하는 중요인자로 작용한다.

$$\mathrm{HRT} = \frac{V}{Q} \times 24 \tag{2.60}$$

여기서, V : 포기조 용량(m^3), Q : 유입 폐수량(m^3/day)이다.

⑤ **F/M비**(food/microorganism ratio)

F/M비란 포기조 내 전체 미생물에게 가해지는 1일당 유기물의 부하를 의미하며, 단위는 kg-BOD/kg-MLSS·day, 또는 kg-BOD/kg-MLVSS·day를 사용하는데, 전자의 사용이 일반적이다.

$$\mathrm{F/M} = \frac{Q \times S_i}{X \times V} \tag{2.61}$$

여기서, X는 MLSS의 농도(mg/L)이다.

위 식과 식(2.60)을 연립하면 F/M비는 다음 식(2.62)와 같이 유입수 농도·미생물 농도 및 수리학적 체류시간의 함수이며, 일반적으로 현장에서 F/M비를 조절하기 위한 유일한 방법은 반송슬러지의 양을 조절하여 MLSS 농도를 변화시키는 것이다.

$$\mathrm{F/M} = \frac{Q \times S_i}{X \times \frac{Q}{24} \times \mathrm{HRT}_{(\mathrm{hr})}} = \frac{S_i \times 24}{X \times \mathrm{HRT}_{(\mathrm{hr})}} \tag{2.62}$$

F/M비의 변화, 즉 미생물에게 공급되는 먹이(유기물) 양의 변화는 포기조 내 미생물상을 변화시키는 인자 중 가장 중요한 인자이며, 미생물상의 변화는 하기와 같이 처리결과에 커다란 영향을 미친다.

먼저 MLSS를 감소시켜 F/M를 높일 경우를 생각해보면, F/M를 높일 경우 미생물상은 세대기간이 짧은 세균이 고등한 미생물에 비해 상대적으로 우점하게 되는데, 포식자인 고등한 미생물의 감소는 잉여슬러지의 증가로 이어진다. 따라서 슬러지 처리비용이 증가하며, 반면에 하등한 세균류의 증가로 처리속도는 증가한다. 고율법은 이러한 상태로 운전되는 것을 말한다.

한편 MLSS를 증가시켜 F/M를 낮출 경우, 미생물상은 높은 F/M비일 때와 비교하여 상대적으로 고등한 미생물이 증가하는데, 포식자인 고등한 미생물의 증가는 잉여슬러지의 감소로 이어지며, 그 결과 슬러지 처리비용과 처리속도가 감소한다. 이러한 상태로 운전되는 것을 장기포기법이라 한다.

⑥ **슬러지일령(sludge retention time; SRT)**

슬러지일령은 처리공정 내 슬러지의 평균체류시간을 나타내는 것으로, 단위는 day이다. 그림 2.30에서 공정 내의 총 미생물량 및 일당 슬러지 발생량은 다음과 같다.

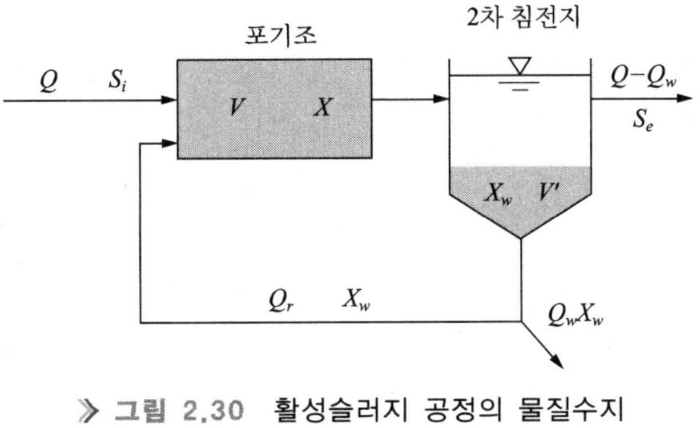

≫ 그림 2.30 활성슬러지 공정의 물질수지

$$공정\ 내\ 총\ 미생물량 = X \cdot V + X_w \cdot V' \tag{2.63}$$

한편 일당 생산되는 슬러지의 양은 잉여슬러지($X_w \times Q_w$)와 유출수로 배출되는 현탁성 부유물질[$X_e(Q - Q_w)$]이다.

$$일당\ 슬러지\ 발생량 = X_w \cdot Q_w + X_e \cdot (Q - Q_w) \tag{2.64}$$

따라서 슬러지일령(SRT)은 다음과 같다.

$$\mathrm{SRT} = \frac{X \cdot V + X_w \cdot V'}{X_w \cdot Q_w + X_e \cdot (Q - Q_w)} \quad [\mathrm{day}] \tag{2.65}$$

여기서, X는 포기조의 MLSS 농도(mg/L), X_w는 잉여슬러지 농도(mg/L), X_e는 유출수의 SS 농도(mg/L), V'는 2차 침전지 내 슬러지 층의 부피(m^3), Q_w는 잉여슬러지 발생량(m^3/day)이다.

하지만 위 식에서 V' 값은 정확한 값을 구하는 것이 불편하고, 또한 $X_e(Q - Q_w)$는 그 양이 적으므로 이들 값을 무시하고, 다음 식을 사용하는 것이 일반적이다.

$$\mathrm{SRT} = \frac{X \cdot V}{X_w \cdot Q_w} \quad [\mathrm{day}] \tag{2.66}$$

참고로 덧붙여 설명하면 표 2.13에 SRT는 설계조건으로 제시되어 있지만 SRT의 변화는 F/M비의 변화에 따라 나타나는 결과이므로, 운전 중 굳이 SRT를 변화시켜야 한다면 F/M비, 즉 MLSS를 변화시켜야 한다.

아무튼 높은 F/M비에서 잉여슬러지의 양이 증가하고, 잉여슬러지의 증가는 SRT의 감소를 유도한다. 반면 낮은 F/M비로 운전하면 SRT는 증가한다.

3) 슬러지의 침전성

이미 그 중요성을 설명하였듯이 슬러지의 침전성은 부유미생물을 이용하는 활성슬러지 공정에서 운전의 성패를 좌우하는 핵심 설계인자이다.

슬러지 침전성의 양부를 나타내기 위해서는 보통 다음 식(2.67)과 같이 **슬러지 용적지수**(sludge volume index; SVI)를 이용하는데, 이것은 슬러지를 1 L의 메스실린더(혹은 Imhoff cone)에서 30분간 침전시킨 후 슬러지 부피(sludge volume; SV)를 실험 대상 혼합액의 농도(MLSS)로 나누어 지수화한 것이다. 즉 슬러지 1 g이 차지하는 부피를 mL로 나타낸 것이다.

일반적으로 침전성이 양호한 슬러지의 SVI는 $80 < \mathrm{SVI} < 120$ 정도이며, $\mathrm{SVI} > 200$인 경우

를 **슬러지팽화**(sludge bulking)라 하고, 이 경우 슬러지의 반송이 어려워지므로 지속적인 운전이 곤란해진다.

한편 슬러지의 SVI 값이 지나치게 낮을 경우 연속운전에는 지장이 없으나 일반적으로 형성된 floc의 크기가 작고 빠르게 침전한다. 이런 경우는 주로 저부하(특히 유입수 농도가 낮은 경우)에서 발생하며, 이때 슬러지는 충분한 응집이 이루어지지 못해 유출수 중 현탁물질의 양이 크게 증가하여 수질이 악화된다.

$$SVI = \frac{\text{30분 침전 후 슬러지의 부피(mL/L)} \times 1{,}000}{\text{MLSS 농도(mg/L)}} \quad (2.67)$$

4) 주요 변법의 운전조건 및 개요

재래식 활성슬러지법 외에 표 2.13에 소개한 각 변법의 운전조건은 초창기 관련 기술자들이 도시하수를 처리하는 과정에서 축적된 경험을 통해 제시된 것으로, 각 변법의 운전조건이 다른 이유는 도시하수의 질, 특히 도시하수의 농도가 도시마다 차이를 보이기 때문이다. 표 2.14는 하수 차집 system, 즉 합류식 하수도와 분류식 하수도의 보급률에 따른 도시하수의 특성을 나타낸 것이다.

하수의 농도가 다를 경우 이미 2.2.3 (1)항에서 설명한 바와 같이 처리과정에서 생물반응조 내 유기산의 농도가 달라지고 그 결과 침전과 관련되는 점액물질의 양적 차가 발생하게 된다. 따라서 농도가 다른 하수를 처리함에 있어 적절한 침전성(SVI)을 유지시키기 위해서는, 즉 점액물질의 양을 적절히 유지시키기 위해서는 해당 유입하수의 농도에 대해 타 운전조건, 즉 HRT나 MLSS 등이 적절한 범위로 유지되어야 한다. 표 2.13은 이러한 조건을 나타내고 있다.

■ **표 2.14 생활하수의 특성**

구 분	농 도 (mg/L)		
	상	중	하
BOD_5	400	220	110
COD	1,000	500	250
유기질소	35	15	8
암모니아성 질소	50	25	12
총질소	85	40	20
총인	15	8	4
총고형물질	1,200	720	350
부유고형물질	350	220	100

일반적으로 고율법의 경우 고농도 폐수에 적합하고, 수정포기법의 경우 저농도의 폐수에 적합하며, 기타 재래법이나 장기포기법은 중농도의 폐수처리에 적합한 것으로 알려져 있다(McKinney, 1962; Metcalf, 1979).

한편 각 변법의 존재를 실험으로 증명한 바도 있는데, 다음 그림 2.31은 도시하수를 대상으로 부하를 변화시킬 경우 침전성의 변화를 나타낸 것이다(Lesperance, 1965).

그림에서 슬러지의 침전성은 부하의 증가에 따라 연속적으로 파형을 나타내는데, 활성슬러지의 운전은 침전성이 양호한 곡선의 각 저부에서 가능하며, 각각의 저부는 표 2.13의 장기포기법, 재래법 및 고율법의 운전범위를 나타낸다.

이상의 설명은 제시된 각 변법의 운전조건이 서로 다른 이유와 실험적 결과를 설명한 것으로, 이상의 결과를 종합하여 생각하면 운전조건, 즉 유입수농도, 미생물농도, 수리학적 체류시간 등 운전조건 중 일부가 변화한다 해도 타 조건을 적절히 변화시킨다면 침전성은 확보될 수 있다. 다시 말해 주어진 조건이 기존 조건(표 2.13)과 달라도, 운전이 가능할 것이고 이러한 관계를 수식화하는 것 역시 가능할 것이다.

다음 식(2.68)은 어떤 HRT 조건에서 침전성을 확보하기 요구되는 최적의 F/M비와의 상관관계를 나타낸 것이다. 보다 자세한 내용은 관련문헌(李, 2016)을 참고하기 바란다.

$$\text{Opt. F/M}_{(28℃)} = 3.3255 \times \theta^{-1.516} \qquad (2.68)$$

여기서, θ : 수리학적 체류시간(HRT), Opt. F/M$_{(28℃)}$: 반응온도 28℃에서 각 HRT에 해당하는 최적 F/M비이다.

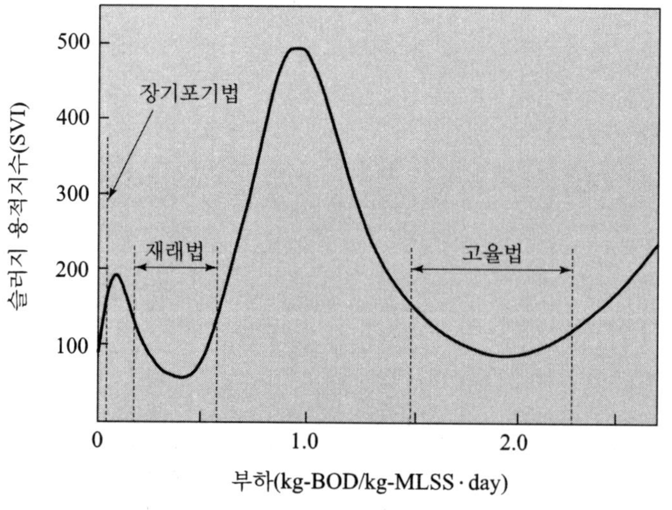

그림 2.31 부하와 SVI와의 관계

위 식은 **도시하수를 처리할 경우**(다른 종류의 폐수를 처리할 경우는 위의 식이 정확히 적용되지 않는다. 그것은 중간생성물인 유기산의 종류나 생성량이 달라지기 때문이다) F/M비와 HRT의 최적 관계를 나타낸 것으로 다음 문제들은 이러한 관계를 입증한다.

예제 2.16 재래식 활성슬러지법을 이용하여 도시하수를 처리하고자 한다. 1차 침전지 유출수의 평균 농도는 140 mg-BOD_5/L 정도이고, 설계체류시간은 표 2.13과 같이 4~8 hr이다. 최적 F/M비는 얼마이고, 유지해야 할 미생물농도는 얼마인가 계산하라. 또한 그 결과를 기존 설계조건과 비교하라. (단, 반응온도는 28℃라고 하자.)

참고) 문제에서 1차 침전지의 평균 유출수 농도를 140 mg-BOD_5/L 정도로 제시한 것은 도시하수의 유입수 농도가 약 200 mg-BOD_5/L이고, 1차 침전지의 BOD 제거율이 약 30 %로 판단되기 때문이다.

풀이 먼저 체류시간이 4 및 8 hr인 경우 최적 F/M비는 식(2.68)을 이용하여 구한다.

HRT가 8 hr인 경우, Opt. $F/M_{(28℃)} = 3.3255 \times 8^{-1.516} = 0.142$ kg-BOD_5/kg-MLSS · day

HRT가 4 hr인 경우, Opt. $F/M_{(28℃)} = 3.3255 \times 4^{-1.516} = 0.41$ kg-BOD_5/kg-MLSS · day

따라서 최적 F/M비는 0.14~0.41 kg-BOD_5/kg-MLSS · day이다.

미생물 농도를 구하기 위해서

식(2.62); $\mathrm{F/M} = \dfrac{S_i \times 24}{X \times \mathrm{HRT}_{(\mathrm{hr})}}$에 대입하면, 미생물농도 X(MLSS)는

HRT가 8 hr인 경우,

$$X = \frac{S_i \times 24}{\mathrm{F/M} \times \mathrm{HRT}_{(\mathrm{hr})}} = \frac{140 \times 24}{0.14 \times 8} = 3{,}000\ \mathrm{mg/L}$$

HRT가 4 hr인 경우,

$$X = \frac{140 \times 24}{0.41 \times 4} = 2{,}048 ≒ 2{,}000\ \mathrm{mg/L}$$이다.

따라서 유지해야 할 미생물농도는 약 2,000~3,000 mg/L이다.

■ **표 2.15 기존 설계조건과 계산 결과의 비교**

구 분	F/M (kg-BOD_5/kg-MLVSS · day)	HRT (hr)	MLSS (mg/L)
재래법 (기존 설계조건)	0.2~0.4	4~8	1500~3000
계산치	0.14~0.41	4~8	2000~3000

참고; 상기 표와 같이 재래식 활성슬러지법의 설계범위와 계산치는 거의 차이를 보이지 않는다.

예제 2.17 농도가 50 mg-BOD_5/L인 어떤 폐수를 수정포기법으로 처리하고자 한다. 체류시간을 기존 설계조건의 평균치 정도인 2시간으로, 부하 역시 평균치인 3 kg-BOD_5/kg-MLSS·day로 할 경우 유지해야 할 MLSS 농도는 얼마인가? (단, 반응온도가 28℃이다.)

풀이 400 mg/L

참고) 문제의 조건과 같이 수정포기법은 저농도의 폐수를 짧은 체류시간으로 처리하기 위해 개발되었으며(McKinney, 1962; Metcalf, 1979), 이런 경우 슬러지의 침전성을 양호하게 유지하기 위해서는 표 2.13이나 해답과 같이 미생물 농도를 극히 낮게 유지해야 한다.

예제 2.18 유입수 농도 1,000 mg/L 및 HRT가 6 hr인 조건에서 활성슬러지법의 이론적 설계 MLSS 농도를 구하라. (단, 반응온도는 28℃이다.)

풀이 HRT 6 hr에 해당하는 최적 F/M비는 식(2.68)을 이용하여 구한다.

Opt. $F/M_{(28℃)} = 3.3255 \times 6^{-1.516} = 0.22$ kg-BOD_5/kg-MLSS · day

한편, 유입수 농도가 1,000 mg/L이므로, 식 $F/M = \dfrac{S_i \times 24}{X \times HRT_{(hr)}}$에 대입하면, 미생물 농도 $X = (1{,}000 \times 24)/(0.22 \times 6) \fallingdotseq 18{,}182$ mg/L이다.

참고) 계산 결과와 같이 이론적으로 최적의 미생물 농도는 18,000 mg/L 정도이다. 하지만 실제로 미생물 농도가 5,000 mg/L 이상일 경우 침전지의 효율 저하로 경제성이 떨어지므로, 5,000 mg/L 이상으로 미생물 농도를 유지하는 것이 곤란하며, 현 조건에서 5,000 mg/L 정도의 미생물 농도로 활성슬러지를 운전할 경우 슬러지는 팽화하여 운전이 불가능하다. 따라서 문제의 조건에서는 활성슬러지를 운전할 수 없으며, 고농도의 축산폐수를 활성슬러지법으로 처리할 수 없는 것도 이러한 이치에 따른 것이다.

이상과 같이 활성슬러지법에서 슬러지가 침전성을 유지하기 위해서는 각 운전조건이 타 조건에 호응하는 적절한 범위를 유지해야 하는데, 일반적으로 인자의 변화 요인은 강우에 따른 유입수의 농도와 HRT의 변화 및 온도 변화이며, 이때 최적의 F/M비를 유지하기 위한 유일한 방법은 미생물 농도를 조절하는 것이다.

5) 팽화와 유출수질의 관리 요령

① 팽화의 주원인과 수질 관리 요령

부유미생물을 이용하는 활성슬러지법의 핵심 공정은 포기조이고, 이 공정을 관리하는 데 있어 중요한 2가지 사항은 슬러지의 팽화 방지하는 것과 유출수의 수질을 양호하게 유지하는 것이다. 이 중 특히 중요한 것은 침전성이 양호한 슬러지를 생산하여 2차 침전지에서 슬러지가 팽화하지 않도록 하는 것이다.

관련하여 그 진위를 떠나 이제까지 팽화의 주원인은 사상성 세균이라고 알려져 왔는데, 사상성 세균은 일반 미생물에 비해 서서히 자라는 미생물이고(van Niekerk et al., 1987, Wanner et al., 1989), 자연계에서 흔치 않은 미생물이다(Bitton, 1994). 따라서 F/M비 · 온도 · DO · pH · 독성물질 · 포기 강도 · 영양물질(질소와 인)의 불균형 등 거의 모든 운전조건의 변화 시 사상성 세균이 발생하여 슬러지를 팽화시킨다는 것은 이해되지 않는다.

또한 사상성 팽화가 발생할 경우 방지 대책으로 다음 4가지 대책이 알려져 있는데, 이들 대책 또한 어떤 작용으로 사상성 세균을 억제하는지 공학적으로 확실하게 설명되지 않는다.

i) 미생물 농도를 높이는 것(F/M비를 낮추는 것).
ii) 미생물 농도를 낮추는 것(F/M비를 높이는 것).
iii) 소화슬러지를 혼입하는 것.
iv) 염소와 같은 산화제를 주입하는 것.

따라서 본 항에서는 팽화의 원인을 이론적으로 밝혀 이제까지의 잘못된 주장을 바로잡고, 아울러 팽화의 억제와 발생 시 대책에 대해 기술하고자 한다.

이미 2.2.3 (1)항에 기술하였듯이 미생물은 유기물을 분해하는 과정에서 유기산을 생산하고 이들 유기산은 생물반응조 내의 pH를 변화시켜 미생물의 서식조건에 영향을 준다. 이때 불량한 서식조건, 즉 pH가 하강하면 미생물은 점액물질을 분비하여 스스로를 방어하는데, 이 점액물질의 양은 슬러지의 침전성에 영향을 미친다.

즉 생물반응조의 유기산 농도(또는 pH)가 적정치를 벗어나면 슬러지는 팽화한다. 이미 밝힌 운전조건, 즉 F/M비 · 온도 · DO · pH · 독성물질 · 포기 강도 등의 변화가 조 내 pH 및 점액물질의 분비량에 미치는 영향을 살펴보면 다음 표 2.16과 같다.

표 2.16 운전 조건의 변화에 따른 점액물질 양의 변화

감 소	점액물질의 양	증 가
저	F/M비	고
저	(유입수 농도,	고
고	MLSS 농도)	저
고	온도	저
고	DO or 포기강도	저
고	pH	저
저	독성물질	고
단	HRT	장

표 2.16을 간단히 설명하면 먼저 F/M비가 높아질 경우, 즉 유입수 농도가 상승하거나 미생물 농도가 감소할 경우, 조 내 유기산의 농도는 증가한다. 다음 온도가 상승할 경우 처리속도의 상승으로 유기산의 농도는 감소한다. DO 농도가 증가할 경우 유기산의 분해속도가 증가하여 유기산의 농도는 감소한다. 독성물질이 유입될 경우 유기산의 농도와 관계없이 미생물은 스스로를 방어하기 위해 점액물질을 분비한다.

상기의 변화와 이미 알려진 팽화 대책 간에는 다음 관계가 있다.

■ **표 2.17** 팽화의 요인·원인 및 대책

팽화의 유발요인	원 인	대 책
낮은 F/M비 온도 상승 DO(포기강도) 상승 pH 상승	점액물질 부족	미생물 농도를 낮춘다. 소화슬러지를 혼입한다. 염소와 같은 산화제를 주입한다.
높은 F/M비 온도 하강 DO(포기강도) 하강 pH 하강 독성물질 유입	점액물질 과잉	미생물 농도를 높인다.

표 2.17에서 염소와 같은 산화제나 소화슬러지는 독성으로 작용한다. 이상과 같이 팽화의 주원인은 점액물질의 양적 변화에 따른 것임을 알 수 있다.

② 유출수질의 변화와 관리 요령

유출수의 BOD는 유출수 중 SS와 용해성 물질에 의한 것인데, 유출수질의 70~80%는 SS에 의해 결정된다. 따라서 유출수질을 개선하기 위해서는 유출수 중 SS를 제거하는 것이 용해성 물질을 제거하기 위해 노력하는 것보다 효과적인데, SS는 점액물질의 양이 증가할 경우 쉽게 감소된다.

그림 2.32는 점액물질의 양과 유출수의 SS 변화를 나타낸 것인데, 그림과 같이 점액물질의 양이 증가할 경우 floc의 점도가 증가하여 floc 형성 시 부유하는 SS를 보다 효과적으로 부착시켜 유출수의 SS 농도가 감소되며, 부족할 경우 floc의 부착력이 감소하여 SS는 증가한다.

따라서 실제 처리장에서 유출수의 수질을 개선하기 위해서는 슬러지의 침전성에 영향을 주지 않는 범위에서 MLSS의 농도를 감소시키는 것이 유효하다. 즉 F/M비를 상승시켜 포기조 내 유기산의 축적을 유도하는 것이 보다 유리하다. 이 경우 질소나 인의 제거효율이 하락하는 것을 우려할 수 있으나, 실제에 있어 F/M비의 상승은 생물반응조 내의 종조성을 보다 하등한 세균이 우점하도록 유도하고 세균류의 증가는 질소나 인의 제거속도를 상승시킨다. 보다 자세한 내용은 관련 문헌(李, 2016)을 참고하기 바란다.

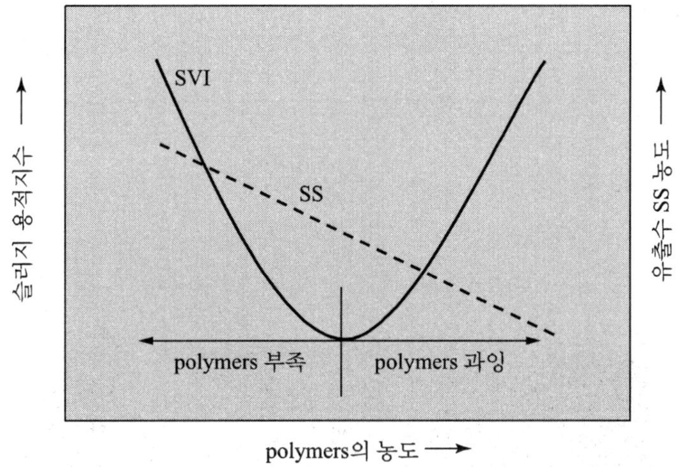

≫ 그림 2.32 점액물질의 양과 SVI 및 유출수 SS의 이상적 관계

(2) 생물막처리 공정

부유미생물을 이용할 경우 슬러지 침전성의 양부는 운전에 결정적 영향을 미친다. 따라서 슬러지의 침전성이 운전과 무관한, 즉 생물반응조 내의 미생물을 메디아(media)의 표면에 막 상태로 부착하여 포기조 밖으로 유출되지 않도록 한 막미생물 공정이 소규모 처리장에서 자주 채용된다.

이들 공정은 생물반응조 내에 충전한 메디아의 상태나 형태 등에 따라 다양한데, 주로 살수여상법·침지여상법·회전원판법·유동상법 등이 있고, 이 중 살수여상과 회전원판법이 주로 사용된다.

1) 살수여상법(trickling filter process)

살수여상은 막미생물을 이용하는 가장 대표적 공법으로 미생물의 부착이 용이하고 동시에 통수가 원활한 메디아로 충전(充塡)된 여상에 폐수를 살수하는 공법이다.

그림 2.33은 살수여상의 가장 기본적인 공정을 나타낸 것으로 1차 침전지와 살수여상 및 2차 침전지로 구성된다. 생물학적 정화 원리는 활성슬러지와 같다, 즉 1차 침전지 유출수가 메디아의 표면에 부착·성장하는 미생물막을 도포하듯 유하하는 과정에서 현탁성 유기물 및

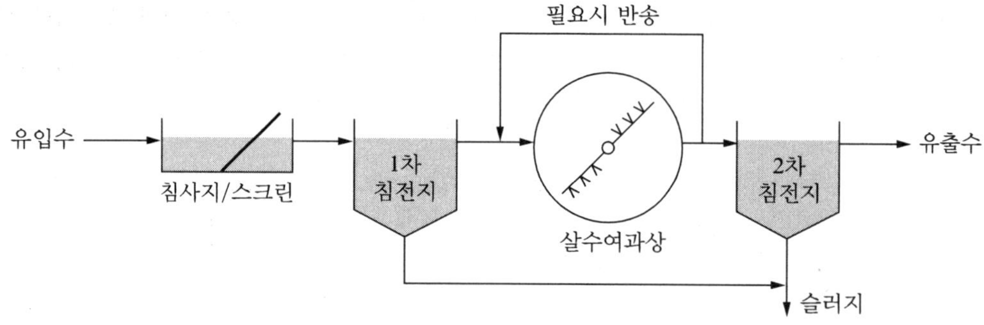

》 그림 2.33 살수여상의 공정도

》 그림 2.34 회전식 살수기가 설치된 살수여상

용해성 유기물이 생물막에 흡수·흡착되어 산화되며, 이때 산소의 공급은 대기와 하수에 용존하는 산소가 이용된다. 한편 처리가 장기간 지속되면 생물막은 상당한 두께로 성장하는데, 이때 산소 공급이 불충분한 막의 내부는 혐기화하여 메디아로부터 탈락한다. 이러한 현상을 **탈리**(脫離)라 하며, 2차 침전지는 주로 탈리된 슬러지를 분리하기 위한 것이다.

따라서 본 법은 활성슬러지법과 같이 슬러지의 팽화와 같은 문제가 발생하지 않으며 슬러지의 반송도 필요치 않다. 이와 같이 살수여상법은 활성슬러지법과 달리 그 구조와 관리가 매우 간편하여 과거에 중소 규모의 도시하수처리장에 많이 적용되었으나, 최근에는 처리수 질기준의 강화로 도시하수처리에는 거의 이용되지 않는다.

여상 내 생물상은 세균·진균·조류·원생동물 및 각종의 유충으로 구성되어 활성슬러지법보다 다양하다고 할 수 있으며, 이들 미생물은 막의 형태로 존재하므로 세대기간이 긴 고등한 포식자가 활성슬러지법에 비해 많이 존재한다. 그 결과 먹이연쇄의 고리가 잘 발달되어 먹이의 슬러지 전환율은 상대적으로 적다. 하지만 하등한 세균류의 감소로 활성슬러지법과 같이 양호한 처리수를 기대하기는 곤란하다.

살수여상은 유기물부하, 특히 처리수의 내부반송의 여부 등에 따라 크게 저율(or 표준)과 고율로 분류하는데, 세부적으로는 표 2.18과 같이 저율, 중간율, 고율, 초고율 등으로 분류하며, 실제에 있어서는 처리수의 향상을 위하여 여상이 직렬로 연결된 2단 살수여상이 자주 사용된다(그림 2.35 참고).

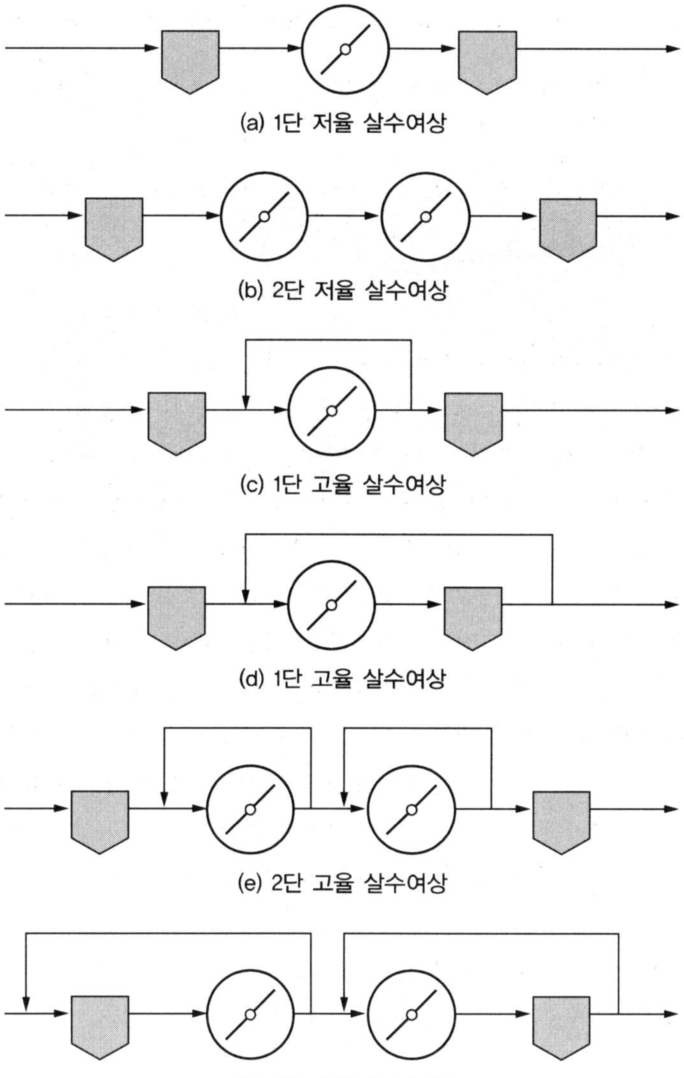

(a) 1단 저율 살수여상

(b) 2단 저율 살수여상

(c) 1단 고율 살수여상

(d) 1단 고율 살수여상

(e) 2단 고율 살수여상

(f) 2단 고율 살수여상

》 그림 2.35 살수여상의 흐름도

■ **표 2.18 살수여상의 전형적 설계자료**

구 분	저 율	중간율	고 율	초고율	초벌여상	2단 여상
사용여재	돌, 슬래그	돌, 슬래그	돌	플라스틱	플라스틱	돌, 플라스틱
수량부하 ($m^3/m^2 \cdot day$)	1~3	3~10	10~40	40~200	50~200	10~40
유기물부하 (kg-BOD/$m^3 \cdot day$)	0.08~0.32	0.24~0.48	0.32~1.0	0.5~1.6	1.6~8.0	1.0~2.0
유효심(m)	1.5~3.0	1.25~2.5	1.0~2.0	4.5~12.0	4.5~12.0	1.0~2.0
순환	0	0~1	1~2	1~4	1~4	0.5~2
소요동력 ($kW/10^3\ m^3$)	2~4	2~8	6~10	10~20	10~20	-
폐수유입간격	5분미만 (간헐적)	5~60초 (연속적)	15초미만 (연속적)	연속적	연속적	연속적
여상파리	많음	약간	적음	거의 없음	거의 없음	거의 없음
생물막 탈락	간헐적	간헐적	연속적	연속적	연속적	연속적
질산화 정도	완전 질산화	질산화	저부하시	-	-	-

2) 회전원판법(rotating biological contactor; RBC)

회전원판법은 회전원판접촉법, 회전생물접촉법 혹은 회전판접촉법이라고 하며, 전체 시스템은 그림 2.36과 같이 1차 침전지와 생물접촉조 및 최종침전지로 구성되어 있다. 생물접촉조 내에는 그림 2.37과 같이 지름이 큰 원판형의 메디아를 수평축에 장착한 생물접촉장치가 설치되며, 이 접촉장치를 그 표면적의 약 40% 정도 침잠(沈潛)시킨 상태에서 1~2 rpm의 속도로 천천히 회전시킨다. 이때 폐수는 수평축에 직각 혹은 평형으로 흐르게 하며, 폐수의 체류시간은 1시간 정도이고, 원칙적으로 처리수의 재순환은 실시하지 않는다.

원판 표면에는 1~4 mm 정도의 생물막(부유미생물 양으로 50,000~100,000 mg/L에 해당)이 형성되는데, 원판에 형성된 생물막은 원판이 수중에 잠길 경우, 유기물을 흡수하고 원판이 대기 중에 노출될 경우 산소를 공급받아 연속적으로 호기성 상태를 유지하면서 유기물을 제거한다. 한편 운전이 지속됨에 따라 비후(肥厚)해진 생물막은 살수여상과 마찬가지로 원판의 회전으로 인해 발생하는 전단력에 의해 탈리되며, 탈리된 슬러지는 최종침전지에서 제거된다.

부착 생물체는 살수여상과 비슷하나 덮개 설치로 일광이 차단되어 조류의 번식은 억제되며, 살수여상에서 발견되는 여상파리나 곤충 등도 서식하지 않는다.

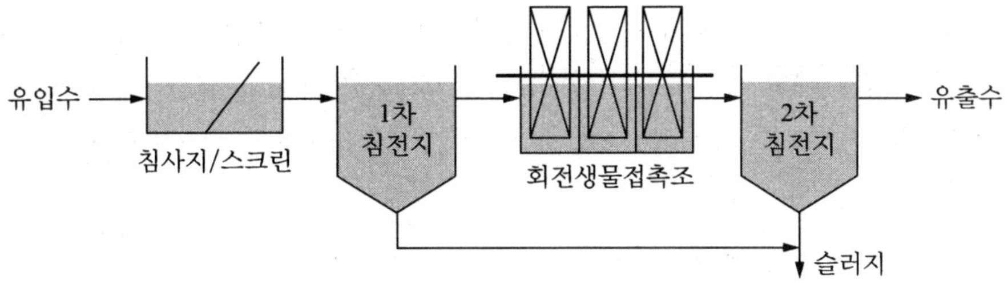

》 그림 2.36 회전원판법의 공정도

》 그림 2.37 회전 생물막 접촉장치의 예

매체로는 평판(平板)·파판(波板)·망판(網板) 등이 이용되며, 판의 재질은 주로 폴리에틸렌·폴리염화비닐(PVC)·섬유보강수지(FRP)·발포폴리스틸렌 등의 합성수지가 사용된다.

(3) 혐기성 처리

1) 혐기성 반응의 개요

혐기성 소화(嫌氣性 消化, anaerobic digestion)란 다음 그림 2.38과 같이 생물학적으로 분해 가능한 유기물이 가수분해단계 → 산생성단계 → 메탄생성단계를 거쳐 메탄과 이산화탄소와 같이 안정한 최종산물로 전환되는 과정을 말한다.

혐기성 소화반응은 호기성 반응에 비해 매우 복잡하며, 환경인자에 매우 민감하다. 또한 혐기성 세균의 낮은 증식속도로 인하여 유입기질을 대사하기 위해서는 긴 체류시간이 요구된다. 동시에 질소·인 등 영영물질의 소비속도나 소비량이 적고 냄새가 발생하며, 양호한 처리수를 얻을 수 없고, 슬러지의 침전성이 불량하다는 등의 단점을 가진다. 하지만 산소공급 없이 유입기질의 90% 이상이 유가(有價)의 가스로 전환되며, 고농도의 기질을 처리할 수 있고, 슬러지 발생량도 4% 정도로 매우 적어 호기성 처리에 비해 상대적인 장점을 가진다.

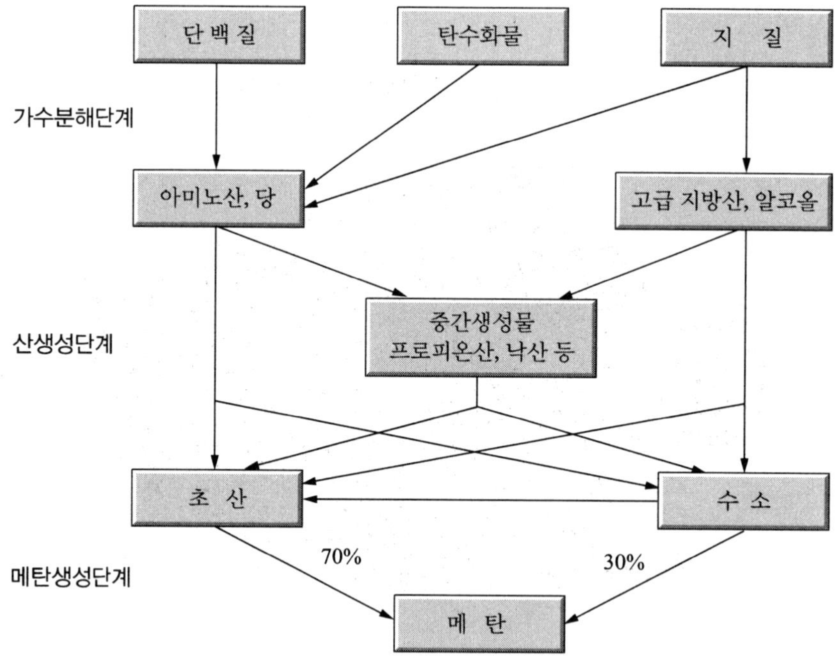

≫ 그림 2.38 혐기성 소화과정

혐기성 소화과정은 그림 2.38과 같은 과정으로 이루어지는데, 이 과정을 간단히 요약하면 다음과 같다.

먼저 유입기질 중 단백질·탄수화물·지방 등 고분자 유기물은 가수분해균의 세포외 효소의 작용으로 아미노산·당·고급 지방산·알코올 등의 저분자 유기물로 분해된다.

다음은 산발효과정으로 아미노산과 당은 초산·수소·프로피온산·낙산·지방산 등으로 분해되고, 고급 지방산과 알코올은 초산·수소·지방산으로 분해되며, 이 과정에서 생성된 프로피온산과 낙산은 초산생성균에 의해 초산과 수소로 분해된다. 이상의 과정을 **산생성단계**라 한다.

산생성단계에서 생성된 초산과 수소는 초산분해 메탄생성균(acetoclastic methnogen)이나 수소이용 메탄생성균(hydrogenotropic methnogen)에 의해 메탄으로 전환된다. 이 과정을 **메탄생성단계**라 한다.

상기 과정을 보다 간단하게 다시 요약 도식하면 다음과 같다.

》 그림 2.39 혐기성 소화과정

그림 2.39는 그림 2.38의 혐기성 소화과정을 간단히 도식한 것으로 일반적으로 자주 소개되는 그림이다. 이 소화과정을 흔히 그림과 같이 유기물이 유기산으로 변화되는 과정을 **1단계 과정**으로, 유기산이 메탄으로 변화되는 과정을 **2단계 과정**으로 구분·표시하는 경우가 있는데, 양 과정은 각각 별도의 조에서 진행되는 것이 아니고 1개의 반응조 내에서 일어나는 반응이다. 즉 유기산균에 의해 유기물이 유기산으로 변화하고 동시에 유기산은 메탄균에 의해 메탄으로 변화된다. 이때 2단계 과정은 전체 과정 중 율속과정이며, 메탄균은 유기산의 농도에 매우 민감하므로 지속적으로 메탄을 생성시키기 위해서는 유기물 부하를 조절하여

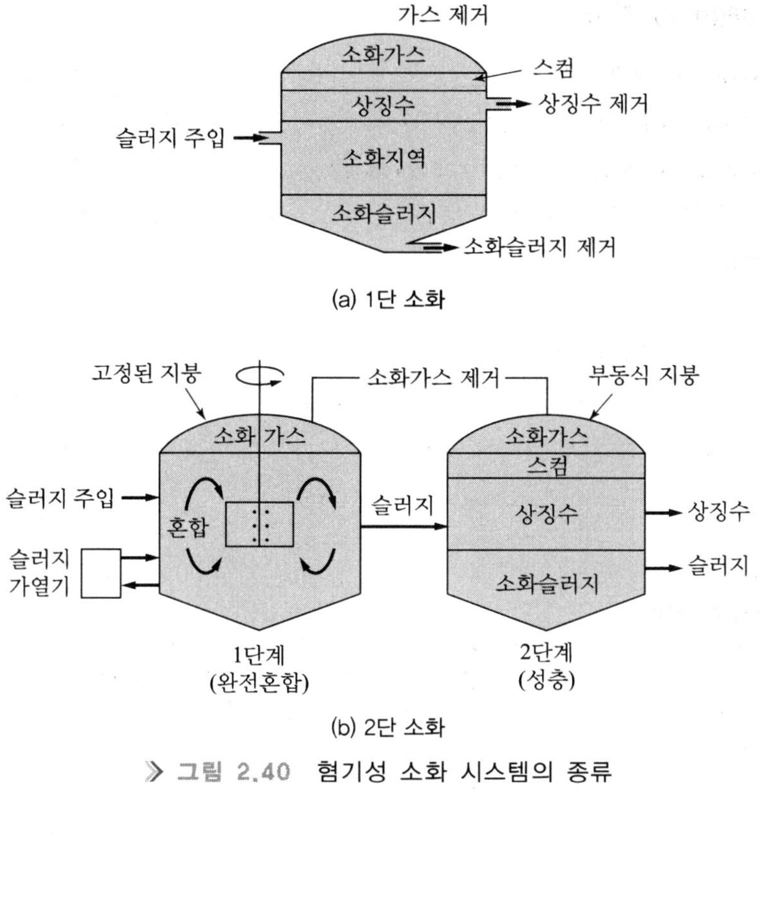

》 그림 2.40 혐기성 소화 시스템의 종류

반응조 내의 pH가 메탄균의 활성을 저해하지 않도록 적절하게 유지·관리하는 것이 중요하다. 메탄균의 활성을 유지시키기 위한 최적 pH는 6.8～7.4 정도이며 지나친 유기물 부하로 조 내의 pH가 이보다 하강하면 메탄균의 활동은 중지되고, 프로피온산·낙산·황화수소 등 중간생성물이 분해되지 않아 고약한 냄새를 발생시킨다.

소화과정은 주로 슬러지의 처리에 많이 적용되는데, 그림 2.40은 슬러지의 소화과정을 나타낸 것이다. 슬러지를 혐기성으로 소화하기 위해서 종전에는 1개 조를 이용하여(**1단소화**) 보통 30～60일의 긴 수리학적 체류시간이 요구되었지만, 2개 조를 이용하는 고율 system(**2단소화**)이 개발되면서 체류시간이 상당히 단축되었다. 고율 system에서는 1단소화법과 달리 1단계 조에서는 슬러지를 심하게 교반하고 동시에 열을 가하여 소화기간을 단축할 수 있다. 그리고 2단계 조는 소화슬러지와 상징수를 분리하는 역할만을 실시한다. 다시 말해 1단소화의 경우 단일 조 내에서 소화와 분리를 동시에 실시하지만, 2단소화의 경우 소화와 분리를 별도의 조에서 실시함으로써 10～15일(안전성을 위해 15～25일을 채용) 정도의 체류시간으로도 만족스러운 결과를 얻을 수 있다.

(4) 라군(lagoon) 처리

라군(lagoon)이란, 원래 작은 소지(沼池)를 의미하는데, 폐수처리 분야에서는 유기성 폐수를 비교적 장시간 체류시켜 생물학적으로 처리하는 지상(池状)의 시설을 총칭하며, **안정화지**(stabilization pond) 혹은 **산화지**(oxidation pond)라고도 한다.

표 2.19는 라군의 종류와 특성을 나타낸 것으로, 주로 미생물학적 정화기구(浄化機構)에 의해 분류된다.

■ **표 2.19** 라군의 종류와 특성

구 분	안정화지			폭기지
	산화지		혐기성지	
	호기성	임의성		
수심(m)	0.2～0.4	1～2.5	2.5～4	2～4.5
체류시간(day)	2～6	7～30	30～50	2～10
BOD 부하($g/m^2 \cdot day$)	10～20	2～10	20～100	
BOD 제거율(%)	80～95	35～75	50～70	
BOD 분해 형식	호기성	호기성	혐기성	호기성
슬러지의 분해	없음	혐기성	-	호기+혐기
광합성 반응	있음	있음	-	-

위의 각종 라군의 특성은 각기 개별적 특성을 가지고 있어 일률적으로 논하기는 어려우나 다음과 같은 공통적 특성을 가지고 있다.

① 비교적 넓은 용지를 필요로 하나, 비장치적 시설이므로 건설비가 저렴하다.

② 제어성(制御性)이 부족하기는 하나, 유지·관리가 쉽고 그 비용도 싸다.

③ 체류시간이 길고, 폐수의 수량 및 수질의 변동이나 독극물의 충격적 유입에 대해 저항력이 크다. 그러나 일단 처리기능이 악화되면 회복에는 장시간을 요한다.

④ 폭기지를 제외하고는 처리기구의 해석이 복잡하여 합리적 설계기준과 운전지침을 확립하기 어렵다.

⑤ 기온이나 일조량(日照量) 등 환경인자의 영향을 크게 받고, 처리 능력은 계절에 따라 크게 변화한다.

⑥ 고부하 시나 침전한 현탁물이 많은 경우, 황화수소 등으로 인한 악취와 모기 등 해충이 발생하기 쉽고, 그에 따라 민원이 발생할 가능성이 크다.

그림 2.41은 라군에 의한 폐수처리의 원리와 물질흐름을 나타낸 것이다.

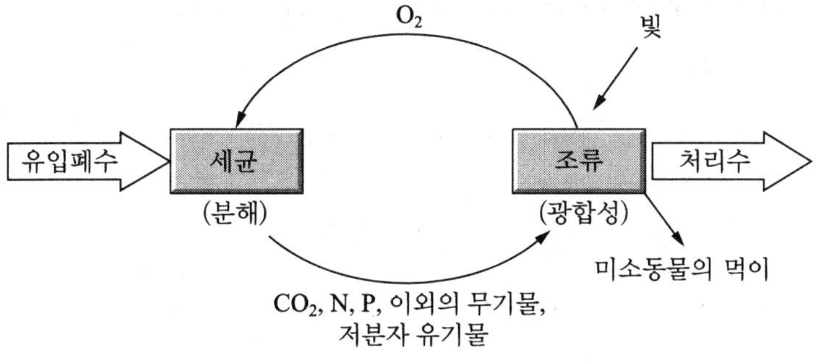

≫ 그림 2.41 라군에 의한 폐수처리의 원리와 물질흐름

라군의 설계 시 부하는 표면적당 BOD 부하량, 즉 g-BOD/m^2·day로 표현되는데, 통상 2.44 g-BOD/m^2·day를 초과해서는 안 된다. 또한 지의 용량은 생물 활동이 중지되는 겨울철에 발생하는 유입폐수를 저류할 수 있도록 충분한 크기로 확보해야 하며, 폐수의 유·출입구는 단락류가 발생하지 않도록 위치를 잘 고려하여 폐수가 전체 지에 고루 확산되도록 해야 한다. 그림 2.42는 단락류 예방을 위한 몇 가지 흐름의 예를 보인 것이다.

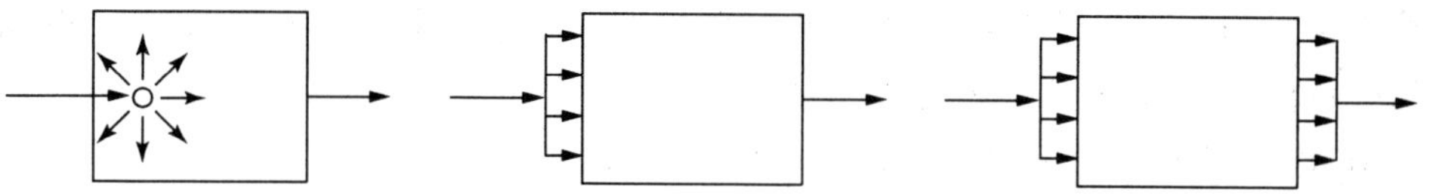

> 그림 2.42 라군의 유입 및 유출 방법의 예

예제 2.19 어떤 지역의 인구가 1,000명이다. 이 지역 내 공장과 생활하수를 처리하기 위해 라군을 설계하고자 한다. 라군의 BOD 부하를 2.0 g-BOD/m^2·day으로 계획할 경우, 라군의 표면적과 제방의 높이를 구하라. (단, 생활하수의 농도는 150 mg-BOD/L, 1인당 하수발생량은 0.35 m^3/day이고, 공장폐수의 농도 및 배출량은 각각 1,000 mg-BOD/L, 40 m^3/day이다. 또한 증발 및 누출에 의한 연간 물 손실은 2 m/year이고, 연간 강우량은 1.3 m/year이다. 또한 평상시 라군의 수위는 0.5 m 정도로 하고, 겨울철 폐수의 저장일수는 150일을 기준으로 한다.)

풀이 일 BOD 부하(생활하수+공장폐수)

$$= 150 \times 0.35 \times 1{,}000 + 1{,}000 \times 40 = 92{,}500 \text{ g} - \text{BOD/day}$$

라군의 면적(A)

$$2.0 \text{ g} - \text{BOD/m}^2 \cdot \text{day} = 92{,}500 \ (\text{g} - \text{BOD/day}) \ / \ A \ (\text{m}^2)$$

$$A = 46{,}250 \text{ m}^2$$

한편 1일 총 하·폐수량(Q)은

$$Q = 0.35 \times 1{,}000 + 40 = 390 \text{ m}^3/\text{day}$$

겨울철 저장유량(Q')은 1일 총 하·폐수량 × 저장일수이므로,

$Q' = 390 \times 150 = 58{,}500 \text{ m}^3$이다.

제방의 높이는 평상시 수위와 겨울철 저장유량에 의한 수위(h)이다.

$$h = \frac{58{,}500}{46{,}250} \fallingdotseq 1.3 \text{ m}$$

따라서 제방고(H)는 여유고를 1 m 정도로 할 경우,

$H = 1.0 + 1.3 + 0.5 = 2.8 \text{ m}$이다.

(5) 최근의 새로운 생물처리법

1) 생물처리법의 발달과정

활성슬러지법이 개발된 이후 하·폐수의 생물처리법은 표 2.20의 발달과정과 같이 반응조 내 미생물의 고농도화를 통한 생물반응조의 크기 감소나 침전지의 부하 감소 또는 생략에 있다고 할 수 있다.

이러한 관점에서 이후 설명하는 고정화법과 같은 농축형 생물처리법은 고농도의 미생물을 유지할 수 있으며, 침전지의 부하를 감소시킬 수 있다.

한 예로 한때 활발히 연구가 진행되었던 UASB(Upflow Anaerobic Sludge Blanket) 등 자기고정화법은 고정화에 필요한 생물학적 이론 및 공학적 기술이 아직도 확실하게 정립되지 않는 상태로 대규모 하수처리에 경제적으로 실용화하는 것은 아직 어려운 실정이다. 따라서 이제까지 개발된 고농도화 생물처리법은 그 문제점으로 인하여 거의가 소규모 처리시설에 적용되고 있는 실정으로 앞으로 새로운 처리법이 해결해야 할 과제는 고농도화나 대규모화할 경우에도 운전·관리의 편의성 및 경제성 등을 확보하는 것이다.

생물처리법의 발달과정과 진보한 처리법의 원리에 대한 이해를 돕기 위해 이하에서는 가장 진보한 처리법으로 생각되는 고정화법에 대해 간단히 그 개요만을 설명하고자 한다.

■ **표 2.20 생물처리법의 발달과 미생물농도의 변화**

구 분	처리법	미생물농도(mg/L)	개선방향
고전적 생물처리법	활성슬러지법 혐기성 처리법(부유식)	예) 활성슬러지법 1,500~3,000	건설비의 저감, 건설 간이화, 에너지 절약, 유지·관리의 편이, 수질의 개선 및 수질·수량 변동에 대응, 고농도 폐수의 처리, 슬러지 발생의 감소, 난분해성 물질의 분해, N과 P의 제거, 침전지의 부하 경감 또는 생략 등
↓			
생물막 처리법	살수여상, 침지여상, 유동상, 회전원판 등	예) 유동상 8,000~40,000	
↓			
인공 혹은 자기 고정화법	AUSB, MRB 및 USB, UASB 등*	예) UASB 40,000~60,000	

* AUSB(Aerobic Upflow Sludge Blanket), MRB(Multi-stage Reversing-flow Bioreactor), USB(Upflow Sludge Blanket)

2) 생물고정화법

생물고정화법은 크게 인공고정화법과 자기고정화법으로 구분할 수 있다.

① 인공고정화법

인공고정화 또는 내부증식형의 고정화법(그림 2.43)은 미생물을 gel bits 내에 고농도로 유지시켜 특정의 폐수를 효율적으로 처리할 수 있어 앞으로 개발과 실용화가 기대된다. 현재 미생물의 인공고정화제로는 폴리아크릴아미드·카라기난산·알긴산·광경화성(光硬化性) 수지 등이 사용되고 있으며, 이 중 카라기난산 및 알긴산은 천연물질로 해초의 추출물이다.

인공고정화법의 문제점은 천연물질로 만들어진 bits의 경우, 이 물질을 분해하는 미생물이 번식할 가능성이 있으며, bits의 제조 시 또는 폐수 중에서 bits가 성형을 유지하기 위해서는 칼슘이나 칼륨이 필요하므로 폐수 중에 염류의 첨가가 불가피하다는 것이다. 또한 폴리아크릴아미드와 같이 화학합성 물질을 이용할 경우, 생분해가 되지 않는 이들 물질의 사용 후 폐기나 처분도 문제점의 하나이다.

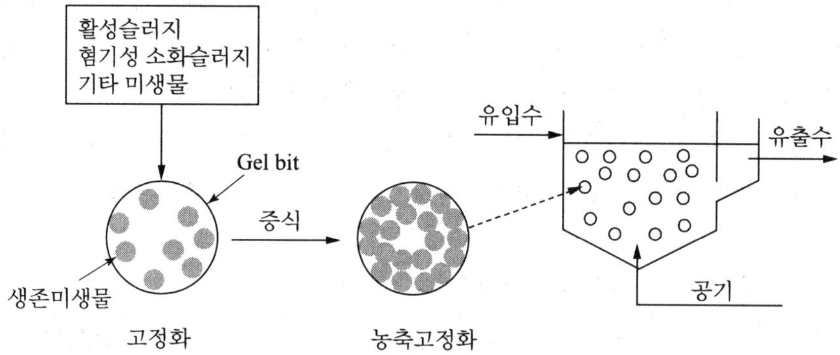

》 그림 2.43 고정화 미생물과 그 이용

② 자기고정화법

폐수처리에 있어서 고정상·유동상 등은 미생물 자체의 응집·집괴(集塊)기능을 적극적으로 이용한 자기고정화(self-immobilization)법이라고 생각할 수 있다. 하지만 여기서는 자기고정화를 협의(狹義)로 취급하여 반응기 내에 충전재나 유동입자 등과 같은 생물 부착용 메디아를 사용하지 않고 미생물이 스스로 입상의 증식집괴를 만드는 sludge blanket 방식에 국한한다.

자기고정화법은 1980년대 초 Netherland의 Lettinga 등이 개발한 UASB(Upflow Anaerobic Sludge Blanket)법을 시초로 이후 탈질화 공정인 USB(Upflow Sludge Blanket) 등 혐기성 자기고정화법이 알려져 있으며, 1980년대 말에 들어 AUSB(Aerobic Upflow Sludge Blanket Reactor)와 MRB(Membrane Bio Reactor) 등과 같이 호기성 공법에서도 입상화 현상이 발견되었다. 하지만 입상화된 호기성 미생물을 이용할 경우 혐기성과 같이 큰 장점을 가지지 못하므로, 여기서는 혐기성 세균의 자기고정화를 이용하는 UASB에 대해서만 간단히 소개하고자 한다.

그림 2.44는 가장 기본적인 구조의 UASB 반응기이다. 반응기는 고농도 미생물의 sludge bed부와 그 상부에 비교적 생물농도가 낮은 sludge blanket부 및 슬러지 - 처리수 - 생성가스의 3상을 분리하기 위해 반응기 상부에 설치된 GSS(Gas Solids Separator) 장치로 이루어져 있다. 이 반응기가 원만히 운전되기 위해서는 폐수가 반응기 하부에서 상향으로 비교적 균일하게 유입되어야 하며, 생성된 가스에 의한 sludge bed의 완만한 교반이 이루어져야 한다. 또한 생성된 가스와 함께 부상하는 슬러지가 침전지에 들어가지 전에 GSS 장치에 의해 충분히 가스와 분리되어야 하는데, 이때 GSS 장치는 입상슬러지(granule)를 형성하는 증식속도가 낮은 메탄생성균의 wash out을 효과적으로 억제하고, 충분한 양의 슬러지를 반응기 내에 축적하여 granule(증식집괴)의 생성을 촉진하는 데 중요한 역할을 한다.

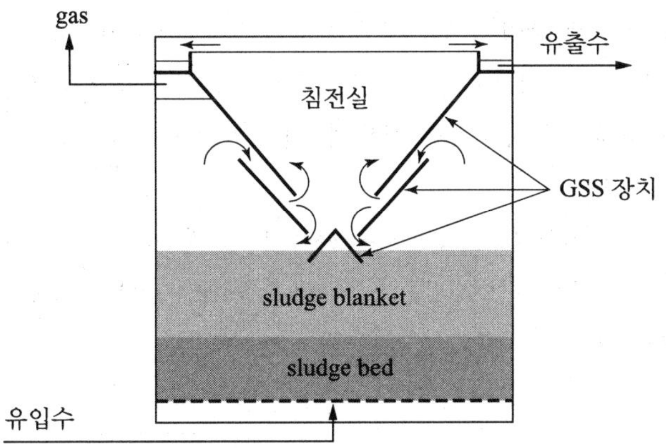

≫ 그림 2.44 UASB 반응기의 개요도

(6) 슬러지의 처리와 처분

슬러지 처리는 주로 안정화·무해화·감량화 및 재이용 등을 목적으로 행하는데, 작은 처리장에서 발생하는 슬러지는 그 양이 적어 라군·슬러지 건조상 또는 위생매립 등으로 처리된다. 하지만 대규모 처리장에서 발생하는 슬러지는 그 양이 대단히 많기 때문에 소규모 처리장에서 실시하는 간단한 처리법만으로 처리·처분하는 것이 곤란하므로 감량화를 위주로 하는 보다 복잡한 처리법이 요구된다.

일반적으로 슬러지는 유기물을 다량 함유하고 위생상 위험한 병원균을 함유할 가능성이 크다. 따라서 이러한 병원균을 사멸시켜 안전화시키고 또한 악취를 발생시키는 부패성 물질을 분해하여 안정화시키며 동시에 그 양을 감소시켜야 하는데, 유기물의 분해는 혐기성 분해법을 이용하는 것이 보통이나 경우에 따라 호기성 산화를 행하는 경우도 있다.

슬러지를 혐기적으로 분해할 경우 발생하는 악취를 방지하기 위해서는 일반적으로 밀폐된 tank(슬러지 소화조)를 이용하는데, 소화의 방법은 저율법과 고율법, 가열식과 무가열식 그리고 1단소화와 2단소화 등으로 구분할 수 있으며, 슬러지의 부피·처리 정도·입지 조건 등에 따라 알맞은 방법을 선택해야 한다.

한편 분해(소화)된 슬러지는 수분이 많기 때문에 바로 처분하는 것은 곤란하다. 따라서 슬러지를 매립하기 전에 중력법·부상법 또는 원심분리법 등으로 농축한 후, 탈수 혹은 탈수 후 소각 등을 행하여 부피를 감량하여야 한다.

관련하여 슬러지의 탈수성을 향상시키기 위해서는 화학적 개량·냉동·가열 등을 실시할 수 있으며, 최종 탈수를 위해서는 건조상·진공여과기·가압여과기·원심분리기 등을 이용한다.

탈수된 슬러지는 과거에 해양에 투기하는 경우도 있었으나, 이 경우 해양 오염을 유발시키므로, 최근 해양투기는 불허하고 있다. 따라서 일반적으로 매립하거나 또는 토지에 살포하여 비료나 토지개량재로 활용하기도 하는데, 가장 일반적 처리법은 소각 후 매립을 행하는 것이다.

그림 2.45는 슬러지 처리방법과 일반적 수순을 보인 것으로, 그림의 방법과 수순은 슬러지의 발생량·상태·지역여건·관련법 및 처리비용 등에 따라 선택·조합하여 사용한다. 기타 보다 자세한 내용은 2.4장에 기술하였다.

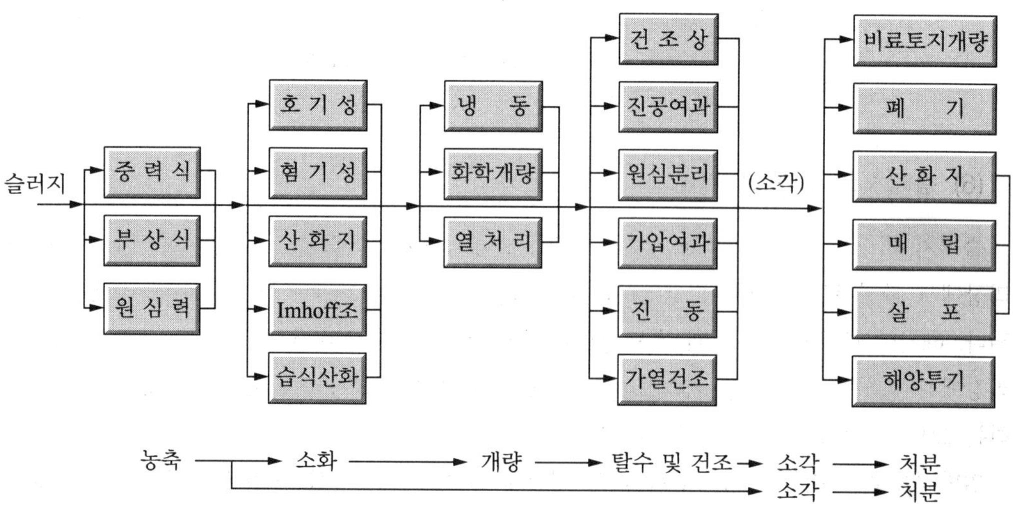

》 그림 2.45 슬러지 처리 개통도

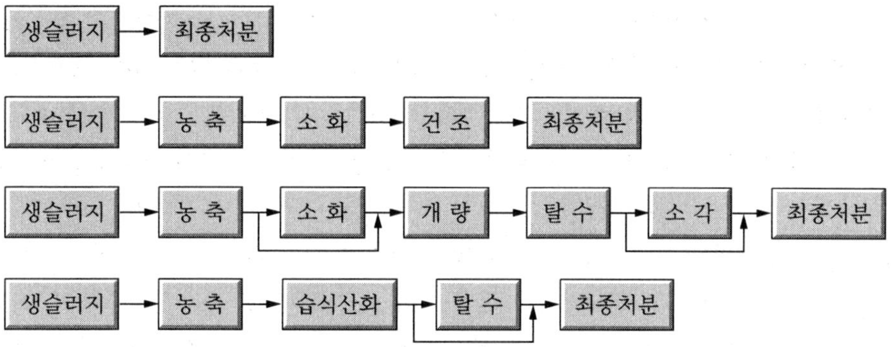

그림 2.46 슬러지 처리의 예

2.3 하·폐수의 고도처리

2.3.1 개요

도시와 산업의 발달에 따라 하·폐수의 발생량은 증가하고 있으며 또한 기존의 처리법으로는 제거되지 않는 다양한 물질의 배출량도 나날이 증가하고 있다. 하지만 이와 같은 오염의 증가에도 불구하고 환경기준은 더욱더 강화되고 있어 환경기준을 유지·달성하기 위해서는 새로운 처리법의 도입과 개발이 절실히 요구되고 있으며, 이러한 오염의 증가로 인하여 사용 가능한 수원은 점차 감소하여 양적·질적 물 부족 현상 또한 증가하고 있다.

따라서 환경기준의 유지와 달성 및 물의 재이용, 수원의 오염방지 및 양질의 수원을 확보·보전하기 위해서 기존의 1차·2차 처리로는 부족한 경우가 허다하게 발생한다. 따라서 그 이상의 처리가 절실히 요구되는데, 이와 같이 2차 처리 후에 행하는 처리를 일반적으로 고차처리라 한다. 한편 고차처리를 보다 엄밀히 구분하면, 활성슬러지법으로 대표되는 2차 처리 후 처리수를 보다 높은 수준으로 처리하기 위한 3차처리 또는 그 이상 처리를 **고차처리**라 하고, 기존의 2차처리로는 제거되지 않는 질소와 인과 같은 부영양화의 원인물질을 제거하기 위한 처리과정을 고차처리와 구분하여 **고도처리**라 한다.

일반적으로 미생물 세포는 거의 일정 비율의 요소를 포함하는데, 대략적으로 50% 탄소(carbon), 5～15% 질소(nitrogen), 0.5～1.5% 인(phosphorus) 및 0.5～1.5% 황(sulfur)을 함

유하는 것으로 알려져 있다. 하지만 탄소는 생체구성물질 외에 에너지원으로 활용되기 때문에 하수의 생물학적 처리를 위해서는 탄소 : 질소 : 인의 비율을 대략 100 : 5 : 1로 조정한다. 따라서 탄소원을 제거할 목적으로 행하는 일반적인 처리법에서 이 비율을 초과하는 질소와 인은 제거되지 않고 방류되어 부영양화의 원인이 되는데, 특히 생활하수의 경우 질소와 인의 비율이 상기 비율을 크게 초과하여 부영양화를 방지하기 위해서는 이들 물질을 제거하기 위한 별도의 처리가 필요하다. 이것이 고도처리를 행하는 이유이다.

고차처리 기술은 처리의 방법이나 목적에 따라 표 2.21과 같이 다양한 물리적·화학적·생화학적 단위조작과 이들 단위조작의 조합으로 이루어지는데, 이 중 물리적·화학적 단위조작의 대부분은 용수처리에 사용되는 기술이다.

■ **표 2.21 고차처리 목적별 제거 대상 물질 및 주요 단위조작**

처리목적	제거대상물질			단위조작
환경기준의 유지 및 달성	유기물	부유성	SS, VSS	여과, 응집침전, 규조토(硅藻土)여과, 부상법(浮上法), 장모여과, 스크린, 한외여과 등
		용해성	BOD, COD, TOC, TOD, UV 흡광도	활성탄 흡착, 염소 등 산화제 처리, 응집침전, 접촉산화 등
부영양화 방지	영양 염류	질소	TN, TKN, 암모니아, 질산성 or 아질산성질소	생물학적 질산화 - 탈질법(A/O; anoxic/oxic 등), 이온교환법, 암모이나 탈기법(脫氣法), 불연속점 염소투입법, 토지적용(土地適用), 전기투석, 역삼투 등
		인	T-P, PO_4-P	생물학적 인 제거법(A^2/O 등), 흡착, 이온교환, Lime 첨가법, 응집침전, 응집제첨가 활성슬러지법, 토지적용(土地適用), 전기투석, 역삼투 등
재이용	미량 성분	용해성	TOC, 전도도, Na, Cl, Ca, Cd 등	역삼투, 전기투석, 이온교환법 등
		미생물	세균, 바이러스, 조류 등	멸균, 소독(Cl_2, NaOCl, O_3, 자외선 등), Micro-straining 등

2.3.2 질소 제거방법

(1) 물리/화학적 질소 제거방법

1) 암모니아 탈기법

수중의 암모늄이온(NH_4^+)과 암모니아(NH_3)는 pH와 수온에 따라 다음과 같이 해리하여 평형을 이룬다.

$$NH_4^+ + OH^- \rightleftarrows NH_3 + H_2O \tag{2.69}$$

관련하여 그림 2.47은 pH와 온도에 따른 NH_4^+와 NH_3의 평형이동 상태를 나타낸 것인데, 그림에서 온도와 pH의 상승에 따라 NH_3의 비율이 증가함을 알 수 있다.

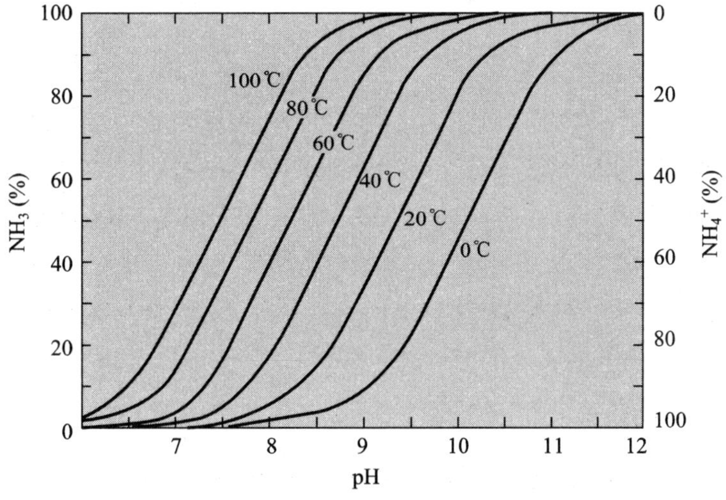

≫ 그림 2.47 pH와 온도에 따른 NH_3와 NH_4^+의 존재 비율

그림에서 NH_4^+은 pH가 상승할 경우 가스 상태의 NH_3로 전환되는데, 암모니아 탈기법은 전환된 NH_3 가스를 탈암모니아탑에서 다량의 공기와 접촉시켜 대기 중으로 방산시키는 방법이다. 이때 pH는 보통 석회를 이용하여 11 이상으로 충분히 높여 주어야 한다. 본 법은 이미 기술하였듯이 온도의 영향을 받음으로 추운지역이나 동절기에는 처리효율이 저하하며 소음과 악취 및 탈기탑 내에 scale이 발생하는 등의 문제점이 있다.

그림 2.48은 처리시설의 한 예를 보인 것이다.

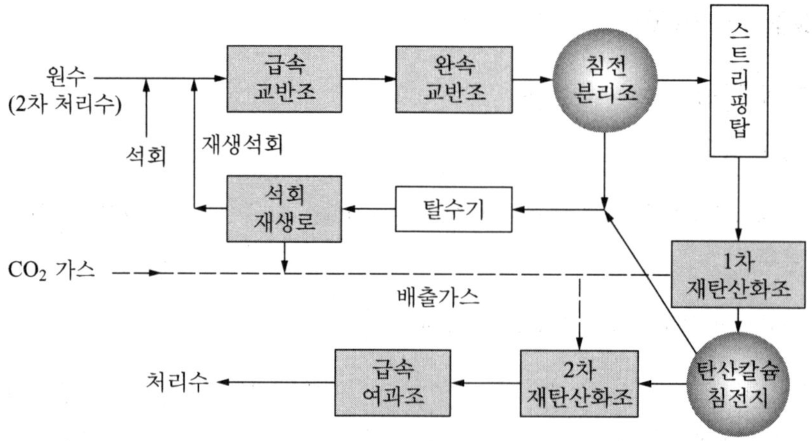

≫ 그림 2.48 암모니아 탈기법의 흐름도

2) 이온교환법

이온교환이란 화학반응성에 따라 각기 결합된 이온이 서로 다른 이온과 교환되는 것을 말하는데, NH_4^+를 제거하기 위해 제올라이트(zeolite)가 이용된다. 이것은 알미노규산염 광물의 일종으로 하수 중에 다량 존재하는 Ca^{2+}나 Mg^{2+} 등에 비해 NH_4^+와의 반응성이 높아 공존이온의 영향을 크게 받지 않으면서 선택적으로 NH_4^+를 제거할 수 있다. 또한 이 방법은 동절기에도 사용이 가능하며, pH를 높일 필요도 없다. 제올라이트의 양이온 선택성은 다음과 같다.

$$K^+ > NH_4^+ > Cr^{2+} > Ca^{2+} > Fe^{3+} > Al^{3+} > Mg^{2+} \tag{2.70}$$

이온교환법에 대한 보다 자세한 내용은 2.2.2 (7)항을 참고하기 바란다.

3) 불연속점 염소처리법

불연속점 염소처리법(break point chlorination process)은 액체염소 또는 차아염소산나트륨(NaOCl)이나 표백분[차아염소산칼륨; $Ca(OCl)_2$]과 같은 염소화합물의 산화력을 이용하여 암모니아성 질소를 산화시켜 대기 중으로 방출시키는 방법이다. 본 법에 대한 보다 자세한 내용은 2.2.2 (5)항을 참고하기 바란다.

(2) 생물학적 질소제거의 원리 및 개요

1) 질산화와 탈질

부영양화 현상을 억제하기 위해서는 폐수처리과정에서 질소를 제거하는 것이 매우 중요하다. 하지만 폐수에 포함된 많은 종류의 질소화합물과 이들 물질의 다양한 반응은 질소제거공정에 대한 연구를 어렵게 한다. 따라서 오랜 연구에도 불구하고 질소제거와 관련하여 상반되는 이론과 현상들이 꾸준히 보고되고 있으나, 현재까지 생물학적 질소제거현상은 질산화에 이은 탈질로 생각하고 있다. 따라서 본 항에서는 기존 이론에 준하여 설명하고자 한다.

폐수 중에 질소는 유기성 질소·암모니아성 질소·아질산성 질소 및 질산성 질소의 형태로 존재하는데, 이중 유기성 질소나 암모니아성 질소가 산소가 공급되는 조건에서 아질산균(nitrosomonas)과 질산균(nitrobacter)에 의해 질산화되는 1단계 과정과 질산화 물질이 탈질균(脫窒菌)에 의해 질소가스(N_2)로 탈질되는 2단계 과정으로 생각하고 있다.

1단계 질산화 과정

$$NH_4^+ + \frac{2}{3}O_2 \xrightarrow{\text{nitrosomonas}} NO_2^- + 2H^+ + H_2O \tag{2.71}$$

$$NO_2^- + \frac{1}{2}O_2 \xrightarrow{\text{nitrobactor}} NO_3^- \tag{2.72}$$

2단계 탈질 과정

$$2NO_3^- + 2H_2 \rightarrow 2NO_2^- + 2H_2O \tag{2.73}$$

$$2NO_2^- + 3H_2 \rightarrow N_2\uparrow + 2OH^- + 2H_2O \tag{2.74}$$

질소제거공정에서 유기물은 미생물의 증식 및 호흡활동의 에너지원으로 활용될 뿐 아니라 탈질세균의 탈질을 위한 에너지원으로 활용된다. 즉 탈질세균은 타영양성 세균이며, 활성슬러지 중에 다량 존재하는 임의성세균으로 산소(oxic) 혹은 무산소(anoxic)조건에서도 유기물을 산화하여 에너지를 얻을 수 있는데, 유기물을 산화시키기 위해 산소조건(oxic)에서는 유리산소(遊離酸素)를 이용하고, 무산소조건(anoxic)에서는 NO_2^-와 NO_3^- 같은 결합산소(結合酸素)를 이용한다.

2) 기본 공정

생물학적 질소제거공정은 1950년대 후반 유럽에서 활성슬러지를 이용한 처리장에서 발생하는 팽화 즉, 사상성 세균을 제어할 목적으로(팽화의 주원인이 사상성 세균이 아님을 이미 밝힌 바 있다) 포기조를 산소조와 무산소조로 분할하여 운전하는 과정에서 질소가 제거되는 현상을 발견하고 이와 더불어 개발·발전되었다. 따라서 전체 공정은 산소조와 무산소조의 조합으로 이루어지며, 가장 기본적인 공정원리는 크게 후탈질공정과 전탈질공정으로 구분할 수 있다.

① **후탈질공정**

후탈질공정은 생물학적 질소제거공정의 개발과정에서 가장 초기단계에 해당하며, 그림 2.49(Wuhrmann Process)와 같이 산소가 공급되는 질산화조에서 유기물과 질소를 산화시킨 다음, 교반만 실시되는 탈질조에서 질산화 물질을 질소가스로 탈질시켜 제거하는 공정이다.

이 공정은 탈질을 위한 에너지원으로 별도의 유기물을 제공하지 않기 때문에 미생물은 세포 내 저장물질을 에너지원으로 이용하게 된다. 즉 미생물의 성장단계 중 내생단계를 이용하기 때문에, 이 공정은 반응속도가 느리고, 탈질조 내 체류시간이 길어야 하는 단점이 있다.

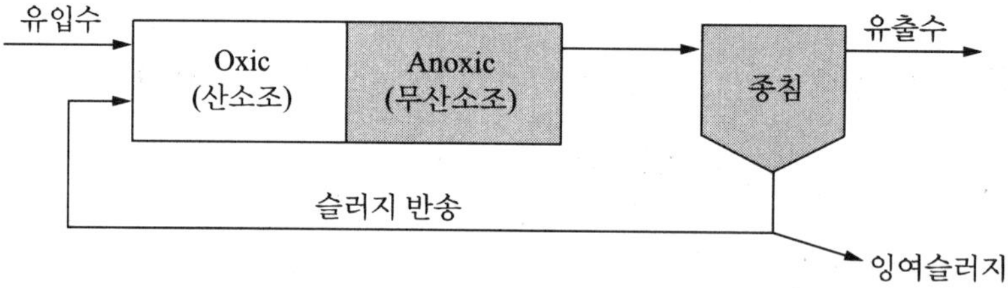

그림 2.49 Wuhrmann Process

따라서 이러한 문제점을 개선하기 위해 탈질조에 메탄올과 같은 별도의 에너지원을 공급하여 탈질반응을 촉진하기 위해 그림 2.50과 같은 process가 Bringmann에 의해 개발되었는데, 이 경우 탈질은 매우 용이하지만 메탄올의 소비량이 커서 운전 비용이 과다하게 소비되는 단점을 가진다.

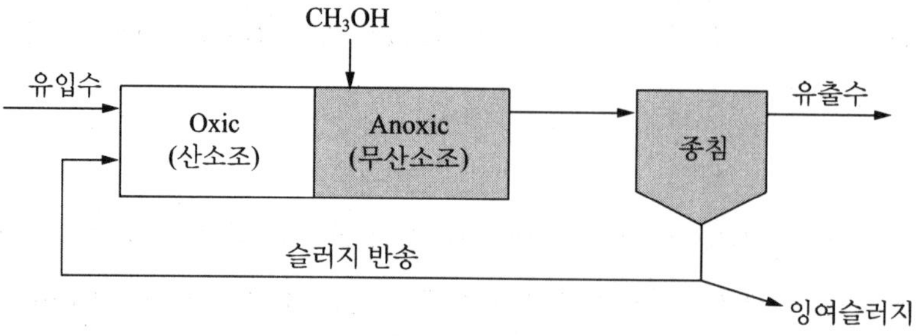

그림 2.50 Bringmann Process

② **전탈질공정**

1960년경 미국의 Ludzack 등에 의해 탈질을 위한 에너지원으로 유입하수를 이용하는 방법이 개발되었는데, 이 process는 그림 2.51과 같이 후탈질공정과는 다르게 전단에 탈질조를 후단에 질산화조를 배치하여, 질산화조에서 질산화된 유출수를 전단의 탈질조에 반송함으로써 전단에서 탈질과 동시에 탄소성 유기물을 제거하는 방법이다. 이 방법은 가장 기본적인 질소제거공정으로, 순환이 요구되므로 **순환식 질화탈질법**이라고도 한다.

본 법은 이후 그림 2.52와 같이 유출수의 순환에서 내부순환으로 일부 수정되었다. 이들 모두 전단의 탈질조에 유입하는 원수 중 탄소성 유기물을 에너지원으로 이용하여 탈질을 유도하며, 무산소 상태인 탈질조에서 탈질과 동시에 유기물의 대부분을 제거함으로써 이후 질산화조에서 질산화에 대한 유기물의 영향을 감소시킬 수 있다. (참고 ; 질산화조에 유기물이 다량 존재할 경우 미생물은 질산화를 행하지 않는다.) 또한 탈질을 위한 에너지원으로 유입하수를 이용하지 때문에 운전비용면에서 전탈질공정에 비해 경제적이다. 하지만 순환을 위한 에너지의 소비와 질화된 혼합액의 일부가 침전지를 경유하여 유출되는 단점을 가진다.

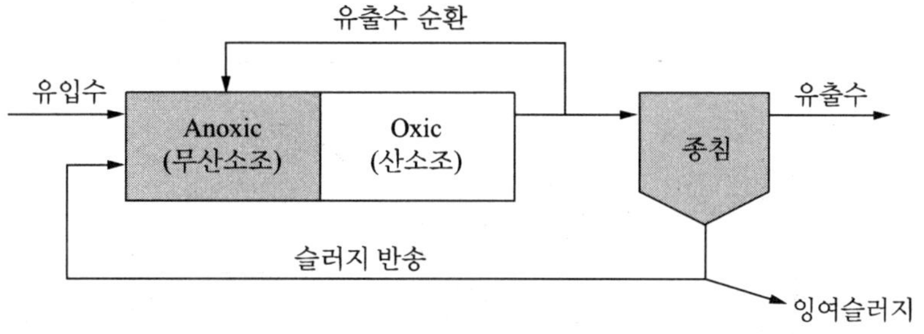

그림 2.51 Ludzack-Ettinger Process

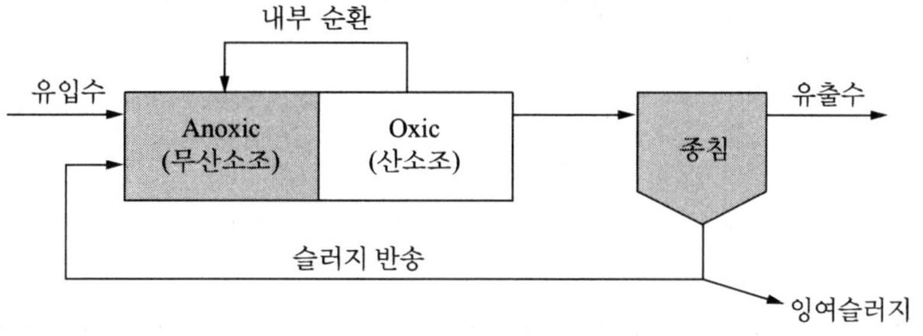

그림 2.52 Modified Ludzack-Ettinger Process

본 공법은 질소 제거를 위한 가장 기본적인 공정으로 자주 채용되며, 이후 본 공정의 후단에 무산소조나 산소조 등을 추가하여 유출수 중 질산화물의 제거 또는 2차 침전지에서 슬

러지 부상 등을 억제하기 위한 많은 변법이 개발되었다. 이후 개발된 변법에 대한 자세한 내용은 관련 문헌(李, 2016)을 참고하기 바란다(참고; 산소조에서 유출되는 질산화물이 침전지에서 탈질되고 그때 발생하는 미소한 질소가스가 침전지 내 슬러지를 부상시킴).

3) 효율적 운전 요령

일반적으로 질소 관련 미생물, 즉 질산화 미생물과 탈질 미생물은 탄소성 유기물을 제거하는 미생물과 각기 다른 종류의 미생물로 잘못 인식되고 있다. 따라서 탄소성 유기물의 제거 정도가 질소 제거에 아무런 영향을 미치지 않는 것으로 생각하기 쉽다. 하지만 질소를 효율적으로 제거하기 위해서는 무엇보다 탄소성 유기물의 제거가 선행되어야 한다. 이는 많은 세균들이 질소나 유기성 탄소를 제거할 수 있는 능력을 겸유하고 있으며, 산화를 통해 에너지를 얻는 과정에서 질소보다는 유기성 탄소를 선호하기 때문이다. 따라서 에너지를 보다 쉽게 얻을 수 있는 유기성 탄소가 존재하는 한 세균은 질산화를 잘 행하지 않는다. 이러한 저자의 주장에 대해 아직도 많은 이견이 있으나, 저자의 주장은 기존의 실험, 즉 1편 1.5.4 (2)항에서 이미 소개한 그림 1.11을 통해 명확하게 입증된다.

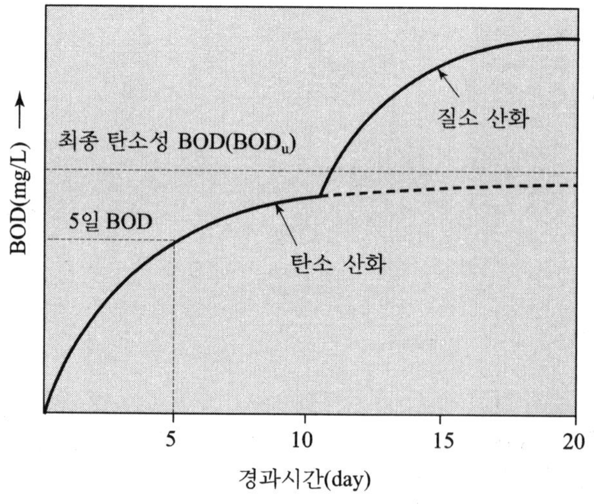

》 Part 1 그림 1.11 BOD반응곡선

상기 BOD반응곡선에서 탄소성 유기물의 산화와 질소의 산화는 1단계와 2단계 반응으로 나타나는데, 이와 같은 현상은 각 오염물질을 제거하는 데 관련 미생물이 각각 따로 존재한다면 나타날 수 없는 결과이다. 즉 질소 관련 세균이 따로 존재한다면 그림에서 탄소성 유기물이 산화되는 동안 질소 관련 세균은 유기물의 유무에 관계없이 질소를 산화할 것이고,

반응의 결과는 1단계와 2단계로 구분되지 않고 하나의 곡선으로 나타날 것이다. 하지만 1단계와 2단계로 구분되어 나타나는 현상은 세균이 탄소성 유기물을 거의 다 산화시킨 이후에 새로운 에너지원으로 질소를 산화시키기 위해 효소적 적응을 위한 지체기를 거친 후 질소를 산화시키는 과정을 보여주는 것이다.

따라서 생물학적 질소제거공정에서 질소를 효율적으로 제거하기 위해서는 후탈질 공정인 경우 산소조에서, 전탈질 공정인 경우 무산소조에서 충분히 탄소성 유기물이 제거되어야 하는데, 이렇게 하기 위해서는 이들 조의 체류시간을 충분히 길게 유지해야 한다. 즉 F/M비를 낮게 유지해야 한다. 하지만 이 경우 다음 그림 2.53에 나타낸 바와 같이 생물반응조 내 미생물상은 질소나 탄소성 유기물의 제거에 있어 기초적 역할을 담당하는 하등한 세균류가 감소하고 그 결과 이들 물질의 제거속도는 오히려 감소한다. 따라서 충분한 탄소성 유기물의 제거와 이후 질산화를 위해서는 F/M비를 상승시켜 세균류의 증식을 유도하여 탄소성 유기물의 제거속도를 상승시키고 동시에 질산화를 유도해야 한다.

운전 방법에 있어 저자의 이러한 주장은 질소나 인을 제거하기 위해 낮은 F/M비로 설계·운전하는 일반적 관행과 다르지만, 실제 많은 연구자들은 고 F/M비의 운전이 질소제거에 보다 효과적임을 실험적으로 증명하고 있다. 예를 들어 Dan Vacker(1967)는 질소와 인 제거를 위한 적정 F/M비로 0.5 kg-BOD/kg-MLVSS·day를 제시하였는데, 이 부하는 일반적 재래식 활성슬러지법 부하(F/M비)의 2배에 해당한다. 또한 津野 洋(1985)은 슬러지 체류시간(SRT)이 대체로 3.7～7일이 가하다고 주장하였다. 이 또한 일반 재래식 활성슬러지법의 SRT가 5～15일임을 감안하면 일반적 부하(F/M비)의 2배에 해당한다. 또한 Barth(1982)는 HRT를 1/2 정도로 줄일 경우 보다 효과적이라고 주장하였다. HRT를 1/2로 줄일 경우 F/M비는 2배로 상승한다.

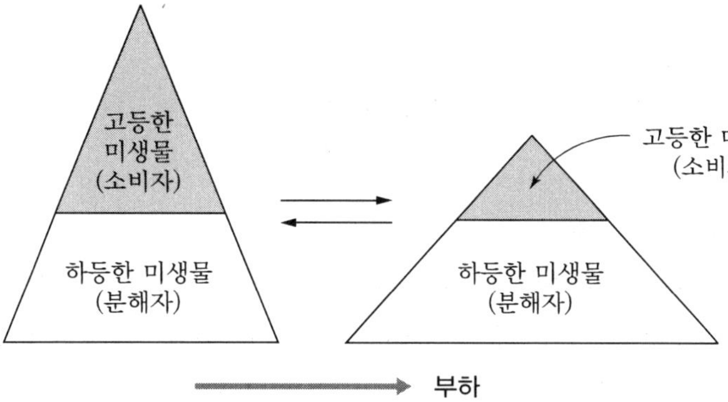

그림 2.53 부하 변화에 따른 생물 반응조 내 미생물상의 변화

2.3.3 인 제거방법

(1) 물리/화학적 인 제거방법

1) 응집침전법

본 공법은 2차 처리수에 응집제를 가하여 처리수 중의 인을 불용성 화합물로 만들어 침전·제거하는 방법으로, 처리수 중의 부유물이나 유기물을 제거하기 위한 고차 처리법으로도 이용될 수도 있다. 본 법은 응집침전 후 여과나 활성탄 흡착 등을 병행하여 처리수의 수질을 보다 향상시킬 수 있다. 또한 응집제 첨가 활성슬러지법이나 응집제 첨가 여과법 역시 인을 응집시켜 불용성 화합물로 침전·제거하므로 원리적으로 응집침전법과 같다. 사용되는 응집제로는 황산반토[$Al_2(SO_4)_3 \cdot 18H_2O$]·폴리염화알미늄[PAC; $(AlCl_3)_n$]·알루민산소다[$NaAlO_3$]·염화제2철[$FeCl_3$]·황산제1철[$FeSO_4$]·황산제2철[$Fe_2(SO_4)_3$]·석회[$Ca(OH)_2$] 등이 있는데, 주로 황산반토·염화제2철·PAC 및 석회가 주로 이용된다.

① 석회(lime) 첨가법

본 법은 반응 pH 조건에 따라 high lime법과 low lime법으로 구분하는데, high lime법의 경우, pH가 11~11.5 정도, low lime법의 경우, pH가 10 이하가 되도록 lime[$Ca(OH)_2$]을 주입한다. 이때 젤라틴상의 불용성 화합물인 hydroxy apatite[$Ca_5(OH)(PO_4)_3$]가 생성되는데, 이것을 침전시켜 인을 제거한다.

② 금속염 첨가법

응집제로 사용되는 금속염(metal salt)으로는 알루미늄염과 철염이 있는데, 이들 물질을 원수에 첨가하면 원수 중의 정인(orthophosphate)과 축합인(polyphosphate)은 다음과 같이 반응하여 난용성의 인산알루미늄이나 인산제2철을 생산한다. 이것을 침전·제거함으로써 인을 제거할 수 있다.

$$Al_2(SO_4)_3 + 2PO_4^{3-} \rightarrow 2AlPO_4 + 3SO_4^{2-} \quad (2.75)$$

$$FeCl_3 + PO_4^{3-} \rightarrow FePO_4 + 3Cl^- \quad (2.76)$$

③ 응집제 첨가 활성슬러지법

응집제 첨가 활성슬러지법은 활성슬러지공정에 무기계 응집제를 직접 첨가하여 인을 응집·침전하는 공법이다. 응집제로는 주로 알루미늄염이 사용되며, 그 원리는 응집침전법과 기본적으로 같다. 응집제의 첨가 위치에 따라 그림 2.54와 같이 세분할 수 있다.

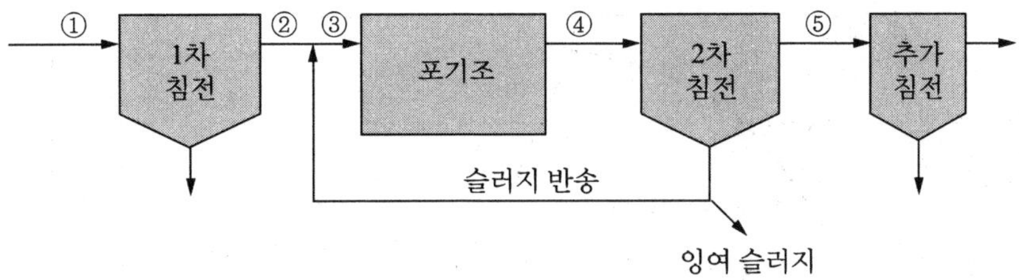

① 1차 침전지 유입수　　② 1차 침전지 유출수
③ 반송슬러지 유입 후　　④ 포기조 유출수
⑤ 2차 침전지 유출수

≫ 그림 2.54 인 제거를 위한 활성슬러지법의 응집제 투여 위치

④ 급속여과

고도처리를 위한 급속여과는 2차 처리수의 여과, 화학적으로 처리된 2차 처리수의 여과 및 화학적으로 처리된 1차 혹은 원·폐수의 여과에 이용된다. 하수의 급속여과 기술은 그 원리에 있어 상수도의 여과기술과 기본적으로 동일하나, 그 차이점은 현탁물질의 농도와 성질·여과지의 구성·여재의 성질·유량 제어·여과속도·손실수두·역세정 등을 들 수 있으며, 다음 표 2.22는 이층 여재를 이용할 경우 여과상의 여재 특성을 나타낸 것이다.

■ 표 2.22 이층 여재를 이용한 여과상의 여재 특성

구 분	상수 처리 시	하·폐수 처리 시
활성탄		
깊이(m)	0.5～0.6	0.3～0.6
유효경(mm)	0.9～1.1	0.8～2.0
균등계수	1.6～1.8	1.3～1.8
모래		
깊이(m)	0.15～0.2	0.15～0.6
유효경(mm)	0.45～0.55	0.4～0.8
균등계수	1.5～1.7	1.2～1.6
여과속도($m^3/m^2 \cdot day$)	150～500	100～600

(2) 생물학적 인 제거

1) 인 제거 mechanism

통상 활성슬러지의 인 함량은 VSS당 2～3%이며, 재래식 활성슬러지법을 이용하는 도시 하수처리장의 인 제거율은 20～30% 정도이다. 그러나 재래법을 이용하는 여러 처리장에서

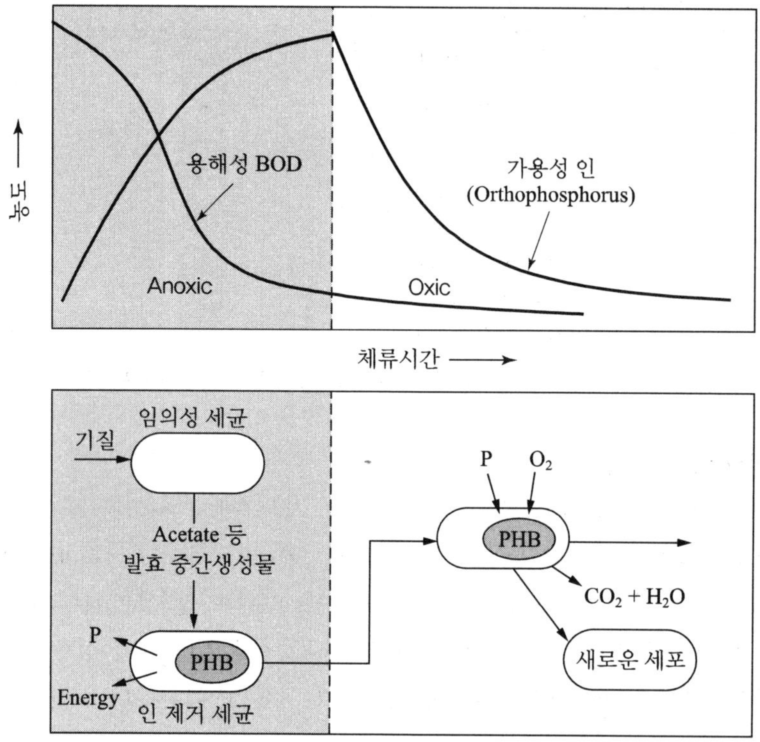

》 그림 2.55 생물학적 인 제거의 원리

통상 활성슬러지의 인 함량 이상의 인 제거율이 보고되었는데, 이와 같은 인의 초과 제거 현상은 다음 두 가지 이론으로 설명되고 있다. 그 하나는 **화학침전설**(Ferguson, 1973)로 하수 중의 인이 우수와 함께 유입하는 Ca · Fe · K 및 Mg와 같은 금속과 반응하여 침전 · 제거된다는 것이고, 또 하나는 **과잉섭취설**(Carberry, 1973)로 활성슬러지가 어떤 특정의 조건에서 보통 때보다 많은 양의 인을 섭취한다는 것으로 연구자 간에 이견이 있었다. 그러나 오늘날 일반적으로 과잉섭취 현상이 주요한 것으로 판단되고 있으며, 동시에 화학침전에 의한 영향도 다소 있는 것으로 생각하고 있다.

그림 2.55는 과잉섭취에 의한 인 제거 mechanism을 설명하는 여러 모델 중 일반적으로 인정되는 모델을 요약 도식한 것이다. 이 모델에 따르면 어떤 특정의 미생물은 무산소(anoxic)조건과 산소(oxic)조건이 반복될 경우 산소조건에서 인을 과잉섭취하는 경향이 있다. 즉 무산소조건에서 임의성 미생물에 의한 유기물질의 발효반응으로부터 acetate나 기타 발효물질이 생성되는데, 이 발효생성물은 탈인을 행하는 미생물에 의해 쉽게 섭취되어 glycogen이나 PHB(poly-β-hydroxy butyrate) 등의 기질로 저장되며, 이때 이미 산소조건에서 축적된 축합인은 정인으로 되어 세포 외로 방출된다. 뒤 이은 산소조건에서 세포 내에 저장

된 기질이 산화되는 과정에서 얻어지는 energy를 이용하여 미생물은 폐수 중에 용해되어 있는 정인을 다시 섭취하여 축합인으로 합성하게 되는데, 이때 연속포기 시 미생물이 통상 체내에 함유하는 인의 함량보다 높은 농도의 인을 섭취하게 된다(EPA, 1987).

그리고 최종침전지에서 이 미생물을 잉여슬러지로 인출시킴으로써 인을 제거할 수 있다. 따라서 저 F/M비로 인하여 잉여슬러지의 발생량이 적을 경우 인의 조 외 인출량이 감소되어 인을 효과적으로 제거할 수 없다. 즉 인을 제거하기 위한 생물학적 공법에서 운전의 핵심은 잉여슬러지를 보다 많이 발생시키는 것인데, 그러기 위해서는 F/M비를 높여 운전하는 것이 당연한 이치이다.

2) 생물학적 인 제거 공정

① A/O 공법(Anoxic/Oxic process)

A/O 공법은 가끔 혐기/호기법으로 잘못 호칭되는데, 혐기(anaerobic) 또는 호기(aerobic)란 미생물을 중심으로 분류한 것으로, 이 공법에서는 혐기성 미생물을 이용하는 것이 아니므로, 이러한 명칭은 잘못된 것이다. 따라서 A/O 공법을 굳이 표현한다면 무산소/산소법 혹은 무포기/포기법으로 칭하는 것이 옳을 것이다.

본 법은 탄소성 유기물과 인을 제거하기 위한 가장 기본적인 공법으로 그림 2.56과 같이 무산소조에 이은 산소조로 구성되어 있다. 전형적으로 무산소조와 산소조는 각각 같은 크기가 되도록 여러 개의 칸막이로 나누어져 있으며, 완전혼합조이다.

이 공법에서 유입수는 반송슬러지와 함께 처음 무포기조에 유입하는데, 이 조에서 유입수 중의 탄소성 유기물은 거의 제거되고, 동시에 반송슬러지 중의 과잉섭취된 인은 방출된다. 이때 인의 방출 정도는 후속하는 산소조에서 관련 세균의 인 과잉섭취에 영향을 미친다. 따라서 무산소조에서 충분한 인의 방출이 요구되는데, 무산소조로 유입하는 자유산소나 결합산소는 인의 방출을 방해한다. 따라서 이 공법에서 인을 효율적으로 제거하기 위해서는 산소조에서 질산화를 억제하거나 아니면 산소조에서 체류시간을 충분히 확보하여 질산화물의 탈질을 유도해야 하는데, 이 경우 조의 F/M비가 낮아져 인의 충분한 제거를 기대할 수 없다.

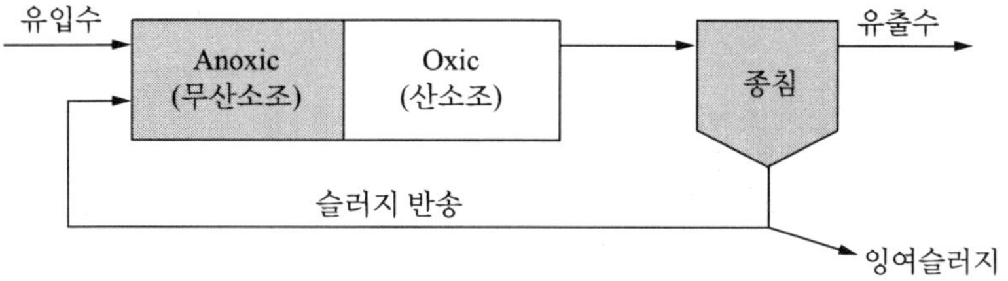

> 그림 2.56 A/O 공법

따라서 효과적으로 인을 제거하기 위해서는 **무산소조의 전단에 반송슬러지와 함께 유입하는 결합산소(질산화물)와 유입수에 포함된 자유산소를 제거하기 위해 별도의 조를 설치해야 하는데, 이러한 목적의 조를 anaerobic tank라 명칭하였다.** 따라서 이 조를 그대로 번역하여 혐기성조라고 칭하고 있으나 조의 상태는 anaerobic이 아닌 anoxic의 상태로 혐기성 미생물과는 전혀 관계가 없음을 유의해야 한다.

② PhoStrip process

PhoStrip process는 그림 2.57과 같이 생물학적 방법과 화학적 방법을 조합한 것이다. 본법은 A/O 공법의 단점을 보완한 것으로, 즉 인을 과잉 섭취한 반송슬러지의 일부를 무산소 상태의 탈인조에 보내 슬러지로부터 인을 방출시켜 반송함으로써 보다 많은 양의 인을 제거할 수 있도록 한 것이다. 한편 과잉의 인을 함유한 탈인조의 상징액은 화학처리조에 도입하고, 석회를 가하여 인을 hydroxy apatite로 침전·제거시킨다.

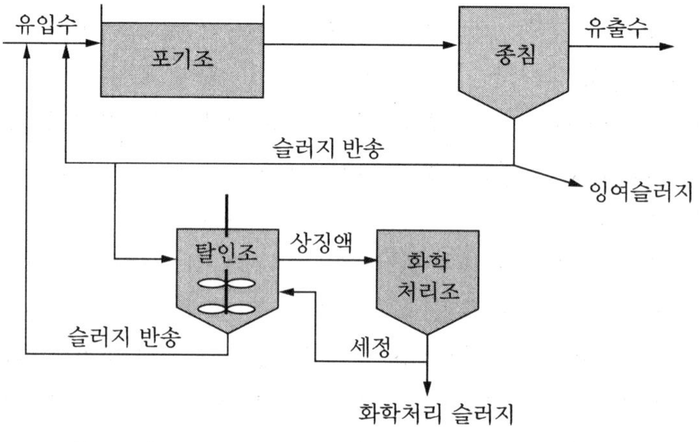

그림 2.57 PhoStrip process의 처리 개통도

③ SBR(Sequencing Batch Reactors)

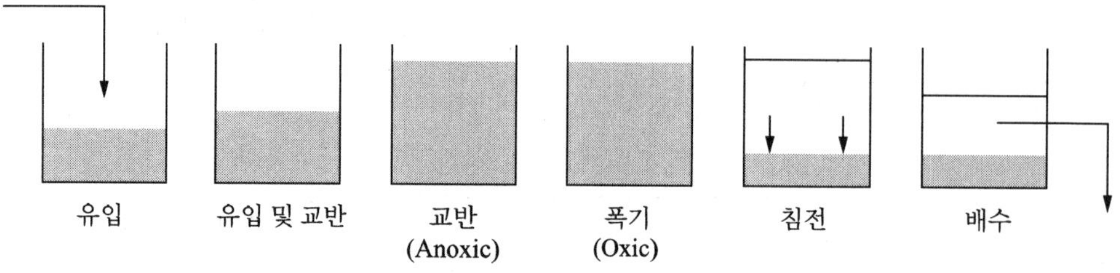

그림 2.58 BOD·인 제거를 위한 SBR의 계통도

그림 2.58은 BOD와 인 제거를 위한 SBR의 계통도이며, 자세한 내용은 이후 2.3.4항을 참고하기 바란다.

2.3.4 질소·인 동시 제거

① A^2/O 공법(Anaerobic-Anoxic/Oxic process)

A^2/O 공법은 질소와 인을 동시에 제거하기 위한 가장 기본인 공정으로 그림 2.59와 같이 A/O 공법의 무산소조에 유입하는 유입수 중의 자유산소(용존산소)나 반송슬러지 중의 결합산소(질산화물)를 제거하여 인 제거효율을 상승시키기 위한 목적의 혐기조(조의 상태는 anoxic)를 공정의 전부(前部)에 부가한 것이다. 즉 혐기조-무산소조-산소조의 3단계로 구성되어 있다. 각 조의 체류시간은 같고, 완전혼합 상태를 유지한다. 따라서 인 제거만을 목적으로 할 경우, 내부순환은 필요치 않으며, 인과 질소를 동시에 제거하고자 할 경우에 내부순환을 실시한다.

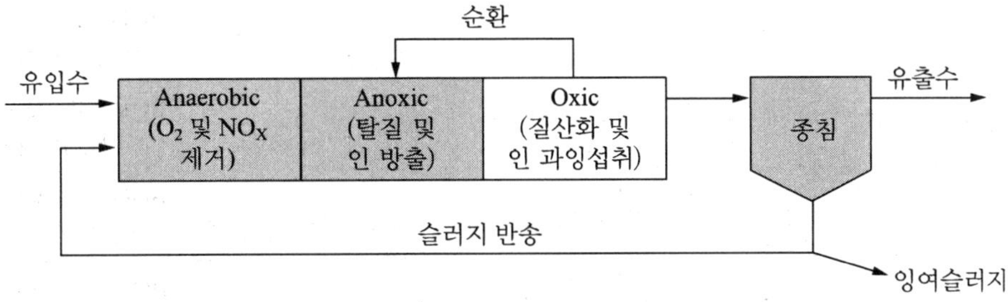

그림 2.59 A^2/O 공법에 의한 인·질소 동시 제거 공정도

② SBR(Sequencing Batch Reactors)

SBR은 각 조건의 시간 배분에 따라 유기물의 제거에서 질소나 인의 제거까지 다양하게 운전될 수 있는데, 그림 2.60은 BOD와 질소 및 인을 동시에 제거하기 위한 SBR의 계통도이다. 질소와 인을 동시에 제거하기 위해서는 무산소조건과 산소조건을 반복해야 하는데, 이때 1단계 포기 이전에 대부분의 유기물이 산화됨과 동시에 인의 방출과 과잉섭취를 위한 혐기조건이 달성되어야 한다. 뒤 이은 산소조건에서는 암모니아가 질산화물로 산화되고, 다음 교반 조건에서는 질산화물이 탈질·제거되며 동시에 인의 방출이 이루어진다. 다음 산소조건에서는 인의 과잉섭취가 일어나며 인을 과잉섭취한 슬러지는 침전과정에서 잉여슬러지로 제거된다.

제거 목적에 따른 공정 및 시간 배분은 표 2.23 및 2.24와 같다. 참고로 이 공정을 이용하여 유입되는 폐수를 연속적으로 처리하기 위해서는 2개 이상의 조가 필요하다.

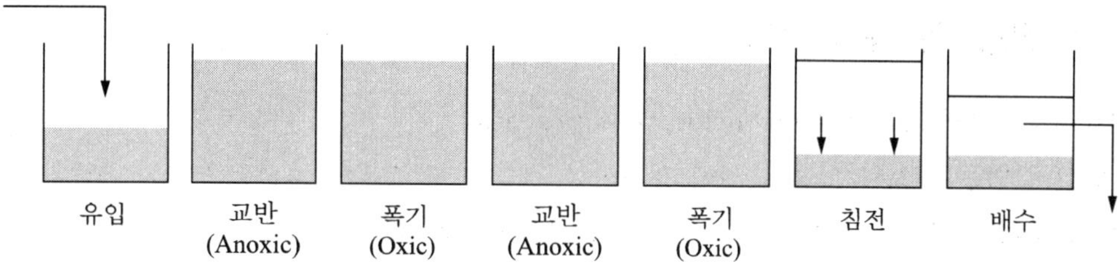

≫ 그림 2.60 SBR에 의한 질소·인 동시 제거

■ 표 2.23 처리 목적에 따른 SBR의 공정 배분

운전 방식	공정 배분	처리 목적
무제한포기	유입 포기 / 침전 / 배출	BOD, SS 제거
제한포기	유입 포기 / 침전 / 배출	BOD, SS 제거, 일부 N, P 제거
반제한포기	유입 포기 / 침전 / 배출	BOD, SS 제거, 일부 N, P 제거
간헐포기 A	유입 교반 / 포기 / 교반 / 포기 / 침전 / 배출	BOD, SS 제거, N, P 제거
간헐포기 B	유입 / 유입 교반 / 포기 / 교반 / 포기 / 침전 / 배출	BOD, SS 제거, N, P 제거

■ 표 2.24 질소·인 동시제거를 위한 SBR의 각 공정별 체류시간

공 정	체류시간 (hr)	
	저부하 운전	고부하 운전
유입 및 교반	1.8	3.0
포 기	1.0	0.4
침 전	1.0	0.7
배 수	0.4	0.7
휴 지	0.6	0

U.S. EPA. (1987)

③ **기타 공법**

상기에 소개한 공법 외에 질소와 인의 동시 제거 공법에는 수정 바덴포 공법(Modified Bardenpho process), 수정 포스트립 공법(Modified PhoStrip process), UCT 공법(University of Cape Town), 수정 UCT 공법(Moified University of Cape Town), VIP 공법(Virginia Initiative Plant) 등 다수가 있는데, 이 공법들의 대부분은 A^2/O 공법의 변법으로 생각할 수 있다. 따라서 여기서 각 공법의 설명은 피하고, 자세한 내용은 관련문헌(李 2016)에 미루고자 한다.

2.3.5 기타 수생식물에 의한 질소·인 제거

식물의 성장에는 영양물질인 질소와 인이 필요한데, 수생식물은 수중의 영양물질을 이용하여 성장한다. 이것이 식물을 이용한 질소 및 인 제거의 원리이다. 따라서 모든 수생식물이 수중의 영양물질을 제거하지만, 보다 효과적으로 영양물질을 제거하기 위해서는 수중 영양물질의 흡수속도나 생체 내 요구량 및 성장속도가 빠른 식물을 이용해야 하며, 이러한 특성을 지닌 대표적인 식물로는 부레옥잠과 갈대 등을 들 수 있다. 한 예로 부레옥잠의 경우 번식속도가 매우 빨라 1주가 8개월간 약 65,000주로 번식한다고 하며 NASA의 연구에서는 1년간 1 ha당 생산량이 건조중량으로 154톤이나 되었다고 한다.

하지만 수생식물을 처리에 이용할 경우 식물이 성장할 수 없는 동절기에 수질의 악화는 불가피하며, 또한 적절한 시기에 성장한 수생식물을 수확 혹은 제거해야 하는데, 이 수확물의 처리·처분이 문제이다. 따라서 수확물을 사료화 또는 퇴비화하기 위해 노력하고 있으나 아직 경제성은 없는 것으로 판단되며, 그 외에 처리장의 설치가 가능한 장소가 수변지역 등으로 한정적이고, 시설의 소요면적이 크다는 단점이 있다.

현재 이용하거나 이용이 검토되는 수생식물을 서식 형태에 따라 분류하면 표 2.25와 같다.

■ **표 2.25** 고도처리에 이용 가능한 수생식물

분 류		서식형태	주요 식물명
고착성	추수성	뿌리와 줄기의 일부만 물속에 있는 것	부들, 벗들, 갈대, 창포, 솔잎말
	부엽성	뿌리와 줄기는 물속에 있고, 잎만 수면 위에 떠있는 것	연꽃, 마름, 수련, 가래
	침수성	뿌리, 줄기, 잎 모두가 물속에 있는 것	말종류, 물수세미, 검정말, 말즘
부유성		뿌리가 고정되지 않고 수면이나 수중을 부유하는 것	부레옥잠, 생이가래, 개구리밥, 좀개구리밥

2.4 폐수 처분과 슬러지 처리

2.4.1 폐수 처분

폐수를 처분한다는 것은 생폐수를 그대로 또는 일련의 처리를 거친 후 최종적으로 우리의 생활주변으로부터 가급적 멀리 버리는 것을 의미한다.

폐수의 처분법은 폐수 또는 처리수를 부근의 공공수역(하천·호소·연해 등)에 방류하는 **희석처분법**과 토지에 관개(灌漑) 또는 침투시키는 **관개법**으로 구분한다.

관개법은 처분을 요하는 수량이 적고 강수량이 적은 곳에서 시행하기 적절하며 하수(유독성이 있는 폐수는 불가)는 대개 1차 처리(부유물·침강성 고형물 등의 제거)를 행한 후 관개한다. 도입방법에는 **살포법**(화초·정원·식수지 등에서 시행)과, 농작물을 주로 재배하는 곳에서 도랑을 만들어 도입시키는 **구거법**(溝渠法) 등이 있다.

하수를 관개하는 부하율은 토양의 공극률에 따라 크게 좌우되며, 1 km^2·day당 4,700~19,000 m^3 정도로 하는데, 이때 부하는 기후나 농작물의 종류에 따라 크게 달라질 수 있다. 또한 우기에는 관개법을 시행하기 곤란하고, 농작물의 위생적 관리에도 유의해야 한다.

농지 이외의 투수성 토지나 특별한 시설을 이용하여 처리수를 지하에 침투시켜 처리수를 처분함과 동시에 지하수의 충전을 꾀하는 방법도 있는데, 이러한 처분법을 **지하침투법**이라고 한다. 이 방법은 지하수의 오염방지에 특히 유의하여야 하며, 하수가 충전구에서 지하수위까지 지층을 유하하는 동안 충분히 정화되어야 한다.

한편 **희석처분법**은 폐수나 처리수를 호소·하천·해양 등에 방류·희석시켜 그 방류수역 내에서 일어나는 물의 자정작용에 의해 정화되도록 하는 방법이다. 이 방법에서는 방류된 폐수나 처리수가 방류·희석된 후 해당 수역의 수질이 법으로 정한 수질환경기준을 만족시킬 수 있어야 한다. 이 방법을 채용하는 경우에는 특히 방류 위치·방류수의 온도나 거품의 발생 유무·분산장치 및 장치의 보호·수류의 흐름 특성 등 다양한 인자를 고려하여야 한다.

(1) 하천의 방류시설

방류시설은 보통 그림 2.61과 같이 하천 제방에 설치한다.

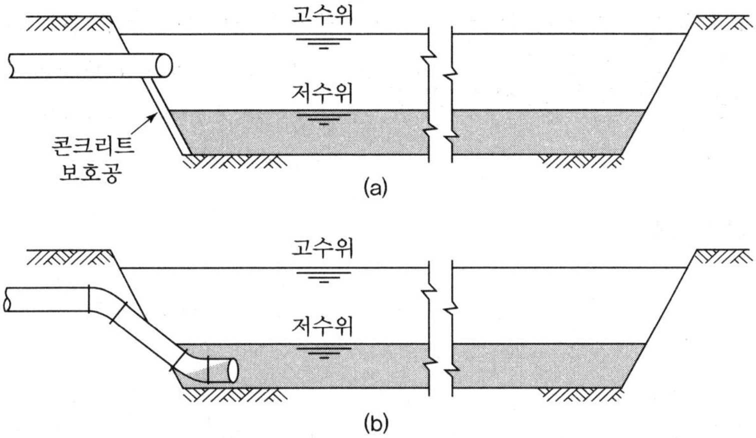

》 그림 2.61 하천 방류시설의 예

방류관의 설치 위치는 방류수의 특성에 따라 달리 해야 하는데, 거품이 발생하는 폐수나 하천수보다 뜨거운 폐수가 방류되는 경우에는 그림 2.61(a)와 같이 방류시설을 상단에 설치하는 것은 적절하지 않다. 따라서 거품이 발생하는 폐수나 뜨거운 폐수는 그림 2.61(b)와 같이 방류관을 저수위 아래에 위치하도록 함으로써 발포현상과 밀도류로 인한 문제를 방지할 수 있다.

한편 방류관의 말단에는 초기확산을 최대화하기 위해 분산장치(diffuser system)를 설치하기도 하는데, 간단하게는 방류관의 말단에 일정 간격으로 구멍을 뚫는 것도 유효하다. 분산장치의 설치 위치 및 방향은 가급적 수류의 흐름이 빠르고 이 흐름 방향에 직각이 되도록 하는데, 선박의 항행수로가 되는 곳에서는 방류관의 손상을 막기 위해 선박의 항행 방향과 평행하도록 설치하여야 한다.

(2) 해중 처분

바다는 그 크기나 조류와 파도 등 해양의 특성상 희석·확산이 용이하여 자정작용이 광대하게 이루어지므로 폐수의 처분에 가장 이상적인 장소라고 할 수 있다. 바다에 폐수를 방류시킬 때 해중 확산은 초기 압력분출에 따른 확산과 이후 밀도 차에 의해 방류수가 상승하는 동안 이루어지는 중력확산 및 해면에서의 난류확산에 의한다. 따라서 폐수를 방류시킬 때에는 조류 등으로 확산이 용이한 위치까지 해저관을 설치하고 해저에서 연직방향 또는 수평방향으로 방류시켜야 한다.

하지만 경우에 따라 일반 해안이나 해역에서 여름철 수온약층이 형성되는 등 밀도 구배가 있는 해수층을 형성하기도 하는데, 이때 분출류는 어느 정도 상승하다가 밀도 약층에 막혀 표층까지 도달하지 못해 원활한 확산이 이루어지지 않는 경우도 있다. 이와 같이 원활한 확산을 확신할 수 없을 경우에는 유체의 초기분출유속을 증가시키기 위한 방류시설을 설치해야 하는데, 이때 방류시설은 표층 부근에 발달한 밀도약층의 하면을 돌파하여 약층 위 난류가 큰 표층까지 방류수를 배수시킬 수 있도록 설계되어야 한다.

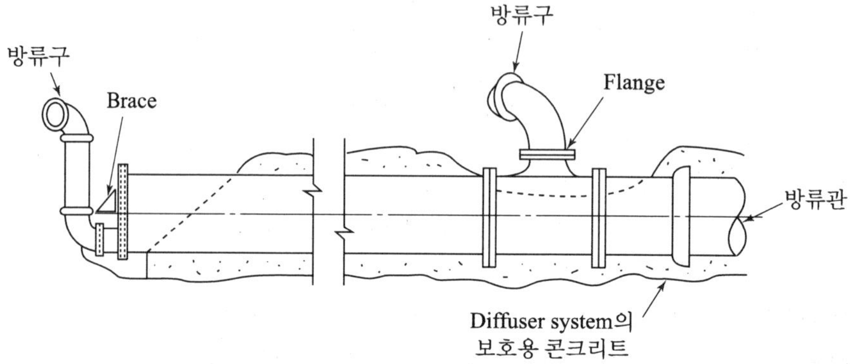

그림 2.62 소규모 해중 방류시설

(3) 호중 처분

호수에 폐수를 방류할 때에는 폐수가 호수 표면 또는 순환층에서 잘 확산되어 호기성 조건 하에서 산화되도록 하되 가해지는 BOD부하는 순환층의 산화용량을 초과하지 않도록 해야 한다. 하지만 장기간 사용으로 슬러지가 퇴적하여 수질의 악화가 진행될 경우에는 기계식 폭기 또는 산기식 포기를 실시하여 호수 밑의 정체층에서 위쪽의 순환층으로 물을 끌어올려 퇴적슬러지가 산화되도록 할 수도 있다.

한편 호수에 방류되는 폐수 중 질소와 인은 소량으로도 호수를 부영양화시킬 수 있으므로 방류 시 이들 물질의 호중 농도에 특히 유의해야 하는데, Sawyer의 보고에 따르면 0.3 mg/L 이상의 무기질소와 0.01～0.05 mg/L의 무기인은 유해한 농도까지 조류를 번성시킬 수 있다고 한다.

호수에 조류가 일단 번성하면 다음과 같은 악순환이 일어난다.

- 조류는 인과 질소를 취하고,
- 죽으면 호수 밑에 침적되는데,
- 이것이 혐기성 분해를 일으키면 인과 질소를 수중에 다시 되돌려 보내고,
- 봄철 물의 순환은 분해된 인과 질소를 호수 표면으로 운반하고, 여기에 새로 유입하는 폐수 중의 질소와 인이 가중되어 조류의 번성을 더욱 촉진한다.

이와 같이 호수에 조류가 번성할 경우 약제를 사용하여 방제할 수 있는데, 그 처리 원칙과 사용법은 다음과 같다.

1) 약제에 의한 조류 억제

① 약품처리의 원칙

장해생물을 억제하기 위해서는 약품을 사용하는 것이 일반적으로 경제적이지만 사용 시 다음과 같은 점을 주의해야 한다.

i) 처리약제는 염가이고 소량으로 효력이 있어야 하며, 처리 후 사람이나 가축 또는 어·패류에 영향을 주지 않아야 한다. 특히 먹는 물 또는 음식물의 원료용수인 경우는 무해한 것이 필수적이다.

ii) "1온스의 예방은 1파운드의 치료보다 낫다."고 하는 생물구제의 금언처럼 약품처리는 조기에 행하는 것이 가장 중요하며 가장 이상적인 처리는 장해가 발생하기 전에 조치하는 것이다.

iii) 약제의 주입률은 생물의 종류에 따라 다르다(표 2.26 참조). 또한 약품의 종류에 따라서는 경도·알칼리도·일사·수온·생물 수·생물의 발육단계·피산화물의 종류 등에 따라 다르다. 따라서 이런 점을 충분히 고려한 후 필요한 양을 일시에 투여하는 것이 중요하다.

iv) 약제의 주입방법은 대상 생물의 생태와 처리하는 환경 등을 고려하여 결정하지만 어느 경우나 균일하게 살포 또는 혼합하는 것이 중요하다.

■ **표 2.26** 생물처리제의 표준 주입률

생 물	황산동($CuSO_4 \cdot 5H_2O$) [mg/L]	염소(Cl_2) [mg/L]
유황세균	0.50	0.50~1.00
철세균	0.33~0.50	0.25~0.50
남조류	0.12~0.50	0.5~1.0
규조류	0.12~1.0	0.5~3.0
녹조류	0.12~3.0	0.3~3.0
황조류	0.12~0.5	0.3~1.0
갑각류	2.0	0.3~3.0

② 황산동 처리

생물 구제를 위해 사용하는 약제는 보통 황산동·염소·염화동·이산화염소 등이나, 조류 구제에는 황산동이 가장 많이 사용되고 있다. 그 살포법과 소요 약품량을 구하는 방법은 다음과 같다.

먼저 처리 대상 생물의 종류를 결정하고, 그에 따른 필요 주입률을 표 2.26을 이용하여 정한다. 다음은 수온의 수직분포를 조사하여 전체가 균일할 때에는 전체 수량에 위 표의 주입률을 곱하여 약품량을 산출한다. 하지만 수온에 수직적 차이가 있을 때에는 수온약층(수온이 급변하는 층) 위의 표층 수량에 주입률을 곱하여 약품량을 결정한다.

황산동을 살포하는 방법으로는 용액살포법·분말살포법 및 연속용해법 등이 있다.

용액살포법은 황산동 결정을 미리 뜨거운 물에 녹여 선상의 용기에 옮긴 다음 피해지역을 주행하면서 살수차의 살수방법과 같은 원리로 선미에서 용액을 살포하는 방법이다. 이 방법은 약품 용해 등의 사전 작업에 인력을 요하고, 1회에 선적할 수 있는 약품량이 많지 않아 비효율적이다. 하지만 분말살포법에 비해 기상에 영향을 받지 않고 작업이 비교적 수월한 것이 장점이다.

분말살포법은 분말 또는 세립의 황산동을 선상에 설치한 동력살포기로 살포하는 방법이다. 따라서 준비가 간단하고 1회에 선적하는 약품량이 매우 많으므로 능률적으로 작업할 수 있다. 하지만 우천 시에는 실시할 수 없고 바람이 불 때에는 작업상 어려움이 있다.

연속용해법은 중앙에 구멍이 있는 특수 제작된 약제 살포용 선박의 중앙 구멍에 분말 또는 입상의 약품저장용기의 일부를 수중에 침지(浸漬)시킨 상태에서 항행함으로써 황산동을 연속적으로 용해·주입시키는 방법이다(그림 2.63 참고). 이 방법은 결점이 거의 없지만 수온에 따라 약품의 용해속도가 다르므로 필요량을 주입하기 위해서는 저장용기의 침수 깊이나 살포용 선박의 항행속도 등을 신중히 고려해야 한다.

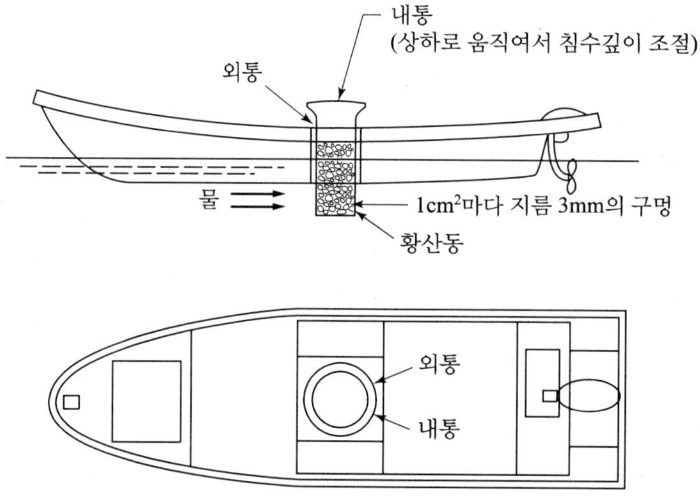

》 그림 2.63 약제 살포용 선박의 구조 예

이상과 같이 각 방법은 장단점을 가지는데, 어느 방법을 채택하든 중요한 것은 약제를 균일하게 살포하는 것이다. 따라서 주항 간격이 30 m 이상 되지 않도록 해야 하며, 또한 플랑크톤이 수온약층 밑에서 번식할 때는 직경 1～2 mm의 세립상의 황산동을 살포하여 약제가 약층 밑까지 내려가 용해되도록 해야 한다.

2.4.2 슬러지 처리

하·폐수 처리 시 스크린·침사지·1차 및 2차 침전지 등 오염물을 분리하는 각 공정에서 협잡물·모래·슬러지 등 상당량의 고형물이 발생하는데, 이들 물질은 해당 공정 외로 인출하여 각각에 해당하는 적절한 방식에 따라 처리·처분해야 한다. 이중 특히 문제가 되는 것은 1차 및 2차 침전지의 슬러지로 이것은 함수율이 높아 용적이 크며, 유기물의 함량이 높고, 비위생적이므로 곧바로 처분하는 것이 용이하지 않다.

따라서 침전지 슬러지는 최종처분에 앞서 별도의 처리과정을 거쳐, 저렴하게 운반·처분할 수 있도록 용적을 줄이고, 취급을 용이하게 하며, 부패성 유기물을 무해한 무기물로 분해하여 안정화시키고, 병원성세균을 제거하여 안전화시키는 과정이 필요하다. 이러한 과정으로는 농축·소화·탈수·소각 등의 방법이 이용되는데, 이들 과정은 처리장의 전체 건설비 및 운전비의 상당한 부분을 차지한다.

(1) 슬러지 처리 및 처분방법

슬러지 처리는 매우 복잡하고, 많은 비용이 소요되는 공정이다. 따라서 슬러지 처리법의 선정은 처리장 전체 공정의 경제성 및 효율을 좌우하는 중요 공정이므로, 하수 처리법의 선정과 마찬가지로 신중하게 고려해야 한다.

슬러지 처리의 기본 목적은 안정화·안전화 및 감량화에 있다. 이러한 목적을 달성하기 위해 농축·소화·탈수·소각 등 각종의 단위조작이 동원되는데, 그림 2.64는 슬러지 처리를 위한 주요 공정을 나타낸 것이다. 그림에 나타낸 공정의 수순은 슬러지 처리의 기본 목적을 달성하기 위한 일반적 수순을 나타낸 것으로, 슬러지의 최종처분 또는 재이용 방법에 따라 달라질 수 있으며, 그 수순은 경제성·안정성·환경성 등을 검토하여 정한다. 예를 들어 최종처리법으로 소각이 이용될 경우 경제성만 보장된다면 슬러지는 안정화나 살균과정과 관계없이 탈수 → 소각 또는 탈수 → 건조 → 소각 등 편리한 수순으로 행하면 된다.

한편 슬러지의 최종 처분 방법에는 흔히 비료나 퇴비 또는 토양 개량제로 토양에 환원하는 방법, 매립 혹은 해양투기, 소각 후 매립 혹은 소각재의 재이용 등이 있는데, 어느 경우든 경제성과 더불어 자원의 재이용 측면과 2차 오염의 발생뿐만 아니라 정서적 영향을 포함한 환경적 측면까지 충분히 고려해야 한다.

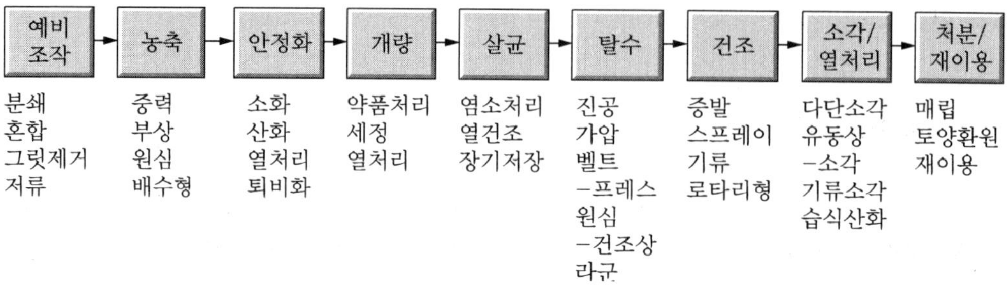

》 그림 2.64 슬러지 처리 및 처분공정

(2) 슬러지의 예비처리

슬러지는 처리가 용이하도록 농축하기 전에 분쇄·혼합하거나 그릿을 제거하는 경우가 흔히 있는데, 그것은 슬러지를 처리시설까지 용이하게 이송하기 위한 것이다. 특히 1차 침전지의 그릿은 슬러지를 이송하는 과정에서 이송관과 펌프의 마모, 농축조나 소화조에 그릿을 축적시키는 등의 문제를 발생시켜 후속 처리에 부작용을 줄 수 있으므로 필요에 따라 미리 제거해야 한다.

한편 탈수나 소각과 같이 처리시간이 짧은 공정이나 균일한 성상의 유입슬러지가 요구되는 경우에 처리의 효율성을 향상시키기 위해서는 각 공정에서 발생하는 슬러지를 혼합하는 혼합시설이 요구되는데, 이때 각 공정에서 발생하는 슬러지를 발생 시간대와 관계없이 효과적으로 혼합하기 위해서는 저류조를 설치하는 것이 유효하다.

(3) 슬러지의 농축

슬러지 농축(濃縮, thickening)이란 농축이 가능한 슬러지를 서서히 교반한 후 장시간 침전시켜 슬러지의 부피를 감소시키기 위한 물리적 공정으로, 후속 공정의 규모를 줄이고 효율을 향상시키기 위한 것이다.

슬러지의 농축방법 중 대표적인 것은 중력농축, 부상농축 및 원심농축 등이 있으며, 이중 중력농축이 가장 일반적으로 채용된다.

중력농축(重力濃縮, gravity thickening)이란 슬러지의 자중에 의해 슬러지를 압밀침전시키는 것을 말하며, 주로 1차 및 2차 침전지의 슬러지나 화학슬러지의 농축에 이용된다. 중력식 농축은 비교적 구조가 간단하고 유지·관리가 쉽지만 악취가 발생하기 쉽다.

부상농축은 중력식으로는 잘 농축되지 않는 슬러지에 적용하는데, 이 방법은 중력농축에 비해 농축조의 소요 용량을 줄일 수 있으며, 농축 농도도 높고, 고부하 운전이 가능하다. 하지만 운전비용은 중력식에 비해 높다.

원심농축은 중력만으로 침강·농축시키기 어려운 슬러지를 원심력을 이용하여 농축하는 방법으로 원심농축은 농축시설의 규모를 작게 할 수 있으며, 악취 발생을 최소화할 수 있으나 기계장치가 복잡하고, 초기 투자비와 운전·관리비가 상당히 높다. 이 방법은 주로 농축보다는 탈수에 많이 이용된다.

(4) 슬러지의 안정화

슬러지의 안정화(安定化, stabilization)란 슬러지를 소화시켜 부패성을 감소시키는 것을 말하는데, 이 과정에서 슬러지 내 병원성세균은 거의 사멸하여 위생적으로 안전화되며, 동시에 슬러지의 탈수성이 향상되고 양이 감소하여 최종처분과 재이용이 용이하게 된다.

(5) 슬러지의 개량

폐수처리 시 발생하는 슬러지는 일반적으로 형상이 고르지 않은 미립자 고형물로 구성되고, 탈수에 방해가 되는 단백질·콜로이드 물질·점토질 및 알칼리도 등을 함유한다. 따라서 이들 물질은 탈수하기 전에 세정·열처리·동결 등 물리적 방법을 이용하여 미리 제거하거나 또는 응집제를 이용한 화학적 방법을 이용하여 슬러지 내 미립자의 응결성을 증가시키고 동시에 탈수 효율을 향상시킬 필요가 있는데, 이러한 과정을 슬러지 개량(改良, conditioning)이라고 한다.

(6) 슬러지의 살균

슬러지의 살균(disinfection)은 열처리나 마이크로파 등을 이용하여 슬러지의 토양살포 등 재이용 시 슬러지의 안전성을 확보하기 위해 실시한다.

(7) 슬러지의 탈수

슬러지 탈수의 목적은 슬러지의 용량을 감소시켜 처리 및 처분을 용이하게 하고, 동시에 2차 오염을 방지하고자 함에 있다. 탈수방법은 기계적 탈수와 자연건조탈수법으로 나눌 수 있다.

(8) 슬러지의 건조

슬러지의 건조는 주로 소각 및 자원화를 목적으로 시행하는데, 그 양이 적을 경우 천일건조상(天日乾燥床)·슬러지 라군 등을 이용하며, 다량인 경우에는 건조기를 이용한 기계식 건조를 주로 이용한다.

(9) 슬러지의 소각

경제적 혹은 기술적인 이유로 탈수슬러지의 이용이 곤란할 경우, 또는 탈수슬러지의 지중(地中) 혹은 해양투기가 제한될 경우 슬러지는 소각·처분해야 하는데, 슬러지의 소각은 대기오염물질의 발생 및 경제적 측면을 제외하면 감량화·안정화·안전화·재이용 등의 목적을 달성할 수 있는 가장 이상적인 처리방법으로 판단된다. 즉 소각을 통하여 슬러지 내의 수분은 수증기로, 유기물은 연소가스로 변화되며, 소각 후 발생하는 미량의 무기물질은 일반적으로 재이용이 가능하다. 보통 건조와 소각은 동일한 소각로 내에서 이루어진다.

(10) 슬러지의 최종처분 및 재이용

각종의 폐수처리장에서 발생하는 슬러지는 안전한 방법으로 최종처분되어야 하는데, 처분방법으로는 매립하거나 해양 등에 **투기**(投棄)하는 방법, 퇴비화를 통한 **토지환원** 및 **자원화**하는 방법 등을 들 수 있다. 하지만 이들 처분법의 선정은 단순히 경제성이나 방법의 난이(難易)뿐 아니라 사후 안전성 및 정서적 측면을 고려해야 하는데, 무엇보다 중요한 것은 처분 양을 줄이는 것으로 그 구체적 방안은 자원화를 통해 적극적으로 재이용을 확대하는 것이다.

1) 매립 또는 해양투기

매립은 가장 흔하게 사용되던 방법으로 매립법은 슬러지 운반 시 소음이나 교통의 장애뿐 아니라 매립 후 침출수 및 악취 발생 등으로 주위 환경을 악화시켜 민원을 발생시킬 우려가 크고 질병을 확산시킬 수도 있다. 또한 매립지에서 발생하는 가스의 폭발로 화재가 발생할 수도 있다. 따라서 매립지는 가급적 피해예상지역으로부터 멀리 떨어져 있는 것이 바람직하다. 하지만 이때 운송방법·수송거리나 수송로의 지리적 위치 등도 면밀히 검토해야 하며, 토질조건·지하수위·침출수 처리방안 및 악취 발생이 심한 여름철의 주풍향 등도 고려해야 한다. 더불어 매립 완료 후 매립지의 개발 등도 사전에 검토하는 것이 요구된다.

한편 과거에는 슬러지 처분방법으로 흔히 해양투기를 실시하였는데, 해양투기는 해양오염을 유발하므로 현재에는 법적으로 규제되어 있다.

2) 퇴비화(composting)

퇴비화는 주방쓰레기나 축산폐기물과 같은 유기성 폐기물을 자연에 환원시키는 방법으로 오래전부터 자연발생적으로 시행해온 기술이다. 하지만 근래에 화학비료의 보급과 그것의 과용으로 하수슬러지나 유기성 폐기물의 퇴비화가 감소되고 지력이 저하하여 유기비료의 필요성이 새롭게 인식되고 있다. 따라서 녹·농지의 지력 회복과 환경보전을 위해서는 퇴비화의 적극적인 추진이 요망된다.

3) 자원화

전 항에서 기술한 바와 같이 분뇨 및 하수처리장에서 발생하는 슬러지는 유기물이 많고 식물에 유해한 성분이 적으므로 퇴비화하여 녹·농지에 환원할 수 있다. 하지만 근래에 경제적 혹은 입지적으로 퇴비화하기 어려운 하수슬러지나 각종의 산업장에서 발생하는 슬러지를 소각·처리하는 일이 많아지고 있다. 따라서 소각 시 발생하는 소각재의 처분이 또 다른 문제가 되고 있는데, 도시하수의 경우 소각재의 주성분은 무기성 이토(泥土)로 그것을 효과적으로 이용하기 위한 여러 가지의 시도가 진행되고 있으며 실용화된 것도 있다. 다만 어려운 점은 소각재를 이용한 제품의 활용을 꺼려하는 일반의 의식인데, 이러한 문제를 해결하기 위해서는 우선 소각재를 활용한 제품에 대한 인식의 전환을 유도하고, 나아가 특정 분야에서라도 소각제의 활용이나 소각재를 활용한 제품의 사용을 의무화하는 것이 요구된다 하겠다. 다음 표 2.27은 소각재의 이용방법을 나타낸 것이다.

■ **표 2.27** 슬러지 소각재의 이용

슬러지의 형태	이용분야	이용방법
석회계 소각재	토목건축자재	도로용 노반·노상재, 연약지반 개량재, 콘크리트용 세골재(細骨材)
	요업자재	tile 원료, 자기원료
	농업자재	원예용 토양 개량재
고분자계 소각재	토목건축자재	도로용 노반·노상재, 운동공원용 노반·노상재, 콘크리트용 세골재
	요업자재	tile 원료
	농업자재	원예용 토양 개량재

Chapter 2 연습문제

1. 하수도의 정의와 구성에 대해 약술하라.

2. 하수의 배제방법과 관거의 배치방법에 대해 약술하라.

3. 유입면적 150 ha, $I = 5{,}360/(t+35)$, 유입시간 7분, 유출계수 0.7, 하수관 내 유속 2 m/sec, 하수관 연장 1,500 m인 경우, 합리식을 이용하여 계획우수량을 구하라.

4. 다음 용어를 설명하라.
   1차처리, 2차처리, 고차처리, 고도처리

5. 고도처리의 필요성에 대해 기술하라.

6. 수처리 시 안정화와 안전화는 각각 무슨 의미인가?

7. 침전의 4가지 형식에 대해 약술하라.

8. 표면적부하(월류부하)와 월류언부하에 대해 설명하라.

9. 1일 최대 오수량이 40,000 m^3/day인 경우, 장방형 최종침전지를 설계하라.

10. 감압부상법과 가압부상법의 원리와 장단점에 대해 기술하라.

11. 25℃에서 AgCl의 용해도는 1.0×10^{-5} M이다. AgCl의 K_{sp}을 구하라.

12. 응집제와 응집보조제의 기능에 대해 설명하라.

13. 미생물의 호기적 유기물 제거과정과 중간생성물인 유기산이 floc형성에 미치는 영향을 기술하라.

14. 활성슬러지 공정을 도식하고 각 단위공정의 기능에 대해 약술하라.

15. F/M비란 HRT와 유입수농도의 함수이다. 슬러지의 침전성에 미치는 이들 인자의 영향에 대해 기술하라.

16. 팽화의 주원인은 무엇인가. 또한 사상성 세균을 제어하기 위해 제시된 일반론적 팽화대책과 미생물이 분비하는 점액물질과의 관계에 대해 기술하라.

17. 질소 및 인 제거의 필요성에 대해 기술하라.

18. 질소의 화학적 처리방법을 나열하고 각각에 대해 약술하라.

19. 인의 화학적 처리방법을 나열하고 각각에 대해 약술하라.

20. 다음 용어를 설명하라.
anaerobic, aerobic, oxic, anoxic

21. A^2/O 공법을 도식하고 각 조의 기능을 약술하라.

22. 슬러지 처리 시 일반적인 공정의 수순을 나열하라.

23. 슬러지 농축방법을 나열하고 각 방법의 특징을 약술하라.

24. 슬러지 개량의 목적에 대해 기술하라.

25. 슬러지 건조의 목적에 대해 기술하라.

26. 소각재의 이용방안과 이용 시 문제점에 대해 기술하라.

Chapter 3 해양오염

3.1 해양오염과 특성

자연은 자연계에서 발생하는 오염을 서서히 정화시켜 자연의 원래 상태를 유지시키는데, 해양은 그 크기와 지형적 위치로 인하여 가장 크고 최종적인 자연정화의 역할을 담당하고 있다. 따라서 해양은 오염물의 가장 이상적인 처리장소로 인식되어 왔다. 하지만 최근과 같이 막대한 산업 활동으로 인한 오염물의 해양투기, 원전의 배수 및 사고로 인한 방사성 물질의 유출, 어로행위, 선박의 항행이나 선박사고, 연안의 양식장 등에 의한 오염물의 증가 및 간척지의 개발, 항만의 개발 등 해안의 개발에 따라 해양은 점점 오염되고 정화능력은 감소하고 있는 실정이다. 그 결과 적조와 같은 가시적 피해를 발생시켜 생물자원의 손상은 물론 해양활동과 쾌적한 환경을 저해하는 상황에 이르게 되었다.

이러한 해양오염 현상을 개선하기 위해서는 육지에서 발생하는 폐수나 폐기물을 해양에 투기하기 전에 충분히 처리하여 해양으로 유입되는 절대량을 줄여야 하고, 특히 원전이나 선박사고와 같이 해상이나 해양 인근에서 발생하는 오염은 조류나 파도 등 해양의 특성상 육지에서 발생하는 오염에 비해 보다 신속하고 광범위하게 확산되므로 무엇보다 신속한 초기 대응이 요구된다.

본 장에서는 상기의 많은 문제 중 오염이나 피해 확산의 규모 등을 고려하여 발전소의 온배수 및 선박의 사고 등에 의한 유류오염을 중심으로 기술하였다.

3.1.1 온배수 문제와 대책

발전소의 복수기(復水器; 응축기)에서 방출되는 열에너지의 처리방법은 크게 두 가지로 분류된다. 그 하나는 발전소 근처의 하천·호소·저수지·하구 또는 해양에서 냉각수를 취하여 복수기를 통과시킨 후 승온된 배출수를 취수원과 동일 수역에 방류시키는 **관류방식**(once through system)이며, 또 하나는 승온된 복수기 배출수를 냉각탑 또는 냉각지 등의 인공적 열교환시설에 보내고 거기서 열을 직접 대기에 방출시킨 다음 다시 복수기에 반송하여 온배수를 자연수권에 전혀 방출하지 않는 **폐순환방식**(closed system)이다. 또 이 두 가지 방식을 직렬병용으로 하여 배열의 전부 혹은 일부를 인공냉각시설로 제거한 후 자연수권에 방출하는 방식도 있는데, 이들 여러 방식 중 어떤 배열처리방식을 택하는가 하는 것은 발전소의 입지 선정 시 고려해야 할 인자인 경제성·지형과 지질·경관·자연보호 등 관련 사항을 충분히 검토하여 환경에 나쁜 영향을 주지 않고 천연자원을 효율적으로 이용할 수 있는 가장 합리적인 방법을 선택해야 할 것이다.

한편 상기의 배열처리방식 중 관류방식은 비교적 설계가 간단하고 운전경비를 줄일 수 있어 종래에 가장 많이 채용되는 방식이다. 하지만 근래에 원자력 발전소 및 산업시설이 대용량화되고, 한 곳에 집중하는 경향에 따라 관류방식에 의한 온배수가 환경에 미치는 영향은 크게 증가하고 있다. 따라서 일부 국가에서는 관류방식의 채용을 제한하는 경우도 있으나, 우리나라와 같이 해양이 인근한 나라에서는 조석·연안류·바람·파도 등의 작용으로 바다가 큰 희석·확산 능력을 가지며, 경제적이기 때문에 냉각수를 해수에 의존하며 온배수를 관류방식으로 해역에 배출하는 것이 현실적이다.

관류방식이 주변해역의 환경 및 생태계에 미치는 영향을 살펴보면, 먼저 배열로 인한 수온 상승은 주변지역의 안개 발생 일수를 증가시키고, 해양생물체의 서식환경을 변화시킨다. 해양생물체의 경우 정상수온에 비해 2～3℃ 정도만 수온이 상승하여도 대량 치사에 이르게 되는데, 특히 이동성이 없는 고착성 생물의 경우 그 영향은 보다 크다. 또한 조류의 대량 번식조건을 제공하며, 그 외에도 냉각시설에 부착하는 각종 생물의 서식을 억제하기 위해 사용하는 염소처리과정에서 발생하는 배출수의 잔류염소에 의한 피해, 취수구 펌프의 기계적 충격과 압력변화로 인한 피해 및 수온 상승에 따른 질병 감염률의 증가 등을 들 수 있으며, 그 외에 발전소의 가동 중단에 따른 급격한 수온의 하락에 의한 피해도 무시할 수 없다.

따라서 이러한 피해를 최소화하기 위해서는 온배수가 지닌 열에너지를 양식이나 농업 또는 지역난방 등에 적극 활용하는 방안을 강구해야 하며, 그 외에 배출관을 연장하는 등 배수의 방류시설 설계 시 해양생태계에 미치는 영향을 최소화할 수 있도록 노력해야 할 것이다. 이러한 설계법으로 유력한 방식 중 하나는 심층방류방식인데, 이 방법은 배열의 혼합·냉각을 촉진하고 배출 후 수온 저감을 촉진하여 온배수의 영향을 최소화하기 위해 방류관을 수심 8～10 m 정도의 깊이에 설치하고, 선단부에는 diffuser 또는 분지 다공관을 설치하여 초기확산과 중력확산을 통해 수온의 저감을 꾀하는 방식이다.

3.1.2 유출유의 방제법

사고나 조작의 잘못으로 선박·해양공장·해중유전 등에서 기름이 해상에 유출하는 경우, 해상은 일반적으로 파도나 바람 등의 영향을 강하게 받기 때문에 기름은 단시간에 빠르게 확산되어 유막을 형성한다. 이러한 유막은 생물체에 직접 독성으로 작용하거나 수중의 용존 산소량을 저하시키고 동시에 광선투과율을 감소시켜 플랑크톤은 물론 고등한 해양생물에게 직접적인 영향을 미쳐 1차 생산성을 감소시키며, 생물에 흡수되어 기름 냄새를 내는 등 서식생물의 이용가치를 크게 하락시킨다. 따라서 해양유류사고 시 일반적으로 가장 중요한 대응방법은 신속한 조치로 초기확산을 억제하는 것이다.

한편 유출되는 기름의 성질에 따라서는 응고하거나 침전하여 방제작업을 어렵게 하고 오염을 장기간 지속시키는 경우도 있다. 이와 같이 기름의 성질이나 유출량에 따라 방제작업 역시 적절한 방법을 선택해야 하는데, 유출된 기름을 방제하는 방법에는 기계적 방법과 물리·화학적 방법이 있으며, 그 외에 지역 여건에 따라서는 환경오염을 감수하고라도 연소시키는 것도 하나의 좋은 방법이 될 수 있다.

(1) 기계적 방법

기계적 방법에는 유회수선을 이용하여 선박이 좌초되기 전 기름을 옮기는 방법이 있으며, 이미 대량의 기름이 유출된 경우라면 확산을 억제하고 동시에 기름을 회수하기 위한 방법으로 주로 oil-fence와 진공흡입펌프 또는 유회수선을 이용한 물리·화학적 처리가 이용된다.

1) 유회수선

기름 회수선은 대량의 기름이 유출된 경우 신속하게 회수할 수 있도록 제작된 전용선으로 일반적으로 선체는 쌍동선이다. 이 배는 기름이 유출된 지역을 순회하며 표층의 기름과 물을 흡입하여 이것을 유수분리하고 분리된 유분을 계속적으로 용기에 저장할 수 있도록 설계되어 있거나, 해수 표면에 흡입력이 큰 우레탄 벨트를 회전시켜 기름을 흡수하고 이것을 후부에서 짜면서 연속적으로 기름을 회수하는 방식도 있다.

2) Air curtain

이것은 그림 3.1과 같이 통형의 부체부와 그 하부에 연결된 추가 붙은 fence부(속칭 skirt) 및 발포관으로 구성되어 있으며, 공기를 압송하여 발생하는 기포와 skirt에 의해 확산을 방지한다.

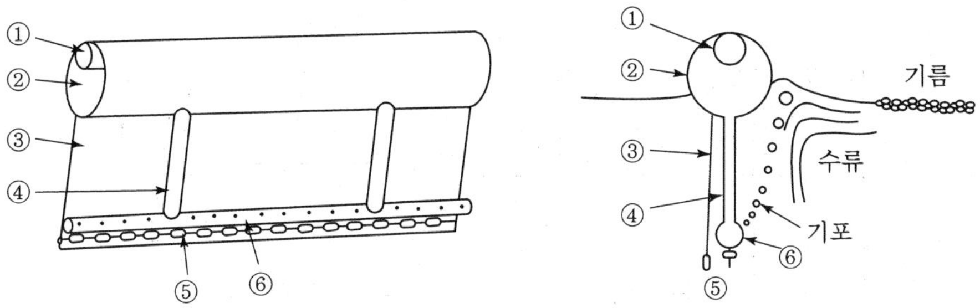

① 부통 ② 송풍관 ③ 연직선
④ 바이패스관 ⑤ 추 ⑥ 발포관

》 그림 3.1 Air curtain의 예

3) Oil fence

Oil fence는 그 구조에 따라 여러 가지 종류가 있으며 사용방법에 따라 정치용과 이동용으로 구분할 수 있다. 또한 이것은 파랑이 조용한 항내용과 외해용이 있고, 또 내화성인 것, 배의 출입이 용이하도록 한 부침식, 기름 흡착기능을 겸비한 oil fence 등도 있으며, 그 외에 헬리콥터 등으로 운반할 수 있는 것, 긴급 시 자동으로 펴지는 자동식 등이 있다. 형상이나 구조적으로 분류하면 표 3.1과 같이 구분할 수 있는데, 어느 것이나 현장 상황에 적합하고 설치가 쉬우며 경량으로 격납 및 운반이 용이해야 한다.

■ 표 3.1 Oil fence의 종류

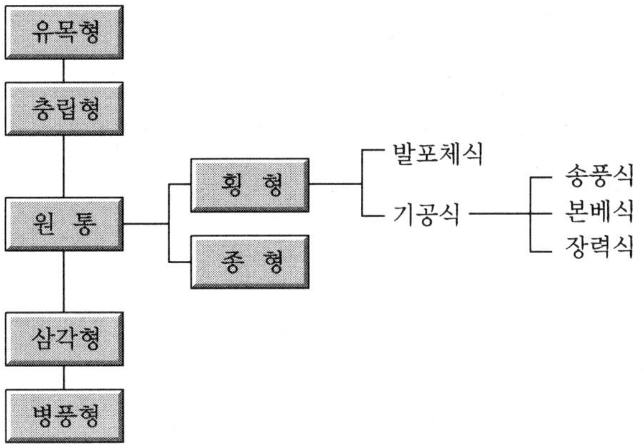

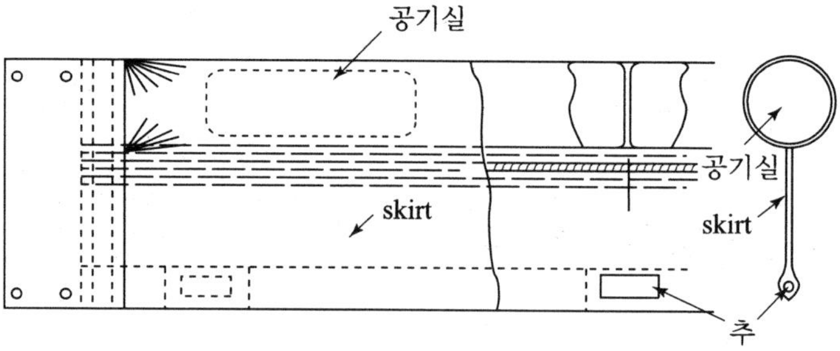

》 그림 3.2 원통 – 횡형 oil fence의 구조

한편 그림 3.2는 일반적으로 자주 사용되는 원통 - 횡형 oil fence의 구조를 나타낸 것이다. 이것은 원통의 부체가 해면에 떠있고 그 하부에 추가 달린 skirt부가 있다. 이 형식은 파도가 fence를 월류하는 경우는 적으나 해류에 의해 skirt가 떠밀리기 쉬운 단점이 있으며, 원통에 공기를 채우는 방법에 따라 펌프압송식, 압력탱크의 압축공기를 이용하는 방법 및 원통이 장력을 갖게 하여 공기를 스스로 흡입하도록 하는 방법 등이 있다.

(2) 물리·화학적 방법

물리·화학적 방법은 주로 분산·흡착·고형화·침전·소각 등의 방법이 이용되며, 이 중 자주 사용되는 방법은 유고형화제를 이용하는 방법과 유처리제를 이용하는 방법이 있다.

1) 유고형화제

유고형화제는 기름과 섞여 기름을 고형화시키는 약품으로 소량의 기름이 유출되었을 경우 초기 확산을 억제하거나, 파도나 조류로 인하여 기계적 회수가 곤란한 경우 및 대량의 기름이 유출하였을 경우 회수장치에 의한 기름의 회수 시 사용된다. 따라서 어장이나 양식장에 유출된 기름을 제거할 때 자주 사용되며, 고화로 인하여 해변의 모래나 시설물에 흡착 또는 침투되는 것을 억제할 수 있다.

2) 유처리제

유처리제는 소량의 기름이 유출하였거나 회수장치에 의한 기름의 회수 후 잔여 기름의 처리에 사용되는데, 얇게 퍼져있는 기름 막에 약제를 분산하여 기름을 미립화하여 수중에 분산시키고, 분산된 미립의 기름을 장기적으로 해양의 자정작용에 의해 제거하거나 일조에 의해 증발 또는 산화시키기 위해 사용하는 약제이다. 유처리제를 사용할 경우에는 약제를 기름에 균일하게 살포한 후 적당히 교반한다. 또한 이 약제는 대개 독성이 강하므로 대량으로 사용하는 것은 좋지 않으며, 특히 산란장, 어장 또는 양식장 등이 존재하는 연안에서 사용하는 것은 자제해야 한다.

3) 유흡착제

유흡착제는 다공성의 물질로 만들어져 신속하게 기름을 흡착할 수 있는데, 일반적으로 유출 지역이 작고 유출량이 소량일 경우, 회수장치에 의한 기름의 회수 후 잔여 기름의 처리나 최종 청소작업 또는 일기가 불량할 경우 흡착포를 현장에 투입 - 회수하는 방법으로 사용되며, 그 외에 흡유 fence나 회수선의 유수분리기에 사용한다.

따라서 유흡착제는 일정 기간 재사용하거나 일회 사용 후 반드시 회수·처리해야 함으로 재품을 선택함에 있어 경제성과 재사용성 외에 최종 소각 시 대기오염물의 발생 정도와 종류 및 잔여물의 양 등을 충분히 고려하여 정한다.

4) 소각

소각 처리는 오염의 발생 장소나 그 지역의 해상 상황에 따라 실행에 제한이 있으나, 회수·이송 및 폐유의 처리 등 번거로운 과정이 필요 없으므로 다른 제거방법에 비해 편리하다. 하지만 소각 시 연기가 발생하고 주변의 수온이 상승하는 등 환경에 영향을 끼칠 수 있으므로 유의해야 한다. 일반적으로 유출유의 두께가 2 mm 이상이고 해상의 상황이 비교적 안정적이며, 연안으로부터 멀리 떨어진 지역에서 행하는 것이 보통이다. 소각처리를 행하기 위해서는 내화용 oil fence와 점화장치 및 소각 잔재물의 수거를 위한 그물 등이 필요하다.

(3) 방제 요령

해상에 기름이 대량으로 유출되었을 경우 가장 일반적인 방제수순은 먼저 oil fence를 펴서 확산을 방지하며, 그 후에 fence 내의 두꺼운 기름 층을 회수선이나 회수장치를 이용하여 회수하고, 이후 흡착제를 이용하여 흡착·제거하거나 아니면 유처리제를 이용하여 분산시킨다.

한편 회수장치로 흡인한 기름은 회수 시 기름 층의 두께에 따라 물이 섞일 수 있는데 이때에는 유수분리기를 이용하여 분리한다. 하지만 소량의 기름이 유출하였을 경우에는 흡착제 또는 흡착제로 만든 fence를 이용하여 처리하거나 유처리제를 이용하여 분산시킬 수도 있는데, 유처리제를 사용할 경우 이미 기술하였듯이 살포기를 이용하여 유처리제를 골고루 살포하고 적당히 교반하며 대량으로 사용하는 것은 좋지 않다.

또한 초기 방제에 실패하였거나 이상의 방제에도 불구하고 기름이 해안에 상륙하여 모래나 바위 등을 오염시켰을 경우에는 bulldozer 등을 이용하여 오염된 모래 등을 매몰하거나 고압수를 이용하여 부착한 기름을 씻어낸다.

일반적으로 이상과 같이 전술한 기름의 방제수법 및 자제는 그것이 단독으로 사용되는 일은 드물고 그 때의 상황에 따라 여러 가지 방법을 조합하거나 반복하여 시행함이 보통이나 무엇보다 중요한 것은 작업의 관리자가 각 방제법 및 자제의 장단점을 미리 정확히 파악하고 있어야 하며 사고 발생 시 사전지식에 따라 초기에 적절하고 신속한 초동조치를 취하는 것이다.

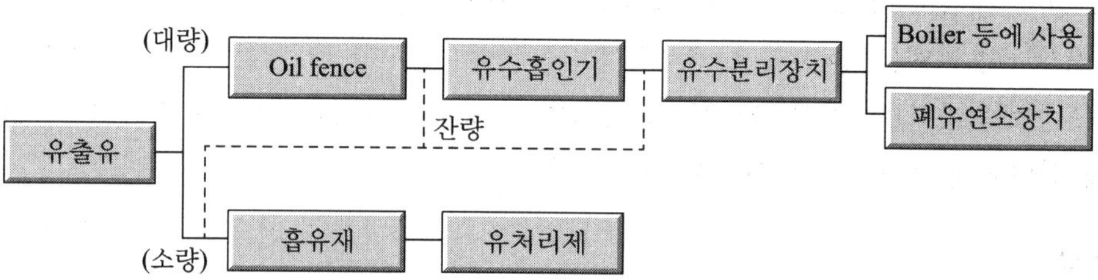

그림 3.3 유출유의 방제법

3.1.3 적조와 부영양화의 대책

(1) 적조현상

적조현상은 산업폐수나 도시하수에 포함된 영양염류(질소·인)의 유입으로 해역이 부영양화되었을 때 광합성을 하는 자영양성생물인 조류가 급속히 번식하여 바다의 색깔이 적색 혹은 다갈색으로 변화되는 현상을 말한다. 적조의 발생은 영양염류뿐 아니라 수온과도 밀접한 관련이 있는데, 수온이 상승한 상태에서 강우나 하·폐수의 유입으로 영양염류가 충분히 공급되는 해역에서 주로 발생한다. 이때 주변 해역의 어·패류나 양식장 등에 막대한 피해를 끼치는데, 특히 바다의 수온 구조가 안정화되어 물의 수직적 운동이 적고, 탁도가 낮아 빛의 투과가 용이한 환경에서는 더욱더 심하게 나타난다.

(2) 적조의 피해와 대책

1) 적조의 피해

적조 발생 시 어·패류에 대한 직접적 피해는 해수 중 용존산소의 결핍에 의한 질식현상과 적조생물이 생산하는 독소에 의한 중독현상으로 구분할 수 있다.

질식현상은 적조생물이 어·패류의 아가미 등에 부착하여 호흡에 장애를 일으키거나, 적조생물의 야간 호흡 또는 사후 부패로 인한 용존산소 농도의 저하로 발생한다. 그 외에 탄산성분의 증가 및 pH 하강에 따른 호흡 방해 작용도 어·패류 질식의 원인이 된다. **중독현상**은 적조생물이 직접 생산하는 독성물질이나 적조생물의 사후 이들 미생물이 분해되는 과정에서 발생하는 유독물질에 의해 발생한다.

한편 적조가 지속될 경우 단순히 상기의 직접적 피해 이상의 경제적 손실이 발생할 수 있는데, 그것은 적조와 같이 특정의 생물이 대량 번식할 경우 해당 수역의 생물 종조성이 단순화되고, 그 결과 생물의 먹이사슬이 단절되어 일대 해역의 생태계가 파괴되는 것이다.

2) 적조의 대책

적조의 대책으로는 적조의 발생 자체를 방지하기 위한 예방조치와 일단 적조가 발생한 경우, 그 피해를 최소화하기 위한 처치가 있다.

표 3.2는 양자를 일괄하여 표시한 것으로 적조가 자주 발생하는 해역에서는 양자를 병행할 필요가 있고, 적조가 점점 악화될 증조를 보이는 해역에서는 예방조치에 주력해야 한다. 참고로 적조의 대책에는 발생의 기반조건인 부영양화의 방지대책이 당연히 포함된다.

표 3.2 적조의 대책

구분	대책
발생방지	▸ 과도한 부영양의 해소; 질소, 인의 부하 규제와 오염된 침전물의 제거 ▸ 자극물질의 제거; 유기물, 중금속 등으로 오염된 수질과 저질의 정화 ▸ 천해 매립의 제한; 매립에 의한 정체수역의 출현, 공사에 따른 침전물의 교란에 의한 재용출, 새로운 부하의 유입 방지 등
피해방지	▸ 예지와 조기 발견; 발생기구의 해명, 감시, 통보 태세의 정비 ▸ 적조생물의 회수; 흡취, 파괴, 부작용에 주의 ▸ 폐사대책; 피해에 대한 역학조사, 차단, 도피, 양식기법의 개량

① 오염부하의 규제

적조 및 부영양화의 대책으로는, 첫째 생활하수나 산업폐수의 해중 유입을 억제하여 증가하는 영양염류의 부하를 인위적으로 삭감하는 것이다. 하지만 부영양화를 일으키는 질소와 인의 농도가 극히 낮기 때문에 관련 처리장에서 이들 물질을 매우 고도로 처리해야 하는 문제점이 있고, 그 외에 하천수나 강우에 의한 자연부하량 및 대기오염과도 관련성이 있어 정확한 규제치를 정하는 것은 쉽지 않다. 자연정화에 의한 감소와 어획물 등의 형태로 제거되는 양을 그 지역의 환경용량이라고 할 때, 인위적 오염부하의 허용량은 자연부하량 및 침전물이나 생물체 내에 잔류하는 양을 환경용량에서 감한 나머지가 될 것이다. 하지만 환경용량을 정확하게 구하는 것은 쉽지 않다. 즉 환경용량을 구하기 위해서는 대상수역의 자정작용을 각각의 자정기구에 따라 정량해야 하는데, 질소나 인의 부하 외에 많은 영향인자와 그

들의 상호작용은 정확한 환경용량을 결정하는 데 어려움을 준다. 따라서 현 단계에서는 오염원을 최대한 축소하고 배출농도를 강화하여 규제함이 바람직할 것이다.

② 오염저니의 제거

부영양화의 진행에 있어 제2차 오염원으로 오염된 저니의 영향이 크다. 따라서 부영양화와 적조의 예방을 위해서는 오염저니의 제거가 요구된다. 저니의 제거는 오니 준설pump와 회수처리선을 이용하여 시행할 수 있는데, 이것은 하구해역·정체역 등의 오염오니가 준설 시 주변 해역으로 확산되는 것을 방지하기 위해 준설pump를 이용하여 준설하고, 준설된 오니는 pipe를 통해 처리선에 보낸 후 응집제를 써서 침전·탈수하고, 분리수는 화학적으로 처리하여 인과 질소를 제거한 후 다시 방류하며, 침전물은 고화시켜 육상의 사토장에 버리는 방법이다.

③ 적조의 회수

적조가 발생하였을 경우 초기에 대응하는 방법으로 황토 등을 살포하여 조류를 흡착·침전시키거나 동시에 해수의 탁도를 증가시켜 광선을 차단함으로써 조류의 번식을 억제하는 방법이 사용되기도 한다. 하지만 이 경우 황토의 퇴적으로 어·패류의 서식환경을 변화시키거나 호흡활동을 저해하는 등 여러 가지 악영향이 발생할 수 있다. 따라서 이러한 문제를 발생시키지 않고 조류를 제거하기 위해서는 적조 회수선을 이용하여 적조해수를 흡입·응집시켜 회수 후 탈수·소각하는 것이 보다 바람직한데, 적조 회수선을 이용할 경우 효과적인 적조 회수를 위한 전체 system을 예시하면 다음 표 3.3과 같다.

표 3.3 적조 회수를 위한 system

대 기	적조 다발 해역 인근의 항만에 회수처리선, 저류선 및 boat 등의 지원선을 배치하고, 적조 발생 통보를 기다린다.
현장급행	적조 발생 통보를 받고, 회수처리선·저류선은 boat 등의 지원선에 예인되어 현장으로 향한다.
해상포집	현장 도착 후 처리선과 저류선의 계류작업 등을 행함과 동시에 회수처리선은 이동반경 내에 있는 적조의 움직임에 따라 흡입작업을 개시한다.
흡상이송 (일시저류)	회수선에 흡입된 적조해수는 이송관을 통해 저류선에 보낸다. 일정량을 저류한 후 처리선의 pump를 이용하여 처리장치로 보낸다.
부상분리	적조해수는 혼합조·응집조를 거쳐 가압부상조로 보내고, 적조생물은 scum으로 분리·회수된다. 또 부상조는 자유수면을 없애기 위해 밀폐형으로 한다.
스컴 저류	긁어모은 scum은 후속하는 처리의 흐름을 일정하게 유지하기 위해 일정량 저류한다.

원심분리	Scum에는 다량의 수분이 함유되어 있어 선상에 저류하거나 소각하기에 부적당하므로 원심분리기로 탈수한다.
소 각	탈수 cake의 최종처리방법으로 소각을 행한다. 필요에 따라 선상에 소각로를 설치하기도 한다.

④ 매립의 규제

적조 발생의 중요한 원인 중의 하나는 해역의 정체이다. 천해의 매립은 단지 바다의 자정작용을 저해할 뿐 아니라 공사 중 탁도의 확산, 정체역의 출현, 매립지에서 발생하는 오염 등에 의해 부영양화를 촉진하고 적조를 악화시키는 경우가 많다. 그러나 매립에 의한 영향을 정량적으로 구명하기가 쉽지 않으므로 현 단계에서는 매립을 가급적 규제하는 것이 바람직하다.

Chapter 3 연습문제

1. 발전소에서 발생하는 온배수의 배열 처리방법과 각각에 대해 약술하라.

2. 유출유의 방제법 중 기계적 방법에는 어떤 것이 있는가?

3. 유출유의 방제법 중 물리·화학적 방법에는 어떤 것이 있는가?

4. 적조현상의 발생과 그 피해 및 대책에 대해 기술하라.

Chapter 4 용수의 재이용

4.1 서론

우리나라는 1960년대 이후 산업의 발달과 인구의 도시 집중 현상이 가속되어 물 수요와 하수 발생량이 급격히 증가하였다. 그에 따라 새로운 수자원을 확보하거나 현재 이용하고 있는 수자원의 오염을 억제하기 위해 다각적으로 노력하고 있으나, 각종 오염의 증가와 팽배하는 지역주의는 수자원을 효율적으로 관리하고 새로운 수자원을 확보하는 데 많은 어려움을 주고 있다. 따라서 수자원을 보전하고 그 이용을 최대화하기 위해서는 수자원의 확보와 더불어 재사용률을 높이는 것이 절실히 요구된다. 게다가 현재 일반에게 공급되고 있는 상수의 경우 용도에 관계없이 음용수 수준의 물이 공급되고 있는데, 화장실 세척수나 청소수와 같이 사용용도에 따라서는 음용수 수준의 수질이 요구되지 않는다. 따라서 상수의 사용량과 생산비의 감소 및 수자원의 보호를 위해서는 음용수와 같이 특히 청정을 요하는 경우를 제외한 기타 용도의 용수로 이미 사용한 물을 다시 처리하여 재사용하는 것이 매우 효과적일 것으로 판단된다.

이와 같이 한 번 사용한 물을 다시 처리하여 재이용하거나 반복 사용하는 수도체계를 **중수도**라고 하는데, 중수도의 설치는 이미 많은 국가에서 의무화되어 있다. 따라서 우리나라에서도 이미 중수도의 설치를 법으로 규정하고 있는데, 현 상황에서 중수도의 사용은 재처리에 소요되는 비용을 고려할 때 다소의 문제가 있으나, 상수 사용량과 최종적으로 공공하수도에 배출되는 오염물질의 양을 줄여 상수와 하수 처리에 소요되는 경비를 크게 줄일 수 있으며, 기타 물 부족 현상·가용수원의 확보 및 수환경의 보전 측면에서 가장 현실적인 방안으로 판단된다.

4.2 중수도

중수도, 즉 용수의 재이용은 수원의 종류나 사용방법 등에 따라 주택이나 빌딩에서 발생하는 배수를 재이용 하는 경우, 하수처리장의 방류수나 산업장의 배·폐수를 그대로 혹은 재차 처리하여 이용하는 하수처리수·공업용수의 재이용으로 세분할 수 있는데, 이하에서는 각 재이용수를 세분하지 않고 포괄하여 기술하였다.

4.2.1 중수도의 수원

중수도를 이용함에 있어 중수도의 원수는 수집과 처리가 용이하고 동시에 관리와 운용이 경제적이어야 한다. 이런 점에서 원수는 해당 건축물에서 배출되는 우수와 각종 하수가 주가 되는데, 그 중에서도 비교적 수질이 양호하고 정서적으로 문제가 적은 세면배수나 욕실배수 또는 공조용 냉각수 등이 가장 기대되는 수원으로 판단된다. 원수의 종류와 수질은 다음과 같다.

(1) 양질 잡배수

건축물에서 배출되는 폐수 중에서 수세식 화장실의 세정수를 제외한 모든 폐수를 잡배수라고 하며, 잡배수 중 주방폐수를 제외한 세면배수·욕실배수·공조용(空調用) 냉각수·급탕실 배수 등은 비교적 수질이 양호하므로 이들 배수를 **양질 잡배수**라고 한다.

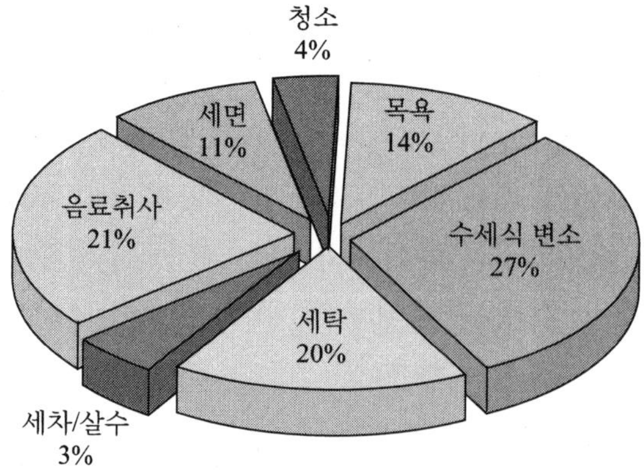

그림 4.1 가정용수의 용도별 사용량 (자료; 환경부(1998))

이들 양질 잡배수는 중수도의 수원으로 가장 우선적으로 고려되는데, 그것은 중수도를 이용함에 있어 소요비용의 대부분이 수처리 비용에 해당하고 수처리 비용은 원수의 수질에 크게 좌우되기 때문이다. 그림 4.1은 가정용수의 용도별 사용량을 나타낸 것이다.

1) 세면·욕실배수

세면배수는 일반 빌딩의 전체 하수량 중 10～30%를 차지하고, 수질도 비교적 양호하다. 따라서 재이용을 계획할 경우 가장 우선적으로 고려해야 한다. 특히 호텔·여관 등 숙박시설의 욕조나 세면장에서 발생하는 배수는 수량이나 수질 측면에서 매우 양호하므로 간단한 물리·화학적 처리만으로도 재이용이 가능하다. 하지만 세면장을 청소용 걸레의 세척장소로 이용하거나 세척수의 배출장소로 이용할 경우에는 세제·마루용 왁스·유분·계면활성제 등 재이용에 장해가 되는 물질을 함유함으로 걸레의 세척장소나 세척수의 배출은 각각 다른 장소나 다른 배관이 되도록 시공해야 한다.

2) 공조용 냉각수

공조용 냉각수는 냉각과정에서 증발작용에 의해 용해염류의 농도가 증가하고 공기 중의 먼지 등이 함유되지만 유기물의 오염은 전혀 받지 않는다. 따라서 여과와 살균만으로 재이용이 가능하다. 하지만 냉각수는 일반적으로 냉방이 요구되는 기간에만 한정적으로 발생하므로 연간을 통해 지속적인 이용이 곤란하고 그 발생량도 비교적 적은 단점이 있다.

(2) 잡배수

배출되는 배수 중 양질의 잡배수와 수세식 화장실 세척수를 제외한 배수를 잡배수라 하며 주방배수와 세탁배수가 그 대부분을 차지한다. 이들 배수는 유기물의 농도가 높고 유분이나 계면활성제의 농도가 높아 처리비용이 많이 소요된다. 하지만 수량은 비교적 풍부하고 정서적으로 꺼려지지 않음으로 양질을 요구하지 않는 화장실 세척수 등으로 사용하면 좋을 것으로 판단된다.

(3) 하수

건축물에서 배출된 모든 배수를 하수라고 부르지만 여기서는 잡배수와 화장실 세척수가 혼합된 것으로 한정한다. 하수는 잡배수와 마찬가지로 유기성분에 의한 오염도가 높고 처리비용이 많이 소요된다. 특히 수세식 화장실 세척수는 세균이나 바이러스 등이 존재할 가능성이 높다. 따라서 다른 수원들의 공급이 원활하고 안정적이라면 가급적 사용하지 않는 것이 경제적으로나 정서적으로 바람직하다. 하지만 하수를 재이용의 원수로 이용할 경우 원수량과 재이용 수량 사이의 물 수지에 여유가 생기며 모든 배수를 1개의 배관으로 수집할 수 있으므로 배관 비용이 싸다는 장점이 있다.

(4) 하수 처리수

정화조나 도시하수처리장의 유출수는 농업용수·조경용수·하천유지용수·지하수 함양을 위한 지하 재충전용수·소화용수·수세식 화장실 세척용수 등으로 활용될 수 있다.

이 중 특히 도시하수처리장의 유출수는 수량과 공급의 안정성 측면에서 매우 기대되는 대체수자원으로, 이 수원의 적극적인 재이용은 하천의 오염부하를 경감시켜 수질보전에도 크게 기여할 것으로 판단된다.

(5) 공업용수

공업용수의 재이용은 주로 자가이용을 목적으로 하며, 최근에는 공업용 수도요금의 상승, 배·폐수로 인한 환경오염의 방지, 용수의 안정적 확보 및 기업의 이미지 개선 등을 목적으로 사용량이 꾸준히 증가하고 있는 추세이다. 표 4.1은 일본의 업종별 공업용수 재이용 현황을 나타낸 것이다.

공업용수는 보통 냉각용수·보일러용수·세정용수·원료용수·공정용수 등으로 이용되는데, 업체별·공정별로 요구수질이 크게 다르기 때문에 특별히 수질기준을 마련하기는 곤란하다. 하지만 참고를 위해 일반적으로 요구되는 공업용수의 수질을 예시하면 표 4.2와 같다.

한편 전체 공업용수 사용량 중에서 냉각용수와 보일러용수의 사용량이 가장 많은데, 이들 두 용수는 표 4.2의 요구수질 외에 냉각용수의 경우 스케일과 금속류 기기의 부식을 일으키지 않아야 하고, 미생물의 생장을 촉진하여 슬라임을 발생시키는 영양염류가 없어야 하며, 과도한 거품을 발생시키지 않아야 한다. 특히 보일러 용수의 경우 스케일 발생과 금속의 부식을 억제하기 위해서는 냉각용수에 비해 보다 양질의 물이 요구되며 이러한 요구는 보일러의 압력이 높을수록 보다 커진다.

■ **표 4.1** 일본의 업종별 공업용수 재이용 현황

업 종	자동차	철 강	석유·석탄	화 학	펄프·제지	식료품
재이용률 (%)	92.4	90.0	88.0	81.1	42.3	36.6

자료; 환경부, 1977

■ **표 4.2** 공업용수의 표준 수질

항 목	탁도 (도)	pH	알칼리도 (mg/L)	경도 (mg/L)	증발잔유물 (mg/L)	염소이온 (mg/L)	철 (mg/L)	망간 (mg/L)
표준치	20	6.5~8.0	75	120	250	80	0.3	0.2

(6) 우수

일부 도서지방에서는 우수를 여과 등의 간단한 처리만 거친 후 상수로 이용하고 있다. 이와 같이 우수는 타 수원에 비해 수질이 양호하고 정서적으로도 매우 유리하다. 한편 도시의 경우 우수는 대기오염으로 인하여 상당히 오염된 상태이지만 그래도 타 수원에 비해 비교적 양호한 수질을 나타낸다. 따라서 우수는 중수도의 수원으로 그 이용도가 크게 기대된다.

우수를 회수하는 방법에는 부지 전체를 대상으로 하는 방법과 건물의 지붕이나 옥상의 유출수 등 일부만을 대상으로 하는 경우 및 양 방법을 병용하는 경우가 있을 수 있는데, 이 중 지붕이나 옥상 등을 대상으로 하는 경우 우수의 유출률이 높고 수질이 양호하여 간단한 여과와 소독 정도의 처리만으로 재이용이 가능하므로 경제적이다. 하지만 돔형의 체육시설이나 빌딩 밀집지역 등을 제외하면 많은 수량을 수집하기는 곤란하다.

한편 부지 전체를 대상으로 하는 경우는 많은 수량을 수집할 수는 있으나 수질이 불량해 짐에 따라 수처리 비용이 상승하는 단점이 있다. 따라서 우수를 수원으로 하는 중수도를 계획할 경우 우수의 수집방법은 수량적 측면과 수처리 비용 측면을 동시에 고려하여 정해야 한다.

수집된 우수의 처리는 주로 약품응집·침전·여과·소독의 과정으로 이루어지며, 처리수는 조경용수·청소용수·수세식 화장실 세척용수·공조용 냉각수 등으로 사용할 수 있을 것이다.

4.2.2 용도별 사용량과 수질

중수도의 용도는 음용수에서 청소용에 이르기까지 다양하게 이용될 수 있다. 따라서 일부 국가에서는 상수에 중수를 혼합하여 공급하는 경우도 있으나, 우리나라의 경우 아직까지 인체와 직접 접촉하는 음용수나 목욕용수 등에 중수를 혼합하는 것은 정서상 꺼리고 있다. 이와 같이 중수의 용도는 지역에 따라 또는 나라에 따라 다를 수 있으므로 중수도를 계획함에 있어서는 용도와 사용량을 미리 정확히 정해 둘 필요가 있으며, 필요 이상의 시설이 되지 않도록 유의해야 한다. 특히 중수도를 효율적으로 이용하기 위해서는 수원별로 용도와 사용방법을 정할 필요가 있는데, 이것은 수원의 종류와 중수의 용도에 따라 요구수질과 사용처 및 배관체계가 달라져야 하기 때문이다.

그림 4.2는 용도별로 중수의 상대적 사용량을 나타낸 것으로 사용량의 대부분은 수세식 변소의 세정수나 살수·세차 등에 사용되고 있다. 이때 중수는 각 용도에 맞게 처리되어야 하는데, 각 용도에 따라 다음과 같은 점에 유의해야 한다.

먼저 중수를 수세식 변소의 세정수나 세차 등에 이용할 경우에는 냄새나 부유물이 충분히 제거되어야 하며, 살수용 중수는 사용 시 거품이나 냄새가 발생하지 않도록 해야 한다. 그리고 중수를 공업용수로 이용하고자 할 경우에는 농축된 용해염에 의해 금속이 부식될 우려가 있으므로 유의해야 하며, 분수 등에 이용하고자 할 경우에는 거품이나 냄새의 유무는 물론 세균이나 바이러스로 인한 수인성 질환이 발생하지 않도록 충분히 소독해야 한다.

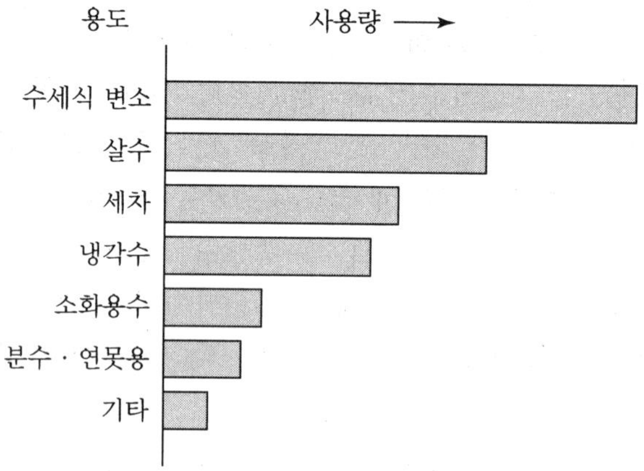

》 그림 4.2 재생수의 용도별 사용량

■ 표 4.3 재이용수의 용도별 수질기준

구 분	수질항목	수세용수	살수용수	수경용수
기준수질	대장균 군수(개/mL) 결합잔류염소(mg/L)	10 이하 수수조 등에서 유지되고 있을 것	검출되지 않을 것 0.4 이상	검출되지 않을 것 -
목표수질	외관 탁도(도) BOD(mg/L) 악취 pH	불쾌하지 않을 것 - - 불쾌하지 않을 것 5.8～8.6	불쾌하지 않을 것 - - 불쾌하지 않을 것 5.8～8.6	불쾌하지 않을 것 10 이하 10 이하 불쾌하지 않을 것 5.8～8.6

일본 건설성, 하수 처리수 순환이용 기술지침(1981)

한편 하수 처리수 중에는 처리정도에 따라서는 질소와 인이 다량 함유될 수 있다. 이들 물질은 식물의 성장에 필수적으로 요구되는 영양물질이지만 작물에 따라 질소나 인 등 비료의 요구도나 시비 시기가 다르므로 하수 처리수를 농업용수로 이용할 경우에는 농업에 피해가 발생하지 않도록 유의해야 한다. 표 4.3은 재이용수의 용도별 수질기준을 나타낸 것이다.

4.2.3 중수도의 이용방식

중수도의 운영체계에는 순환방식에 따라 개방순환방식과 폐쇄순환방식으로 구분할 수 있으며, 이 중 폐쇄순환방식은 중수의 수원과 용도 및 원수의 수질 등에 따라 개별순환방식·지역순환방식·광역순환방식으로 대별할 수 있다.

(1) 개방순환방식

개방순환방식은 하수나 처리수를 하천 등에 방류하여 희석하거나 자연정화를 유도한 후 하류에서 그 물을 원수로 사용하거나 지표에 살포 또는 지하에 침투시킨 후 우물을 이용하여 다시 수집·이용하는 방식이다.

우리나라의 경우 의도적이지는 않지만 처리수의 최종방류 장소로 주로 하천을 이용하고 있기 때문에 주요 하천의 하류에 위치한 대부분의 도시는 결국 개방순환방식으로 하수를 재이용하고 있는 셈이다. 다음 그림 4.3은 개방순환방식의 개념도이다.

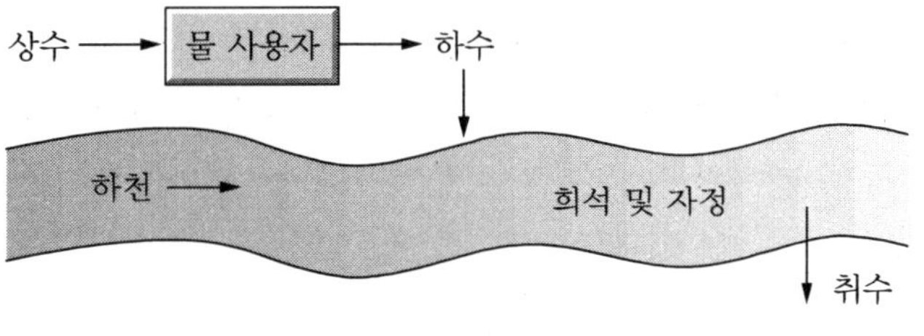

≫ 그림 4.3 개방순환방식

(2) 폐쇄순환방식

폐쇄순환방식은 하수 혹은 처리수를 방류하지 않고 배출원으로부터 바로 수집하여 이용하는 방식으로 순환방식에 따라 개별순환방식·지역순환방식·광역순환방식으로 구분하며 각각의 장단점은 다음과 같다.

① **개별순환방식**(individual recirculation system)

개별순환방식은 그림 4.4와 같이 사무실이나 빌딩, 수영장 등 각 건물에서 발생하는 배수를 자가처리하여 해당 건물에서 다시 사용하는 방식이다. 이것은 재이용 방식 중에서 가장 흔히 채용되는 방법으로 배관의 연장이 짧아져 시설비가 적게 들고, 배관의 관리가 용이하며, 해당 하수의 특성이 잘 파악됨으로 건물마다 요구수질에 맞는 최소한의 처리방법을 정하기가 용이한 장점이 있다. 하지만 각 시설별로 개개의 처리시설을 운전해야 하므로 처리시설의 관리와 운전 면에서는 타 방식에 비해 불리하다.

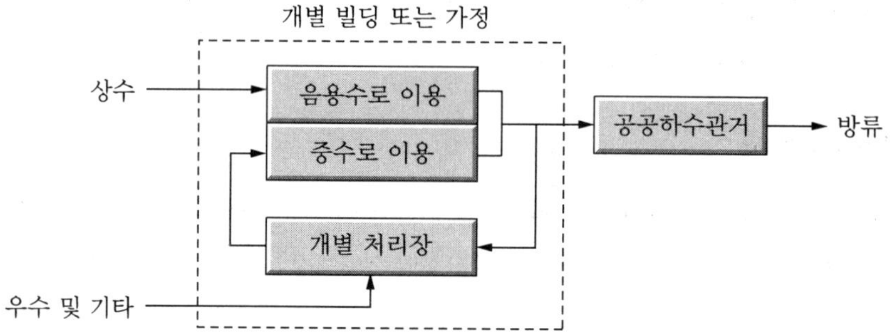

그림 4.4 개별순환방식

② **지역순환방식**(regional recirculation system)

지역순환방식이란 그림 4.5와 같이 아파트 단지나 공단 또는 밀집한 주거단지와 같이 비교적 규모가 크고 한정된 지역에서 발생하는 폐수를 지역별로 공동처리하고 그 처리수를 해당 지역에 다시 공급하는 방식이다. 이 방식은 광역순환방식에 비해 비교적 동종의 폐수를 처리함으로써 용도에 맞는 처리수를 얻을 수 있고, 동시에 개별순환방식에 비해 처리시설의 시설비나 운전비 등을 줄일 수 있는 장점이 있다.

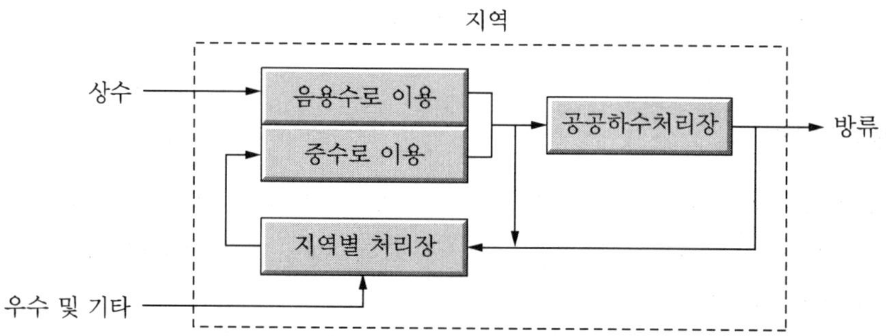

그림 4.5 지역순환방식

③ **광역순환방식**(regional recirculation system)

광역순환방식이란 도시하수처리장이나 공단처리장의 처리수를 재처리하여 배출원과 관계없이 광역적으로 재이용하는 방식을 의미한다. 이 방법은 기존의 광역하수처리장에 재처리시설을 부설하여 이용할 수도 있고, 아니면 단지별로 급수되는 재이용수를 용도에 맞게 재차 처리하여 사용할 수도 있는데, 후자의 경우 각각의 요구에 맞는 재이용수를 얻을 수 있으므로 재이용수의 용도를 넓힐 수 있는 장점이 있다. 하지만 전자에 비해 시설의 설치비나 운전비의 증가는 필연적이다.

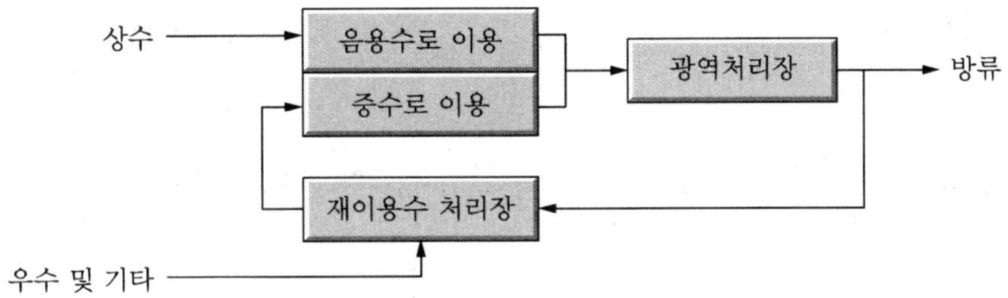

그림 4.6 광역순환방식

4.2.4 수처리 방식

중수 처리 시스템은 원수의 수질, 재이용수의 용도별 요구수질이나 요구량 및 경제성 등에 따라 정해지는데, 중심 공정에 따라 크게 생물처리를 중심으로 하는 방법과 막처리를 중심으로 하는 물리·화학적 방법으로 대별할 수 있다. 하지만 어느 것이나 처리 원리에 있어서는 기존의 하수처리법과 다를 바 없다.

(1) 생물학적 처리를 중심으로 한 방식

이 처리 방식은 당연히 유기물을 주요 처리 대상으로 하는 경우에 유효한데, 이때 적용 가능한 처리 방식은 요구수질이나 관리기술에 따라 적정 방식을 정해야 하겠지만, 이러한 요구를 충족한다면 부유미생물을 이용하는 활성슬러지법나 막미생물을 이용하는 살수여상법 또는 회전원판법 등 그 어느 것이나 다 가능하다. 생물처리법은 막처리법과 비교하여 특히 규모가 큰 처리시설일수록 유리한데, 이때에도 처리 효율만을 고려하면 부유미생물을 이용하는 것이 보다 유리하고, 운전·관리 측면만을 고려하면 비교적 고도의 기술을 요하지 않는 막미생물을 이용하는 것이 유리하며, 특히 규모가 작아질수록 관리기술과 비용 면을 고려할 때 막미생물을 이용하는 것이 보다 유리하다.

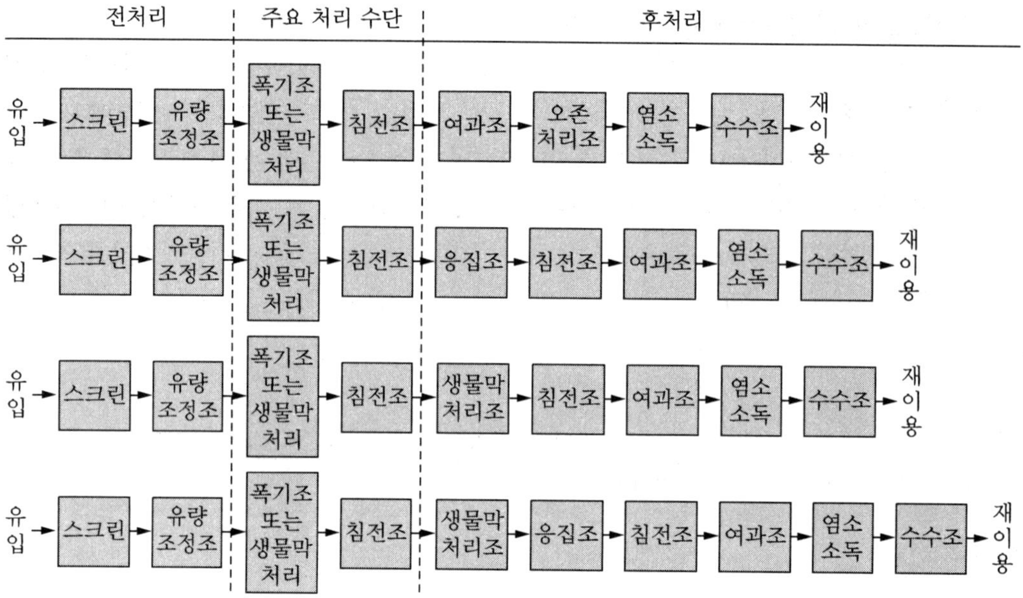

≫ 그림 4.7 생물처리를 중심으로 한 처리방식

그림 4.7은 생물학적 처리를 중심으로 할 경우 처리시스템의 구성 예를 보인 것인데, 그림과 같이 중수의 생물학적 처리공정은 기존의 하수처리법과 크게 다를 것이 없다. 즉 처리과정은 전처리·주처리(생물학적 처리)·후처리·소독의 과정으로 구성되며 각 공정의 기능은 다음과 같다.

1) 전처리

전처리는 후속 처리에 장해가 되는 협잡물을 제거하고 동시에 유량 부하를 일정하게 유지시키기 위한 것으로 부유물을 분리하기 위한 스크린과 유지류 제거시설 및 유량조정조로 이루어지며 필요에 따라서는 분쇄기나 침사시설을 갖추어야 한다.

① 스크린

스크린은 폐수 중의 협잡물을 제거하기 위한 것으로 스크린 간격의 크기에 따라 **조스크린**(coarse screen)·**중스크린**(medium screen) 및 **세스크린**(fine screen)으로 구분한다. 자세한 내용은 2편의 2.2.1 (1)장을 참고하기 바란다.

② 유량조정조

유량조정조는 각 공정의 수리학적 부하를 일정하게 유지하여 처리의 효율성을 증대시키기 위한 것으로, 조 내에는 유기물의 부패와 오물의 침전을 방지하기 위해 교반과 폭기시설을 설치하는 것이 바람직하다.

2) 생물처리공정

생물처리공정은 미생물을 이용하여 유기물질이나 부유물질을 제거하는 과정으로 요구수질에 따라 활성슬러지법과 같은 부유미생물을 이용하는 공법이나 살수여상 또는 회전원판법과 같이 막미생물을 이용하는 공법 중 어느 것이나 적당한 공법을 선택하여 이용할 수 있다. 하지만 일반적으로 중수도 시설은 용지나 유지·관리에 제한을 받기 쉬우므로 공법을 선택함에 있어 이러한 점에 유의하여 가급적 시설의 규모가 작을수록 유지·관리가 용이한 공법을 선택하고, 규모가 커질수록 운전·관리 측면보다는 처리수질이 양호한 처리법을 선택하여 처리수의 용도를 확대하는 것이 보다 경제적일 것으로 판단된다. 각 처리법에 대한 자세한 내용은 관련 장을 참고하기 바란다.

3) 후처리

주처리로 중수의 목표수질을 얻지 못할 경우에는 후처리를 실시하는데, 후처리로는 보통 생물처리·응집침전 및 여과·오존처리·활성탄 흡착 등을 단독 혹은 조합하여 이용할 수 있다.

① 생물처리

후처리로 생물처리를 채택할 경우 보통 생물막 처리법을 이용하는데, 이때 요구수질에 따라 1단 혹은 2단 처리를 실시하며, 소규모 시설에서는 생물처리를 2단으로 실시하기 보다는 후처리로 물리·화학적 처리를 적용하는 것이 처리비용과 운전·관리 측면을 종합적으로 고려할 때 보다 유리한 경우가 많다.

② 응집침전

주처리 공정에서 제거되지 않은 미세 부유물을 응집·침전시킨다.

③ 여과

여과과정을 통해 주처리 공정에서 제거되지 않은 잔류고형물을 제거하는 공정으로 보통 membrane이나 모래여과를 이용한다. 모래여과를 이용할 경우 여과 형식은 처리수의 흐름에 따라 상향류식과 하향류식으로 구분할 수 있는데, 일반적으로 상향류식은 하향류식에 비해 상대적으로 유입수의 고형물 농도가 높고 요구수질이 낮을 경우에 적합하다.

④ 활성탄 흡착

활성탄 처리는 주처리 과정에서 제거되지 않은 미량의 용해성 유기물·색·냄새 등을 제거하여 보다 양질의 처리수를 얻을 수 있다. 하지만 활성탄 처리는 고가의 처리에 해당하므로 활성탄을 장기간 효과적으로 이용하기 위해서는 대상 고형물을 일단 사전처리하여 활성탄의 사용기간을 증가시킬 필요가 있다. 활성탄은 입상 또는 분말 상태로 이용할 수 있는데, 입상활성탄을 이용할 경우 흡착 외에 여과작용도 기대할 수 있다.

⑤ 오존처리

오존처리는 운전비용이 높지만 처리수 중의 색·냄새·유기물질의 제거는 물론 병원성 세균이나 바이러스의 사멸에도 매우 효과적이다.

4) 소독

소독은 병원균을 사멸시키고 slime의 발생을 억제하기 위해 실시한다. 소독방법으로는 염소처리·오존처리·자외선처리 등이 이용되는데, 오존처리나 자외선처리 등을 채용할 경우 이들 물질은 잔류성이 없으므로, 최종 처리수 중에 소독제를 잔류시키기 위해서는 소독방법에 관계없이 원칙적으로 염소처리를 병행해야 한다.

(2) 막처리를 중심으로 한 물리·화학적 처리방식

물리·화학적 처리는 폭기·부상분리·여과·흡착·역삼투·한외여과 등 물리적 처리와 pH 조정·이온교환·약품응집침전·산화작용 등 화학적 처리를 단독 혹은 병용하는 것으로(그림 4.8 참고), 이 중 주처리 방법으로 막의 여과능력을 이용하는 경우가 많은데, 막은 제거 대상 입자의 크기에 따라 표 4.4와 같이 여러 가지로 나눌 수 있다.

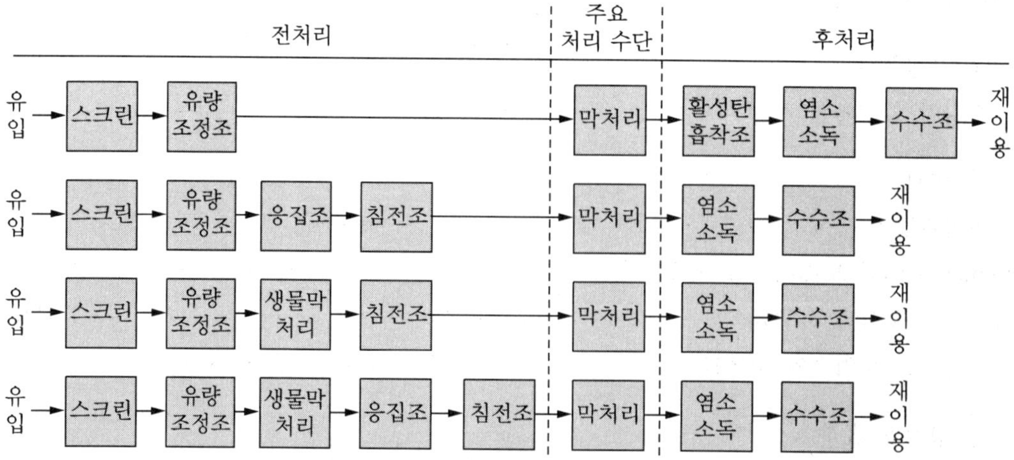

》 그림 4.8 물리·화학적 처리를 중심으로 한 처리 방식

■ **표 4.4** 막의 종류와 기능

구 분	정밀여과(MF)	한외여과(UF)	나노여과(NF)	역삼투(RO)
분리기능	고체입자	큰 용질	큰 분자	용 질
분리대상의 크기	0.025~10 μm	1,000~300,000 Da*	350~1,000 Da	350 Da
조작압력 (×100 kPa)	가압식; 2 이하 흡인식; −0.6 이상	가압식; 3 이하 흡인식; −0.6 이상	2~15	해수담수화; 50~75 함수탈염; 4~40
제거대상	현탁물, 미생물	미생물, 바이러스	소독부산물, 전구물질, 색도, Ca·Mg이온, 증발잔유물, 음이온계면활성제 등	염소이온, 나트륨이온 등의 용해염류

* Da(Dalton); 원자의 질량 단위로 1 Dalton은 산소원자 질량의 1/16이다.

물리·화학적 처리는 보통 생물학적 처리공정의 전처리 또는 후처리 공정으로 이용되나 생물처리 없이 물리·화학적 처리만을 이용할 수도 있다. 이때 전처리로는 응집침전을 주로 이용하고, 정밀여과(MF; Micro Filtration)·한외여과(UF; Ultra Filtration)·나노여과(NF; Nano Filtration) 또는 역삼투(RO; Reverse Osmosis) 장치를 주처리로 이용하는 경우가 많다.

막처리는 처리시설의 규모가 작고 필요시만 가동할 수 있으며, 동시에 양질의 처리수를 얻을 수 있는 등의 장점이 있다. 하지만 생물처리에 비해 처리비용이 고가이므로 부지 확보가 곤란한 지역이나 자가이용을 목적으로 하는 소규모 시설 등에 채용하는 것이 바람직하다. 반면 용량이 큰 시설일수록 경제성 면에서 생물처리를 이용하는 것이 좋다.

한편 막처리는 응집침전 등 전처리 없이 막만을 이용할 수도 있는데, 이 경우 타 방식에 비해 슬러지 발생량도 적고 유지·관리도 편리하다. 하지만 막의 교체 등을 포함한 처리비용은 병용하는 경우에 비해 크게 상승한다.

4.2.5 장해와 대책

중수도를 보급함에 있어 가장 어려운 점은 일반적으로 상수 처리비를 능가하는 중수의 처리비·기술적 문제 및 수질에 대한 일반의 부정적 의식 등이다. 이러한 문제를 해결하기 위해서는 중수도 설치자금의 융자, 중수도 이용 시 상·하수도 요금이나 환경개선 부담금의 감면 등 사적인 편익을 제공하거나, 수돗물 값의 현실화 및 지속적인 기술개발을 통한 처리비용의 절감과 지속적 홍보를 통해 중수도 사용의 필요성을 인식시키고 동시에 부정적 의식도 불식시켜야 할 것이다.

한편 중수도를 사용함에 있어 각종의 문제점이 발생할 수도 있는데, 흔히 발생하는 장해로는 먼저 배관이 상수와 중수로 복잡해짐에 따라 발생하기 쉬운 오접합과 오음(誤飮)에 의한 문제와 기타 배관기기의 사용기간의 단축, 수질의 악화, 열효율 감소나 압력손실을 증가시키는 부식·스케일·슬라임 장해 등을 들 수 있다.

먼저 **오음·오접합**을 방지하기 위해서는 중수도에 사용하는 위생기구 등을 상수용과 다른 색으로 구분하고 또한 표식을 하여 쉽게 구별할 수 있도록 해야 하며, 기타 배관의 재질이나 색도 달리하고 배관의 도면을 정비하여 오접합을 방지해야 한다. 일반적으로 중수도의 배관은 보다 자극적인 색깔이 되도록 하며, 재질은 부식성에 강한 내식동관 등을 사용하는 것이 좋다. 또한 배관 시에는 중수관과 다른 급수배관이 일정 간격을 유지하도록 해야 하며, 재이용수의 누수는 간접적인 오음을 초래할 수 있으므로 중수관은 다른 급수관보다 하부에 부설하는 것을 원칙으로 한다.

부식을 방지하기 위해서는 기본적으로 내식성 재료를 사용하는 것이 요구되며, 수질관리를 철저히 하고 경우에 따라서는 설비를 보전하기 위해 요구수질 이상으로 처리해야 할 필요가 있다. 그 외에 냉각용수 등에는 부식억제제(inhibitor)의 사용을 고려해야 한다.

스케일을 방지하기 위해서는 초음파를 이용하거나 이온교환 등을 통한 연수화 공정의 채용 또는 산 주입에 의해 순환수의 pH를 조정한다. 그 외에 보조 수단으로 탄닌·리그닌과 같은 천연의 부착방지제를 사용하거나 EDTA(Ethylene Diamine Tetraacetic Acid; $C_{10}H_{16}N_2O_8$)와 같은 수용성 착염형성제의 사용도 고려할 수 있다.

한편 슬라임은 주로 미생물의 성장과 부착에 따른 것으로 슬라임의 부착을 방지하기 위해서는 염소나 차아염소산과 같은 살균제를 투여한다. 이때 고농도의 잔류염소는 금속을 부식시킬 수 있으므로 유의해야 한다.

4.2.6 폐기물의 처리·처분

중수 처리과정에서 발생하는 폐기물의 양과 질은 처리시설의 용도나 공정에 따라 약간 다르지만 필연적으로 발생하는데, 이들 물질은 기존 하·폐수처리장의 폐기물 처리과정과 마찬가지로 처분에 앞서 위생적이고 취급이 용이하도록 처리되어야 한다.

폐기물이 발생하는 공정은 하수나 상수 처리 시와 마찬가지로 스크린·생물처리장치·응집처리·부상처리·여과지 등이며, 그 처리·처분방법 또한 현행의 상수처리장이나 하·폐수처리장과 거의 같다. 따라서 자세한 내용은 관련 항을 참고하기 바란다. 다만 처리장의 규모가 작은 경우에는 별도의 폐기물 처리시설을 갖추기 보다는 경제성 등을 고려하여 위탁처리하는 것이 바람직할 것이다.

Chapter 4 연습문제

1. 중수도의 필요성에 대해 기술하라.

2. 중수도의 수원을 분류하고 각 수원의 특징을 기술하라.

3. 순환방식에 따라 중수도의 운영체계를 분류하고 각 체계의 장단점을 기술하라.

4. 중수 사용 시 발생하기 쉬운 장해와 그 대책에 대해 기술하라.

참고문헌

이정수, 슬러지의 침전성에 미치는 온도의 영향, 대한환경공학회지, 23(4), 671~679, 2001b.

이정수, 하·폐수처리, 동화기술, 2016.

이정수, 팽화 발생 원인의 재고, 대한토목학회지, 21(6-B), 725~733, 2001a.

환경부, 산업폐수처리 및 재이용 기술, 1977.

환경부, 전국 수도종합계획, 1998.

일본 건설성, 하수 처리수 순환이용 기술지침(1981).

津野 洋, 生物學的 燐 除去の 基礎的 操作因子., 京都大學 工學部 1985.

Atlas R. M.; R. Bartha. Microbial Ecology: Fundamental and application. Bejamin/Cummings Science Publishing, Menlo park, California, USA. 61-65, 1997.

Bitton G. Wastewater Microbiology, John Wiley & Sons, New York, pp. 6, 150, 156, 167~179, 1994.

Brungs, W. A., Effects of recidual chlorine on aquatic life, J. WPCF. 45, No, 10; 2180, 1973.

Carberry, J. B. et al, Luxury uptake of phosphate by activated sludge. J. W.P.C.F., Vol. 45, No. 12, 1973.

Dan Vacker et al, Phosphate removal though minic pal wastewater treatment at San Antonio Texas., J. W.P.C.F., Vol. 39, No. 5, 1967.

EPA. The causes and control of activated sludge bulking and foaming, EPA-625/8-87/012, Cincinnati, Oh., 1987.

Ferguson, J. F. and Jenkins, D., Pilot plant tests of a phosphate removal process. Discussion/Communication, J. W.P.C.F., Vol. 45, No. 4, 620, 1973.

Friedman B. A., Dugan P. R., Pfister R. A. and Remson C. C., Structure of exocellular polymers and their relationship to bacterial flocculation. J. Bacteriol. 98, 1328-1334, 1969.

Lesperance T. W. A generalized approach to...: Part Ⅱ. Developing the process, Water Works and Waste-engineering, 2(5), 52-55, 1965.

Lim Daniel. Microbiology, WCB/McGraw-Hill. New York, NY. pp.61-62, 141-171, 433, 1998.

Marison, L. W., Growth kinetic, p.184-217, in: Biotechnology for Engineers: Biological Systems in Technological Processes, A. Scragg, Ed. Ellis Horwood, Chichester, U.K. 1988.

Matin A. and Haraken S. Effect of starvation on bacterial resistance to disinfectants, pp.88-103, in ; Drinking Water Microbiology, G. A. McFeters, Ed. Springer-Verlag, New York., 1990.

McKinney R. E. Microbiology for sanitary engineers, McGrow-Hill, New York, pp.213-234, 1962a.

McKinney R. E. Mathematics of Complete Mixing Activated Sludge, J. Sanit. Eng. Div. ASCE., 88, SA3., 1962b.

Metcalf and Eddy, Inc. Wastewater Engineering -Treatment, Disposal, Reuse. 2nd Ed., McGraw-Hill, Inc., New York, N.Y., 1979.

Mithchell R. Introduction to environmental microbiology. Prentice-Hall, Englewood Cliffs, New Jersey, 1974.

Norberg A. B., and Enfors S. O. Production of extracellular polysaccharide by Zooglea ramigera, Appl. Envir. Microbial. 44, 1231-1237, 1982.

Sawyer C. N. and McCarty P. L. Chemistry for Environmental Engineering, 3rd, McGraw-Hill, pp. 230-239, 1978.

Sobsey, M. D., and B. Olson, Microbial agents of waterborne disease. in: Assessment of Microbiology and Turbidity Standards For Drinking Water, P. S. Berger and Y. Argaman, Eds. EPA.-570-9-83-001, Office of Drinking Water, Waashington, D. C. 1983.

Stewant M. H. and Olson B. H., Physiological studies of chloramine resistance developed by Klebsiella pneumonae under low-nutrient growth conditions. Appl. Environ. Microbiol. 58, 2918-2927, 1992.

Verstraete, W., and E. van Vaerenbergh, Aerobic activated sludge, pp.43-112, in; Biotechnology, H. J. Rehm and G. Reed, Eds.; Vol. 8. Aerobic Degradations, W. Schonborn, Vol. Ed. VCH, Germany, 1986.

Vallon J. K. and McLoughlin A. J., Lysis as a factor in sludge flocculation. Water Res. 18, 1523-1528, 1984.

van Niekerk A. M., Jenkins D. and Richard M. G., The competitive growth of Zooglea ramigera and Type 021N in activated sludge and pure culture; A model for low F/M bulking, J. Water Pollut. Control Fed. 59. 262-273, 1987.

Wanner J. and Grau P., Identification of filamentous microorganisms from activated sludge; A compromise between wishes and possibilities, Water Res. 23, 883-891, 1989.

찾아보기

기타

수질관리 정가 15,000원

인 쇄 2013년 9월 1일 1판 1쇄
발 행 2016년 9월 10일 1판 2쇄
저 자 이정수
발행인 정우용
발행처 도서출판 동화기술
경기도 파주시 문발동 파주출판도시 500-13(광인사길 201)
Tel (031)955-4211~6 donghwae@kornet.net
Fax (031)955-4217 www.donghwapub.co.kr
(등록) 1977년 12월 19일/9-16호

Printed in Korea
ISBN 978-89-425-1807-4